普通高等职业教育"十三五"规划教材

# 计算机网络基础

第二版

何新洲　苏绍培　主　编

刘作鹏　戴　晖　副主编

欧阳喜德　姚树香

清华大学出版社
北　京

# 内 容 简 介

本书以培养学生职业能力为核心,以理论基础够用为原则,采用"项目导向,任务驱动"的编写形式,把计算机网络的基础知识有机融入具体的工作任务中。本书共包括 10 个项目,分别是使用课程学习的线上支持平台、认识计算机网络、网络体系结构和网络协议、组建局域网、搭建网络服务器、接入 Internet、不同网络之间的互联、感受网络世界的精彩、计算机网络安全管理和了解网络应用新模式及现代通信技术。每个项目由若干具体工作任务组成,学生可以在学习相应的理论知识后,完成具体的项目任务,充分体现"学、做一体化"的特点。

本书适合作为高等职业技术院校计算机相关专业基础课程教材,也可作为培训教材或供在职人员参考。

**图书在版编目(CIP)数据**

计算机网络基础 / 何新洲,苏绍培主编. —2 版. —北京:清华大学出版社,2019.11(2020.11重印)
普通高等职业教育"十三五"规划教材
ISBN 978-7-302-53916-2

Ⅰ. ①计… Ⅱ. ①何… ②苏… Ⅲ. ①计算机网络-高等职业教育-教材 Ⅳ. ①TP393

中国版本图书馆 CIP 数据核字(2019)第 209518 号

责任编辑:刘志彬
封面设计:李伯骥
责任校对:宋玉莲
责任印制:杨 艳

出版发行:清华大学出版社
  网  址:http://www.tup.com.cn,http://www.wqbook.com
  地  址:北京清华大学学研大厦 A 座  邮  编:100084
  社 总 机:010-62770175  邮  购:010-62786544
  投稿与读者服务:010-62776969,c-service@tup.tsinghua.edu.cn
  质量反馈:010-62772015,zhiliang@tup.tsinghua.edu.cn

印 装 者:三河市国英印务有限公司
经  销:全国新华书店
开  本:185mm×260mm  印  张:17.5  字  数:427 千字
版  次:2015 年 6 月第 1 版  2019 年 11 月第 2 版  印  次:2020 年 11 月第 5 次印刷
定  价:49.00 元

产品编号:083084-01

# 前　言

　　我国接入互联网已经有二十多年的时间，在这期间，计算机网络技术不断地发展更新，给我们的工作和生活带来了巨大的变化，计算机网络技术与各个行业的有机融合，助推了各个行业的高速发展，网络已经成为我们生活中不可或缺的一部分。在这个网络技术不断更新的信息时代，全社会对于职业院校计算机网络相关课程的教学提出了更高的要求，我们也将迎来"互联网＋"时代带来的更多挑战。为了适应时代发展步伐，满足职业院校对计算机网络基础教学的需求，特编写了本书。

　　本书具有以下特点：

　　1. 教材融入职业教育新理念

　　本书以培养学生职业能力为核心，以理论基础够用为原则，采用"项目导向，任务驱动"的编写形式，把计算机网络的基础知识有机地融入具体的工作任务中，突出"工学结合"的特点，对于增强学生实践动手能力有很大的促进。

　　2. 紧跟网络技术发展前沿

　　计算机网络技术的发展速度比较快，与行业企业的融合度高，时时刻刻都在影响我们的工作和生活。为了突出本书的实用性，我们在编写过程中尽量把行业、企业的最新、最前沿的技术融入进来，使得教学内容与实际应用对接，提升了教学的职业性、针对性、实用性和前瞻性。

　　本书共包括 10 个项目，分别是使用课程学习的线上支持平台、认识计算机网络、网络体系结构和网络协议、组建局域网、搭建网络服务器、接入Internet、不同网络之间的互联、感受网络世界的精彩、计算机网络安全管理和了解网络应用新模式及现代通信技术。每个项目由若干具体的工作任务组成，学生可以在学习相应的理论知识后完成具体的工作任务，充分体现"学、做一体化"的特点。

　　本书建议总学时为 64 学时。在教学过程中，各校可根据学生的学习基础和实际学情进行适当地调整。

　　由于编者水平有限，书中难免存有不当或者错漏之处，恳请广大师生及读者在使用过程中提出宝贵意见，并予以批评指正。

编　者

# 目　录

# 项目1
## 课程学习的线上支持平台

**项目描述**

　　计算机网络是各行各业发展的基础性平台,它在信息化时代发挥着不可替代的作用。计算机网络技术人才也将在企业信息化建设过程中发挥重要作用。作为未来IT行业的从业人员,如何高效地学习并掌握最新、最前沿的技术以满足岗位所需,成为我们关心的首要问题。仅仅依靠一本好的教材是不够的,我们需要全方位、多渠道地获取与课程相关的学习资源。

　　假如你对计算机网络技术感兴趣,并希望今后入职网络相关行业企业,那么在学习《计算机网络基础》课程的过程中,推荐你利用所在学校与思科网络技术学院的合作关系,注册并合理使用思科网络技术学院这个全球性的"大课堂",因为该平台为学习者提供了拓展知识、获取最新、最前沿网络技术的渠道,给学习者带来很大的帮助。

**项目分析**

　　本项目将为网络技术的初学者提出学习本课程相关知识的参考建议,主要涉及四个方面:一是了解思科网络技术学院项目;二是介绍思科网络技术学院相关课程资源;三是介绍思科网络技术学院学员注册流程和课程资源的获取方法;四是掌握思科软件模拟器 Packet Tracer 的基本使用方法。

**项目知识**

## 1.1　思科网络技术学院项目简介

　　思科网络技术学院项目是由美国思科公司携手全球范围内的教育机构、公司、政府和国际组织发起,以普及最新的网络技术为主要目的的非营利性教育项目。作为"全球最大课堂",思科网络技术学院自 1997 年面向全球推出以来,已经在 180 个国家和地区拥有 9 500

个学院，超过 2 万名网院教师。至今已有超过 800 万名学生参与该项目，现在全球每年有
100 多万名学生在网络技术学院参加学习。

在中国，自思科网络技术学院创办以来，已经与各大院校（含本科、高职和中职院校）和
教育机构建立起合作关系。思科网院覆盖全国各个省份，目前在中国大陆拥有 500 余所活
跃网院，每年有超过 6 万名学生学习网院课程。截至 2017 年 7 月，思科网院在中国已经累
计培养学生超过 36 万人，并为数千名教师提供了培训进修机会。

## 1.2 思科网络技术学院课程体系

思科网络技术学院的课程是由教育和网络专家共同开发，并且符合美国数学及科学的
国家标准及实际工作技能要求（SCANS）。思科网络技术学院课程强调实践性学习以及岗
前技能培训，让学生符合"万物互联"时代对网络技术越来越高的技能要求。它将有效的课
堂学习与创新的基于云技术的课程、教学工具相结合，致力于把学生培养成为与市场需求接
轨的信息技术类人才。学生不仅可以学习数学、科学、问题处理、阅读和写作技能，而且还具
备了与不同工作岗位的人有效协同工作的能力。

网络技术学院计划向学生教授从初级到高级互联网技术技能的全面知识，帮助他们作
好参加行业标准认证的准备。具体包括：思科认证网络支持工程师（CCNA）、思科认证资深
网络支持工程师（CCNP）和 Network＋认证。

思科网络技术学院课程体系有介绍类课程、通识类课程、基础类课程和专业类课程等。

介绍类课程包括走进互联网；通识类课程适用于所有专业的学生，有信息技术基础
（ITE）、物联网简介、网络安全简介等课程；基础类课程服务于计算机和网络相关的专
业，比如，计算机应用技术、计算机网络技术、软件技术、物联网技术、信息安全技术等
专业，设有 C 基础、Linux 基础、C＋＋基础、网络导论（CCNA1）、路由与交换基础（CC-
NA2）、网络安全基础等课程；专业类课程具有明显的专业特点，面向网络工程专业提供
了扩展网络（CCNA3）、连接网络（CCNA4）、高级路由与交换技术，面向物联网专业提
供了大数据及分析、物联网、创客马拉松等，面向网络安全专业提供了 Cybersecurity
ops、CCNA 安全等。

目前思科网络技术学院课程还在不断延伸，以增加 IT 业领导者所资助的科目，如由
Sun Microsystem 公司资助的 Unix 基础课程和由 Adobe Systems 公司资助的 Web 设计基
础课程，以提高学生的销售能力。

## 1.3 思科网络学院学员注册流程

思科网络学院网址注册之流程如下：

步骤一：思科网络技术学院认证教师通过不同的方式在 Netacad 网站为学生建立账号，

学生会收到如图 1-1 所示的邮件。该邮件中给学生提供了登录 cisco. netacad. com 的临时账号和密码。

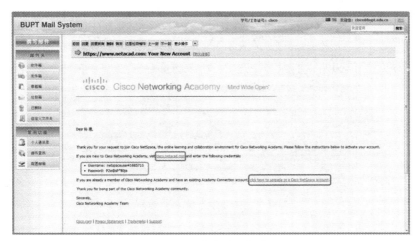

图 1-1　学生注册邮件

步骤二:学生单击邮件中的链接进入 cisco. netacad. com 网站,并在右上角橙色框内输入临时的账号和密码。输入正确后,单击"Sign in"进入系统,如图 1-2 所示。

图 1-2　签署用户协议

步骤三:签署用户协议并输入国家/地区和出生年月,如图 1-3 所示。

注意:出生日期一定要输入正确,确认无误后,单击"提交"按钮,进入下一步。

步骤四:重新设置个人密码,如图 1-4 所示。

注意密码设置的规则:

(1) 密码中必须包含小写、大写字母和数字。

(2) 密码最少 8 个字符。

(3) 不能和以前的密码重复。

填写无误后,单击"保存"按钮进入下一步。

步骤五:注册个人信息,参考图 1-5 所示的模板填写必要信息。

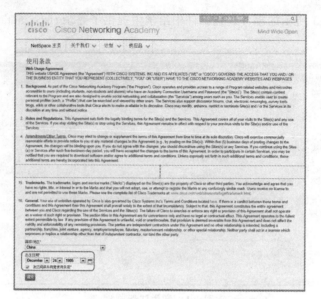

图 1-3　学生使用临时的账号和密码登录网站

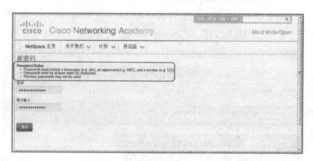

图 1-4　重新设置个人密码

图 1-5　注册个人信息

填写正确后,单击左下角"保存"按钮,如出现如图 1-6 所示信息,证明填写正确。

图 1-6　填写正确的提示

橙色框内的提示表示注册正确,单击蓝色框内的链接访问学习资源。如出现类似图 1-7 所示的页面,则注册流程结束,可以开始进行课程学习了。

图 1-7　注册流程结束,开始学习之旅

## 1.4　Packet Tracer 模拟器的使用方法

### 1.4.1　认识 Packet Tracer 界面

Packet Tracer 是由 Cisco 公司发布的一个辅助学习工具,主要作用是为学习思科网络课程的初学者设计、配置、排除网络故障提供网络模拟环境。用户可以在软件的图形用户界面上直接通过拖曳方法建立网络拓扑,并可提供数据包在网络中行进的详细处理过程,观察网络实时运行情况。

作为思科网络技术学院的学员,我们可以通过事先注册的账号登录 www.netacad.com 平台,获取 Packet Tracer 模拟器的最新版本,安装到本地计算机以后,运行 Packet Tracer 模拟器,进入其工作界面,如图 1-8 所示。

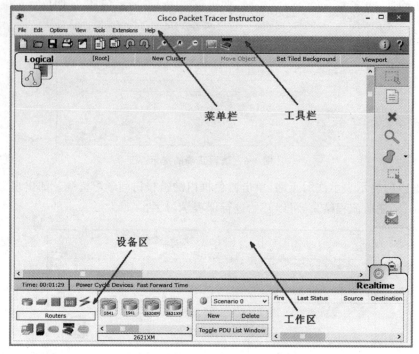

图 1-8　Packet Tracer 的工作界面

思科 Packet Tracer 工作界面由菜单栏、工具栏、工作区、设备区等几个部分组成。

## 1.4.2　添加网络设备

在设备类型区列出了许多种类的硬件设备，图 1-9 从左至右、从上到下依次为路由器、交换机、集线器、无线设备、设备之间的连线（Connections）、终端设备、仿真广域网和自定义设备（Custom Made Devices）。

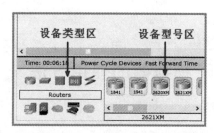

图 1-9　Packet Tracer 设备区

当光标指向设备类型区某设备时，其下方会显示出设备名称。当单击某一类型设备时，在设备型号区会出现相应类型设备的型号列表。这时单击需要的设备型号，然后在工作区单击，即添加了该型号的网络设备。重复以上过程，将所需要的设备一一添加到工作区内。

## 1.4.3　设备连接

在图 1-9 所示的 Packet Tracer 设备区中，单击线缆按钮 ⚡，再在图 1-10 所示的线缆选

择区中单击某一线型,然后在工作区需要连接的设
备上单击鼠标左键,选择要连接的接口,再移动光
标到要连接的目标设备上单击左键,选择要连接的
接口。这样两个设备就连接好了。

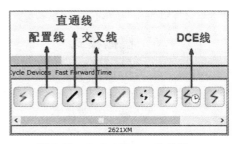

图 1-10　Packet Tracer 的线型

我们常用到配置线、直通线、交叉线和 DCE 线
这四种线型。配置线一端连接电脑的串口,另一端
连接设备的 console 口;直通线用于连接不同类型
的设备,比如路由器和交换机、计算机和交换机等;
交叉线用于连接相同类型的设备,比如路由器与路由器以太网口的连接、交换机与交换机的
连接等;DCE 线用于路由器串口之间的连接。

这里需要注意的是:

①计算机和路由器以太口间的连接用交叉线;

②用 DCE 线首先连接的路由器为 DCE,相连的路由器串口需要配置时钟。

### 1.4.4　更换设备或线缆

当需要更换设备时,我们单击工作区右上角区域中的删除按钮✖。如图 1-11 所示,删除
掉需要更换的设备,再新增设备即可。按同样的方法,我们也可以更换线缆类型。

这样,我们在工作区就可以建立起一个完整的网络拓扑图。

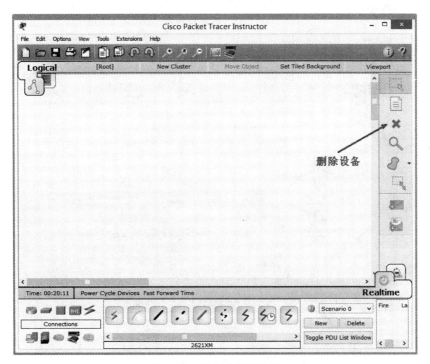

图 1-11　网络拓扑结构图

### 1.4.5　配置设备

单击要配置的设备,在弹出的对话框中单击 CLI 选项卡,即进入该设备的命令行界面,

如图 1-12 所示。

## 1.4.6 模拟模式

在模拟模式下，我们可以创建 PDU 进行抓包测试，查看数据包在网络中的传输情况。

步骤一：单击 Packet Tracer 右下角 Simulation 按钮，进入模拟模式，如图 1-13 所示。

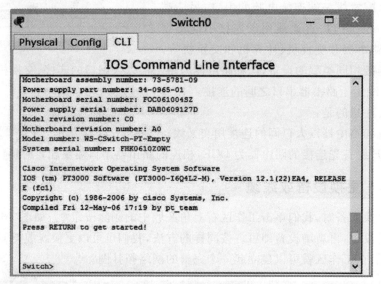

图 1-12　命令行界面

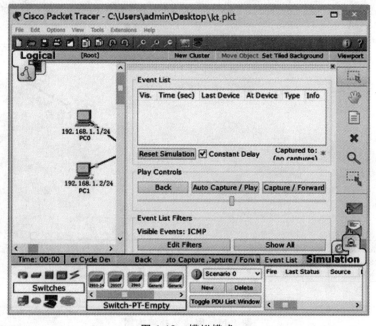

图 1-13　模拟模式

步骤二：单击 Add Complex PDU(c)按钮，再单击发出数据包的源设备，弹出 Create Complex PDU 对话框，如图 1-14 所示。

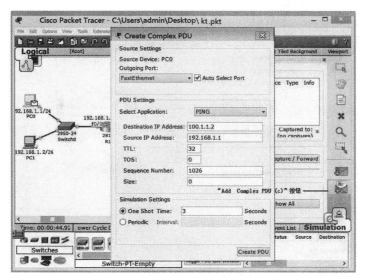

**图 1-14　创建 PDU**

步骤三：选择输出接口和要运行的指令，输入目标 IP 地址和源 IP 地址、序列号、时间等参数后，单击 Create PDU 按钮。

步骤四：单击 Auto Capture/Play 按钮，可以看到信封状的数据包从源设备到目的设备之间的传输过程，如图 1-15 所示。

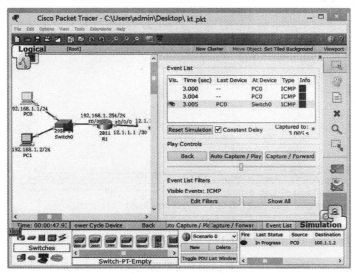

**图 1-15　数据包传输过程**

步骤五：单击 Event list 中的 Info 列下的某一彩色方块，可以查看设备上的 PDU 信息，如图 1-16 所示。

## 1.4.7　汉化 Packet Tracer

步骤一：针对英语基础薄弱的用户，Packet Tracer 提供了汉化包。我们只要将下载的汉化文件 chinese.ptl 存放到软件的 languages 文件夹中，然后单击"Options"菜单中的"Preferences…"即可，如图 1-17 所示。

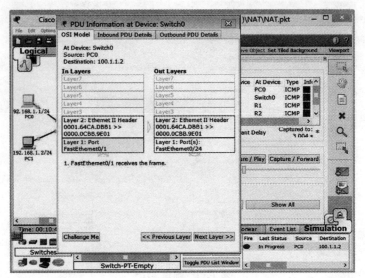

图 1-16　设备上的 PDU 信息

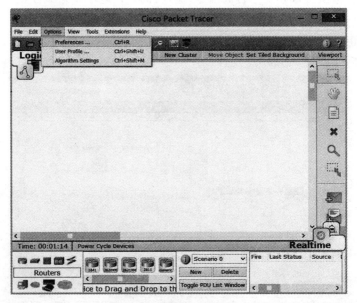

图 1-17　配置 Packet Tracer

步骤二：在弹出的"Preferences"对话框中，单击"Select Language"下的"chinese. ptl"，再单击"Change Language"按钮，如图 1-18 所示。

步骤三：弹出的对话框中提示下次启动软件时更改语言，单击"OK"按钮即可，如图 1-19 所示。

步骤四：汉化的 Packet Tracer。

重启 Packet Tracer，就会看到汉化后的 Packet Tracer 了，如图 1-20 所示。

Packet Tracer 功能强大，尤其是思科公司新推出的 Packet Tracer 7.2 更是弥补了旧版本的不少缺陷，是我们学习计算机网络技术的有力帮手。随着后续实训的进行，学生一定可以越来越熟练地使用它，并深刻体会到它的好处。

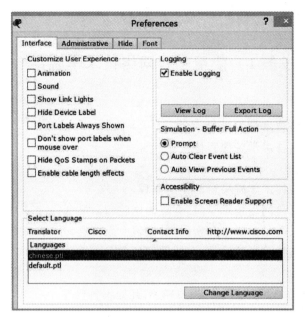

图 1-18 设置 Packet Tracer 语言

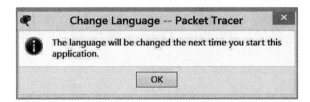

图 1-19 确认汉化 Packet Tracer

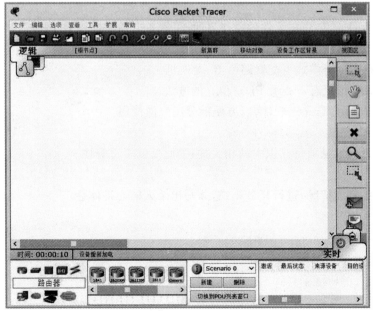

图 1-20 汉化的 Packet Tracer 界面

## 项目实施

### 任务 1 使用思科网络技术学院平台

**任务目标：**

（1）了解思科网络技术学院学习平台。

（2）了解思科网络技术学院课程体系。

**技能要求：**

（1）掌握思科网络技术学院平台的注册流程。

（2）能正确注册思科网络技术学院，并成为网院的学员。

（3）设置个人登录平台的账号和密码，并完善个人信息。

（4）登录思科网络技术学院平台，开始课程的学习之旅。

**操作过程：**

详细操作过程参见项目知识中的相关描述，此处不再赘述。

**任务小结：**

根据任务的完成情况，进行任务小结，写出个人的心得体会。

### 任务 2 Packet Tracer 模拟器的使用

**任务目标：**

（1）了解思科模拟器软件 Packet Tracer 的主要功能及操作方法。

（2）学习 Packet Tracer 软件的常用操作，为后续实训打好基础。

**技能要求：**

（1）熟悉 Packet Tracer 软件的操作界面，了解各个功能模块的作用。

（2）正确添加路由器、交换机等设备，并用线缆正确连接，构建网络拓扑结构图。

（3）练习在命令行模式下配置路由器、交换机。

（4）掌握在模拟状态下查看 PDU 信息的方法。

（5）汉化 Packet Tracer 软件，以方便部分用户的使用。

**操作过程：**

详细操作过程参见项目知识中的相关描述，此处就不再赘述。

**任务小结：**

根据任务的完成情况，进行任务小结，并写出个人的心得体会。

# 项目2 认识计算机网络

**项目描述**

假如你是纽兰德信息技术有限公司新入职的一名网络管理员,上班第一天,部门主管想让你先了解一下公司网络的基本架构以及使用情况,于是带领你参观公司的网络中心。参观以后,你需要将公司的网络拓扑结构图绘制出来,以方便日后开展网络管理与维护工作。

**项目分析**

作为一名网络管理员,了解企业内部网络的基本架构是非常有必要的。为了保证本项目的顺利实施,必须掌握计算机网络的基础知识(包括计算机网络的基本概念、组成、功能、分类和发展历史),深入了解网络的拓扑结构,并能够熟练运用工具软件绘制出企业的网络拓扑图,为日后的网络管理与维护工作打下坚实的基础。

**项目知识**

## 2.1　计算机网络概述

进入 21 世纪,随着计算机技术的迅速普及,计算机的应用已经渗透到各行各业以及各个不同的领域,单机操作已经无法满足人们工作和生活的需要。社会资源的信息化、数据的分布式处理、资源共享等需求推动了通信技术和计算机技术的融合与发展。计算机网络就是计算机技术和通信技术相结合的产物。

### 2.1.1　计算机网络的产生与发展

计算机网络于 20 世纪 50 年代中期诞生;20 世纪 60 年代,广域网从无到有并迅速发展;20 世纪 80 年代,局域网取得了多项突破性技术,并日趋成熟;20 世纪 90 年代,一方面广域网和局域网的紧密结合使得企业网络迅速发展,另一方面构建了覆盖全球的信息网络互联网，为 21 世纪信息技术的发展奠定了基础。

计算机网络的发展经历了一个从简单到复杂的过程，从为解决远程数据信息的收集和处理而形成的联机系统开始，发展到以资源共享为目的而互连起来的计算机群，计算机网络的应用渗透到社会生活的各个领域。到目前为止，其发展过程基本上可分为以下四个阶段：

第一阶段(20 世纪 50 年代至 60 年代末期)：以单台计算机为中心的远程联机系统，构成面向终端的计算机通信网络，如图 2-1 所示。

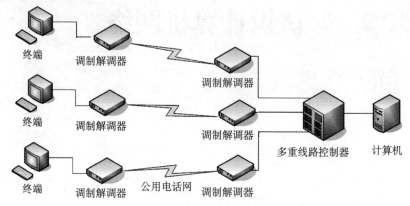

图 2-1　面向终端的计算机通信网络

在这种结构的网络中，终端负责接收和发送数据，主机负责处理数据。

第二阶段(20 世纪 60 年代末期至 70 年代中后期)：多个自主功能的主机通过通信线路互连，形成以资源共享为目的的计算机网络，如图 2-2 所示。

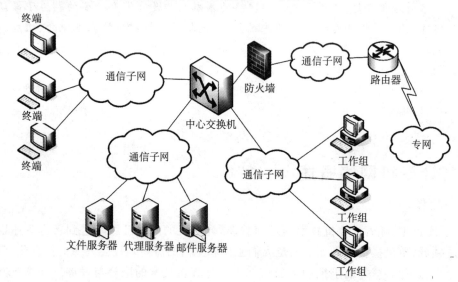

图 2-2　以资源共享为目的的计算机网络

这种由多个自主功能的主机通过通信线路互连的计算机网络通常被划分为资源子网和通信子网。资源子网由网络中的所有主机、终端、终端控制器、外设(如网络打印机、磁盘阵列等)和各种软件资源组成，负责全网的数据处理和向网络用户(工作站或终端)提供网络资源和服务。通信子网由各种通信设备和线路组成，承担资源子网的数据传输、转接和变换等通信处理工作。

第三阶段(20 世纪 70 年代末期至 80 年代中后期)：这个阶段形成具有统一的网络体系

结构、遵循国际标准化协议的计算机网络。

这种网络具有统一的网络体系结构,厂商需按照共同认可的国际标准开发自己的网络产品,从而保证不同厂商的产品可以在同一个网络中进行通信,这就是"开放"的含义。

目前存在着两种占主导地位的网络体系结构:一种是国际标准化组织 ISO 提出的 OSI RM(开放系统互连基本参考模型);另一种是互联网所使用的事实上的工业标准 TCP/IP RM(TCP/IP 参考模型)。

第四阶段(20 世纪 80 年代末期至今):向互连、高速、智能化方向发展的计算机网络。

这一阶段的计算机网络主要特点表现在以下三个方面:

(1) 出现了以 Internet 为代表的覆盖全球的互连网络。

(2) 发展了高速网络。

(3) 朝着智能化的方向发展。

### 2.1.2 计算机网络的定义

计算机网络是计算机技术与通信技术相结合的产物,是信息技术进步的象征。近年来,Internet 的迅速发展证明了信息时代计算机网络的重要性。

那么,什么是计算机网络呢?不同的人在不同的时期对于计算机网络的定义和理解是不尽相同的。但随着时代的发展,人们的观点逐步形成共识。

所谓计算机网络是指互连起来的能独立自主的计算机,即互相连接的两台或两台以上的计算机能够互相交换信息,达到资源共享的目的。而"独立自主"是指每台计算机的工作是独立的,任何一台计算机都不能干预其他计算机的工作,如启动、停止等,任意两台计算机之间没有主从关系。

计算机网络的定义涉及以下四个要点:

(1) 计算机网络中包含两台或两台以上地理位置不同且具有"自主"功能的计算机。"自主"的含义是指这些计算机不依赖于网络也能独立工作。通常,将具有"自主"功能的计算机称为主机,在网络中也称为节点。网络中的节点不仅仅是计算机,还可以是其他通信设备,如集线器、路由器等。

(2) 网络中各节点之间的连接需要有一条通道,即由传输介质实现物理互连。这条物理通道可以是双绞线、同轴电缆或光纤等"有线"传输介质,也可以是激光、微波或卫星等"无线"传输介质。

(3) 网络各节点之间互相通信或交换信息,需要有某些约定和规则,这些约定和规则的集合就是协议,其功能是实现各节点的逻辑互连。

(4) 计算机网络以实现数据通信和网络资源(包括硬件资源和软件资源)共享为目的。要实现这一目的,网络中需配备功能完善的网络软件,包括网络通信协议(如 TCP/IP、IPX/SPX)和网络操作系统(如 NetWare、Windows 2000 Server、Linux 等)。

## 2.2 计算机网络的功能

▶ **1. 数据通信**

数据通信是在计算机与计算机之间传送各种信息,包括文字信件、新闻消息、咨询信息、图片资料等，这是计算机网络最基本的功能。

### ▶ 2. 资源共享

资源共享是计算机网络最重要的功能。"资源"指的是网络中所有的软件、硬件和数据资料。"共享"指的是网络中的用户都能够部分或全部地使用这些资源。

### ▶ 3. 远程传输

在一个覆盖范围较大的网络中，即使是相隔很远的计算机用户也可以通过计算机网络互相交换信息。一个典型的例子是通过 Internet 可以把信息发送到世界范围内的任何一个用户，而所需费用却比电话和信件少得多。

### ▶ 4. 集中管理

由于计算机网络提供的资源共享功能，使得在一台或多台服务器管理其他计算机上的资源成为可能。这一功能在某些部门显得尤为重要，例如，银行系统通过计算机网络，可以将分布于各地的计算机上的财务信息传到服务器来实现集中管理。

### ▶ 5. 实现分布式处理

网络技术的发展，使得分布式处理成为可能。对于大型的课题，可以分解为若干个子问题或子任务，分散到网络的各个计算机中进行处理。这种分布处理能力对于一些重大课题的研究和开发具有重要的意义。

### ▶ 6. 负载平衡

负载平衡是指工作被均匀地分配给网络上的各台计算机上。当某台计算机负担过重或该计算机正在处理某项工作时，网络可将新任务转交给空闲的计算机来完成，这种处理方式能均衡各计算机的负载，提高信息处理的实时性。

## 2.3　计算机网络的分类

### 2.3.1　按网络覆盖的地理范围划分

根据网络覆盖的范围，网络可以分为广域网、局域网和城域网等。

### ▶ 1. 局域网

局域网(Local Area Network,LAN)也称局部区域网，其覆盖范围常在几平方千米以内，限于单位内部或建筑物内，常由一个单位投资组建，具有规模小、专用、传输延迟小的特征。

局域网的主要特点如下：

（1）局域网覆盖有限的地理范围，一般属于一个单位。

（2）提供高速率(10Mb/s～1 000Mb/s)的数据传输。

（3）决定局域网特性的主要技术要素为网络拓扑、传输介质与介质访问控制方法。

### ▶ 2. 广域网

广域网(Wide Area Network,WAN)，也称远程网，可以覆盖整个城市、国家，甚至整个世界，具有规模大、传输延迟大的特征。

广域网的主要特点如下：

（1）广域网覆盖的地域范围从几十到几千平方千米。

（2）广域网的通信子网主要使用分组交换技术，它的通信子网可以利用公用分组交换网、卫星通信网和无线分组交换网。

（3）广域网需要适应大容量与突发性通信、综合业务服务、开放的设备接口与规范化的协议，以及完善的通信服务与网络管理的要求。

▶ 3. 城域网

城域网（Metropolitan Area Network，MAN），也称市域网，覆盖范围一般是一个城市，它介于局域网和广域网之间。城域网使用了广域网技术进行组网。

城域网的主要特点如下：

（1）城域网是介于广域网与局域网之间的一种高速网络。

（2）城域网设计的目标是要满足几十平方千米区域内的大量企业、公司的多个局域网互连的需求。

（3）实现大量用户之间的数据、语音、图形与视频等多种信息的传输功能。

（4）早期的城域网主要产品是 FDDI（光纤分布式数据接口）。

## 2.3.2 按使用的网络操作系统划分

在计算机网络中，一个重要组成部分就是"网络操作系统"。它是整个网络的核心，也是整个网络服务和管理的基础。目前，计算机网络中主要存在以下几类网络操作系统。

▶ 1. Microsoft Windows 家族

由 Microsoft（微软）公司开发，这类操作系统配置在整个局域网配置中是最常见的，但由于它对服务器的硬件要求较高，且稳定性不是很高，所以微软的网络操作系统一般只是用在中低档服务器中，高端服务器通常采用 Unix、Linux 或 Solaris 等非 Windows 操作系统。

在局域网中，微软的网络操作系统主要有 Windows NT、Windows Server 和 Windows 2000 Advance Server 等，主要用于服务器中，而工作站系统可以采用任意一个 Windows 或非 Windows 操作系统，包括个人操作系统，如 Windows 9x/me/XP/Windows 7 等。

▶ 2. NetWare 家族

NetWare 类操作系统虽然远不如早些年那么常用，但是 NetWare 操作系统仍以对网络硬件的要求较低（工作站只要是 386 机就可以了）而受到一些设备比较落后的中、小型企业，特别是学校的青睐。它在无盘工作站组建方面具有较大优势，对硬件要求不高，且因为它兼容 DOS 命令，其应用环境与 DOS 相似，经过长时间的发展，具有相当丰富的应用软件支持，技术完善、可靠。目前，NetWare 操作系统市场占有率呈下降趋势，这部分的市场主要被 Windows NT/Windows Server 2008/Windows Server 2012 和 Linux 系统取代了。

▶ 3. Unix 操作系统

Unix 系统支持网络文件系统服务，其功能强大，由 AT&T 和 SCO 公司推出。这种网络操作系统稳定和安全性能非常好，但由于它多数是以命令方式来进行操作的，不容易掌握，特别是初级用户。正因如此，小型局域网基本不使用 Unix 作为网络操作系统，Unix 操作系统一般用于大型的网站或大型的企、事业局域网中。

▶ 4. Linux 操作系统

Linux 是一种新型的网络操作系统，它的最大特点就是源代码开放，可以免费得到许多应用程序。目前也有中文版本的 Linux，在国内得到了用户充分的肯定，主要体现在它的安全性和稳定性方面与 Unix 有许多类似之处。

以上介绍了几种网络操作系统，其实这几种操作系统是完全可以实现互连的，也就是说在一个局域网中完全可以同时存在以上几种类型的网络操作系统。

## 2.3.3 按传输介质划分

传输介质是指数据传输系统中发送装置和接收装置间的物理媒体，按其物理形态可以划分为有线和无线两大类。

▶ 1. 有线网络

采用有线传输介质连接的网络称为有线网络。常用的有线传输介质有双绞线、同轴电缆和光导纤维。各种不同的有线传输介质的特点我们将在后续章节中详细介绍。

▶ 2. 无线网络

采用无线传输介质连接的网络称为无线网络。无线网络主要采用三种技术：微波通信、红外线通信和激光通信，其中微波通信用途最广。目前的卫星网就是采用一种特殊形式的微波通信技术，它利用地球同步卫星作为中继站来转发微波信号。一颗同步卫星可以覆盖地球的 1/3 以上表面，三颗同步卫星就可以覆盖地球上全部通信区域。

## 2.3.4 按拓扑结构划分

网络中的计算机等设备要实现互连，就需要以一定的结构方式进行连接，这种连接方式就叫拓扑结构。目前常见的网络拓扑结构主要有四大类：星形结构、环形结构、总线型结构及星形和总线型结合的复合型结构。

▶ 1. 星形结构

星形拓扑结构由中央节点和通过点到点链路连接到中央节点的各节点组成。这种结构是目前在局域网中应用最为普遍的一种，在企业网络中几乎都是采用这一方式。星形网络几乎是以太网（Ethernet）网络专用，它是因网络中的各工作站节点设备通过一个网络集中设备（如集线器或者交换机）连接在一起，各节点呈星状分布而得名。

在星形拓扑结构中，中央节点为集线器或交换机，其他外围节点为服务器或工作站，通信介质为双绞线或光纤。由于所有节点往外传输都必须经过中央节点来处理，因此，网络对中央节点的要求比较高。

星形拓扑结构的网络信息传输的过程为：某一工作站有信息发送时，将向中央节点申请，中央节点响应该工作站，并为该工作站与目的工作站或服务器建立会话。此时，就可进行无延时的会话了。

星形拓扑结构如图 2-3 所示。

星形拓扑结构的网络基本特点如下：

（1）比较容易实现。它采用的传输介质一般都是通用的双绞线，这种传输介质相对来说比较便宜。这种拓扑结构主要应用于 IEEE 802.2、IEEE 802.3 标准的以太局域网中。

（2）节点扩展、移动方便。节点扩展时只需要从集线器或交换机等集中设备中拉一条线即可,而要移动一个节点只需要把相应节点设备移到新节点即可,而不需要像环形网络那样"牵其一而动全局"。

(3) 维护起来很方便。一个节点出现故障不会影响其他节点的连接,可任意拆走故障节点。

(4) 采用广播信息传送方式。任何一个节点发送信息,在整个网络中的其他节点都可以收到,这在信息保密方面存在一定的隐患,但在局域网中使用影响不大。

(5) 网络传输速率快。这一点可以从最新的 100Mb/s~10Gb/s 以太网接入速度看出。

▶ 2. 环形结构

环形拓扑结构是一个像环一样的闭合链路,所有的通信共享一条物理通道,即连接网络中所有节点的点到点链路。这种拓扑结构主要应用于令牌网。在这种网络中,各设备是直接通过电缆来串接的,最后形成一个闭环,整个网络发送的信息就是在这个闭环中传递的。这种环形拓扑结构如图 2-4 所示。

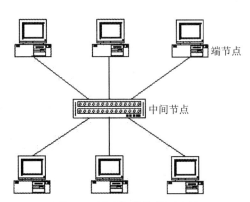

图 2-3 星形拓扑结构示意图

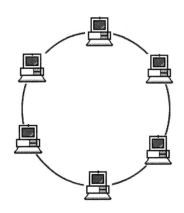

图 2-4 环形拓扑结构示意图

环形拓扑结构的网络基本特点如下:

(1) 这种网络结构一般仅适用于 IEEE 802.5 的令牌网,在这种网络中,"令牌"在环形连接中依次传递,所用的传输介质一般是同轴电缆。

(2) 这种网络实现起来非常简单,投资最小。可以从其网络结构示意图中看出,组成这种网络除了各工作站就是传输介质——同轴电缆,以及一些连接器材,没有价格昂贵的节点集中设备(如集线器和交换机)。但也正因为这样,这种网络所能实现的功能最为简单,仅能当作一般的文件服务模式。

(3) 传输速度较快。在令牌网中允许有 16Mb/s 的传输速度,它比普通的 10Mb/s 以太网要快很多。当然随着以太网的广泛应用和以太网技术的发展,以太网的速度也得到了极大提高,目前普遍都能提供 100Mb/s 以上的速度,远比 16Mb/s 要高。

(4) 维护困难。从其网络结构可以看到,整个网络中各节点间是直接串联的,一方面任何一个节点出了故障都会造成整个网络的中断、瘫痪,维护起来非常不便。另一方面因为同轴电缆采用的是插针式的接触方式,所以非常容易造成接触不良、网络中断,而且查找起来非常困难。

(5) 扩展性能差。环形结构决定了它的扩展性能远不如采用星形拓扑结构的网络好,如果要新增或移动节点,就必须中断整个网络。

▶ 3. 总线型结构

总线型拓扑结构采用单根数据传输线作为通信介质,所有的节点都通过相应的硬件接

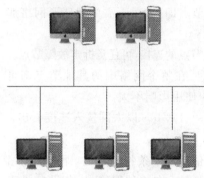

图 2-5　总线型拓扑结构示意图

口直接连接到通信介质上。总线型拓扑结构的网络中节点为服务器或工作站，通信介质为同轴电缆。总线型拓扑结构如图 2-5 所示。

由于所有的节点共享一条公用的传输链路，所以一次只能由一个设备传输，这样就需要某种形式的访问控制策略来决定哪一个节点可以发送。一般情况下，总线型网络采用载波监听多路访问/冲突检测（CSMA/CD)控制策略。

总线型网络信息传输的过程为：发送时，发送节点对报文进行分组，然后一次一个地址依次发送这些分组，有时要与其他工作站传来的分组交替地在通信介质上传输。当分组经过各节点时，目标节点将识别分组的地址，然后将属于自己的分组内容复制下来。

总线型结构在局域网中得到了广泛的应用，这种拓扑结构的网络有以下特点：

（1）组网费用低。从图 2-5 中可以看出，这样的结构根本不需要另外的互连设备，它直接通过一条总线进行连接，所以组网费用较低。

（2）网络中的各个节点是共用总线带宽的，所以在传输速度上会随着接入网络的用户数的增多而出现下降。

（3）这种拓扑结构的网络用户扩展较灵活。需要扩展用户时只需要添加一个接线器即可，但所能连接的用户数量有限。

（4）维护起来较容易。单个节点失效不影响整个网络的正常通信。但是如果总线一断，则整个网络或者相应主干网段就断了。

（5）这种网络拓扑结构的最大缺点是一次仅能由一个端用户发送数据，而其他端用户必须等待，直到获得发送权为止。

▶ 4. 混合型拓扑结构

混合型拓扑结构是由前面所述的星形拓扑结构和总线型结构结合在一起的，这样的拓扑结构更能满足较大网络的拓展，解决星形拓扑结构的网络在传输距离上的局限，同时又解决了总线型拓扑结构的网络在连接用户数量上的限制。混合型拓扑结构同时兼顾了星形拓扑结构和总线型拓扑结构的优点，并在缺点方面得到了一定的弥补。

混合型拓扑结构的网络基本特点如下：

（1）应用广泛。这主要是因为这种拓扑结构解决了星形和总线型拓扑结构的不足，满足了较大范围组网的实际需求。

（2）扩展灵活。这主要是继承了星形拓扑结构的优点。但由于仍采用广播式的消息传送方式，所以在总线长度和节点数量上也会受到限制，不过在局域网中不存在太大的问题。

（3）速度较快。因为其骨干网采用高速的同轴电缆或光缆作为传输介质，所以整个网络在传输速度上不会受到太大的限制。

（4）较难维护。这主要受到总线型网络拓扑结构的制约，如果总线一断，则整个网络也就出现瘫痪，但是如果是分支网段出了故障，则仍不影响整个网络的正常运行。

这种混合型拓扑结构的网络其数据传输速率会随着用户数量的增加而下降。

# 2.4　计算机网络的传输介质

　　计算机网络的传输介质是计算机网络中收、发双方的物理传输通路,是网络设备间的中间介质,也是网络信号的传输媒介。

　　计算机网络的传输介质可以分为两种类型:一种是有线传输介质;另一种是无线传输介质。其中,有线传输介质是用电缆或光缆等作为传输介质,如双绞线、同轴电缆和光纤等;无线传输介质是用电波或光波作为传输介质,如无线电波、微波、红外线等。网络传输介质的分类如图 2-6 所示。

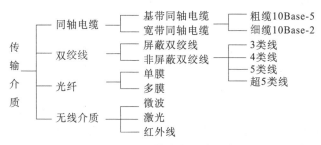

**图 2-6　网络传输介质的分类**

　　由于网络传输介质是计算机网络中最基础的通信设施,因此其性能好坏对计算机网络的性能将产生较大的影响。衡量网络传输介质性能优劣的主要技术指标有传输距离、传输带宽、衰减、抗干扰能力、连通性和价格等。

## 2.4.1　有线传输介质

### ▶ 1. 双绞线

　　双绞线是局域网中最常用的一种传输介质,由 8 根不同颜色的线分成 4 对绞合在一起,成对扭绞的作用是尽可能地减少电磁辐射与外部信号的干扰,两两扭绞在一起也是其称为双绞线的主要原因。

　　双绞线既可以用于电话通信中的模拟信号传输,也可用于数字信号传输。双绞线按照其是否外加金属网丝套的屏蔽层而分为屏蔽双绞线(Shielded Twisted Pair,STP)和非屏蔽双绞线(Unshielded Twisted Pair,UTP)两种(如图 2-7 所示);非屏蔽双绞线因为少了屏蔽网,所以其成本较低,在实际的网络工程中使用得也更多一些。

　　1) 非屏蔽双绞线

　　非屏蔽双绞线是目前有线局域网中最常使用的一种传输介质,它的频率范围一般为100Hz～5MHz,这对于传输数据和音频信号都比较合适。

　　电子工业协会(Electronic Industries Association,EIA)根据双绞线的频率和信噪比将非屏蔽双绞线分成如下类型:

　　(1) 1 类 UTP:主要用于 20 世纪 80 年代初之前的电话系统,可用于传输语音,但不用于数据传输。应用这种双绞线的电话网络,其通话质量较好,但是通信的速率较低。

a) 六类非屏蔽双绞线　　　　　　　　b) 屏蔽双绞线

图 2-7　非屏蔽双绞线和屏蔽双绞线

（2）2 类 UTP：主要应用于早期的令牌环网络，可用于 1MHz 的语音传输和带宽为 4Mb/s 以上的数据传输。

（3）3 类 UTP：常用于 10Base-T（其含义是 10Mb/s 带宽的基带传输，传输介质为双绞线），可用于 16MHz 的语音传输和带宽为 10Mb/s 以上的数据传输。

（4）4 类 UTP：主要用于令牌环网络和 10/100Base-T 网络，可以用于 20MHz 的语音传输和带宽为 16Mb/s 的数据传输。

（5）5 类 UTP：主要用于 100Base-T 网络。该双绞线增加了绕线密度，并且外套一种高质量的绝缘材料，故其传输性能较好，可用于 100MHz 的语音传输和 100Mb/s 数据传输。

除了以上几种类型的 UTP 外，为了适应现代网络技术的发展，各个不同厂商分别推出了超 5 类、6 类和 7 类 UTP。6 类 UTP 的带宽可达 250Mb/s，7 类 UTP 的带宽更是达到 600Mb/s，具有与光纤相竞争的实力，而且其成本比使用光纤的系统低很多。

2）屏蔽双绞线

屏蔽双绞线由金属导线包裹，然后再将其包上橡胶外皮，比非屏蔽双绞线的抗干扰能力强，传送数据更可靠，但与非屏蔽双绞线相比，其生产的成本较高。

3）跳线的线序

我们平常所使用的网络跳线（多以双绞线为传输介质）就是将双绞线的两端按一定的线序排列，然后压在 RJ-45 水晶头内。为了使跳线的通信效果更好，减少信号串扰，同时为了便于网络跳线制作的统一规范及方便网络的管理和维护，美国电子工业协会和电信工业协会制定了 EIA/TIA 568A 标准和 EIA/TIA 568B 标准，这两个标准对于电线与模块插头和插座的连接有两个方案——T568A 和 T568B，它们具体的线序排列如图 2-8 所示。

注意：在 10Base-T 网络中，网络跳线使用了双绞线的 1、3 和 2、6 等四根线，而 4、5 两根线是供电话线路使用的，7、8 两根线则没有使用。在 100Base-T 网络中这 8 根线都得到了使用。

4）网络跳线的种类及用途

根据跳线两端双绞线线序的不同，可将网络跳线分为以下三类：

（1）直通线。跳线的两端都按 T568B 线序标准排列，或两端都按 T568A 线序标准排列。按 T568B 线序标准排列制作而成的直通线如图 2-9 所示。

直通线用于异构网络设备之间的互连，如表 2-1 所示。

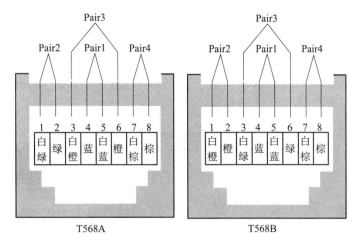

图 2-8　T568A 标准和 T568B 标准的线序排列

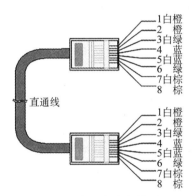

图 2-9　直通线线序排列

表 2-1　各种不同网线的适用范围

| 线　　序 | 直　连　线 | 交　叉　线 | 反　转　线 |
|---|---|---|---|
| 连接方式 | T568A-T568A<br>T568B-T568B | T568B-T568A | T568A-T568A(反序)<br>T568B-T568B(反序) |
| 应用场合 | 计算机—集线器<br>计算机—交换机<br>路由器—集线器<br>路由器—交换机<br>集线器—集线器(Uplink)<br>交换机—交换机(Uplink) | 计算机—计算机<br>路由器—路由器<br>计算机—路由器<br>集线器—集线器<br>交换机—交换机 | 计算机的串口(COM)—路由器、交换机等网络设备的控制台端口(Console) |

在网络工程中,直通线的使用量最大,并且基于 T568B 标准制作的网络跳线更通用。

(2)交叉线。跳线的一端按 T568A 线序标准排列,而另外一端则按 T568B 线序标准排列,如图 2-10 所示。

交叉线用于同种类型网络设备之间的互连,如表 2-1 所示。最常用的场合是笔记本和台式机互连成网,不需要购买其他网络设备(网卡通常是集成的),只需用交叉线把两个网卡连接起来,配置 IP 参数(IP 地址、子网掩码)即可实现通信。

(3)反转线。跳线的一端是按 T568B 线序标准排列,而另一端则是按 T568B 线序标准的

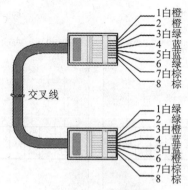

图 2-10　交叉线线序排列

反序排列；或一端按 T568A 线序标准排列，而另一端则是按 T568A 线序标准的反序排列。

反转线常应用于计算机的 COM 口通过 DB9 转 RJ-45 的转接头连接到交换机（或路由器）的控制端口 Console，实现从计算机串口（COM）到路由器控制台端口的通信，具体配置方法将在后续项目中详细介绍。

说明：平时在制作网络跳线时，如果不按标准线序排列，虽然有时线路也能接通，但是线路内部各线对之间的干扰不能有效消除，从而导致信号传输出错率升高，最终影响网络整体性能。只有按标准制作，才能保证网络的正常运行，并为后期的维护工作带来便利。

由于双绞线在传输信号时存在衰减和时延，所以网络跳线的最大无中继距离为 100m，如果计算机距离其最近的网络设备超过 100m 时，则不能直接用 5 类双绞线连接到该设备上。

▶ 2. 同轴电缆

同轴电缆是由内外相互绝缘的同轴心导体构成的电缆，内导体为铜线，外导体为铜管或铜网。电磁场封闭在内外导体之间，故辐射损耗小，受外界干扰影响小。

同轴电缆常用于传送多路电话和电视信号，也是局域网中最常见的传输介质之一。防止外部电磁波的干扰，是把其设计为"同轴"的一个重要原因，同轴电缆的结构如图 2-11 所示。

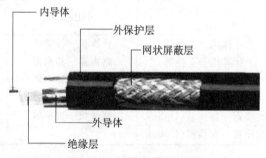

图 2-11　同轴电缆的结构

同轴电缆的内导体和外导体用于传输数据，绝缘层用于内导体与外导体间的绝缘，外部保护层用于保护电缆。

1）同轴电缆的分类

同轴电缆分为基带同轴电缆和宽带同轴电缆两类。

（1）基带同轴电缆（50Ω）。采用基带传输，即采用数字信号进行传输，主要用于组建局域网。常用的基带同轴电缆有以下两种：

· 50Ω 的粗缆。用于构建 10Base-5(10Mb/s 带宽,基带传输,最大传输距离为 500m)的网络,网卡接口是 AUI 口。

· 50Ω 的细缆。用于构建 10Base-2(10Mb/s 带宽,基带传输,最大传输距离为 185m,即接近 200m)的网络,网卡接口是 BNC 口。

(2) 宽带同轴电缆(75Ω)。采用宽带传输,即采用模拟信号进行传输,用于构建有线电视网络。

▶ 2. 同轴电缆的特性

同轴电缆的特性如下:

(1) 同轴电缆的数据传输速率最高可达 10Mb/s。

(2) 宽带同轴电缆既可以传输模拟信号,又可以传输数字信号。

(3) 在抗干扰性方面通常高于双绞线,低于光纤。

(4) 同轴电缆的价格要高于双绞线,但要低于光纤。

(5) 典型的基带同轴电缆最大传输距离在几千米内,而宽带同轴电缆最大传输距离可达十几千米。但是在 10Base-5 粗缆以太网中,最大传输距离为 500m;在 10Base-2 细缆以太网中,传输距离最大为 185m。

▶ 3. 光导纤维

光导纤维简称光纤,是目前长距离传输使用最多的一种传输介质。光纤是用纯石英以特别的工艺拉成细丝,直径比头发丝还要细,但它的功能非常强大,可以在很短的时间内传递大量的信息。

在所有的传输介质中,光纤的发展是最为迅速且最有前途的。不论光纤如何弯曲,当光线从它的一端射入时,大部分光线可以经光纤传送至另一端。

1) 光纤的特点

光纤的特点如下:

(1) 传输损耗小、中继距离长,远距离传输特别经济。

(2) 抗雷电和电磁干扰性好。

(3) 无串音干扰,保密性好;体积小,重量轻。

(4) 通信容量大,每波段都具有 25 000GHz~30 000GHz 的带宽。

2) 光纤的分类

光纤按所用材料、折射率分布形状等因素,可以分为 A 和 B 两大类:A 类为多模光纤,B 类为单模光纤。它们在结构上的区别如图 2-12 所示。

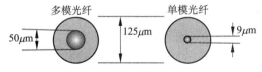

图 2-12　多模光纤和单模光纤在结构上的区别

多模光纤采用发光二极管 LED 作为光源,允许多条不同角度入射的光线在一条光纤中传输,即有多条光路。多模光纤在传输的过程中的衰减比单模光纤大,无中继条件下,在 10Mb/s 及 100Mb/s 的以太网中,多模光纤最长可支持 2 000m 的传输距离,而在 1Gb/s 的千兆以太网中,多模光纤最高可支持 550m 的传输距离。因此,多模光纤适合近距离的通信。

单模光纤的光纤直径与光波波长相等,只允许一条光线在一条光纤中直线传输,即只有一种光路。在无中继条件下,传播距离可达几十千米,采用激光作为光源。单模光纤传输性能比多模光纤好,所以价格也高于多模光纤。多模光纤和单模光纤传输示意图如图2-12所示。

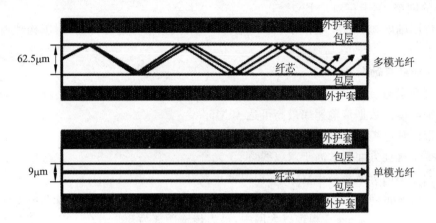

图 2-13　多模光纤和单模光纤传输示意图

## 2.4.2　无线传输介质

有线传输介质有其使用的局限性。例如,通信线路要通过特殊的地形或高大的建筑物时,网络工程的施工难度会很大,即便是在城市中,挖开马路敷设电缆也不是一件容易的事。尤其是当通信距离很远时,敷设电缆既昂贵又费时。当遇到这种情况,无线传输介质就能够体现其不可比拟的优越性。电信领域使用的电磁波的频谱如图2-14所示。

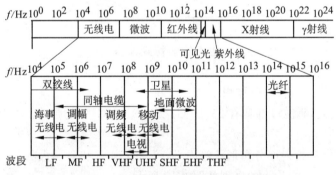

图 2-14　电信领域使用的电磁波的频谱

▶ **1. 地面微波接力**

由于微波在空间是直线传输的,而地球的表面是个曲面,因此在正常情况下,其传输距离受到较大限制,只有50km左右。如果采用100m高的天线塔进行信号传递,则其传输距离可大大增加。但为了实现更远距离的通信,必须在一条无线电通信信道的两个终端之间建立若干中继站。中继站把前一站送来的信号经过放大后再送到下一站,故称为"信号接力"。图2-15所示为地面微波接力的示意图。

微波接力通信的优点是频带宽、信道容量大、初建费用小,既可以传输模拟信号,又可传输数字信号;其缺点是方向性强(必须直线传播)、隐蔽性和保密性较差,且相邻站点之间必

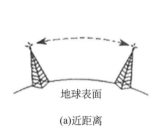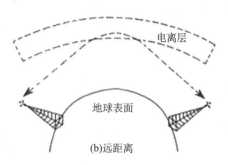

(a)近距离　　　　　　　　　　　　　　(b)远距离

**图 2-15　地面微波接力示意图**

须直通，不能有障碍物。

　　微波数据系统无论大小，安装时都比较困难，需要有良好的定位，并要申请许可证。数据传输速率一般取决于频率范围，小型的通常为 1Mb/s～10Mb/s，衰减程度随信号频率和天线尺寸而变化。对于高频系统，长距离传输会因雨天或雾天而增大衰减。近距离对天气的变化不会有什么影响。无论近距离还是远距离，微波对外界干扰都非常灵敏。

　　▶ 2. 卫星通信

　　卫星通信是在地面站之间利用位于 36 000km 高空的人造同步地球卫星作为中继器的一种微波接力通信，如图 2-16 所示。

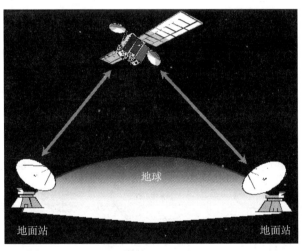

**图 2-16　卫星通信**

　　在卫星通信系统中，由于通信卫星发出的电磁波覆盖范围广，跨度可达 18 000km，覆盖地球表面差不多 1/3 的面积。因此，三个这样的通信卫星就可以覆盖地球上的全部通信区域，这样地球各地面站间就可以任意通信了。

　　卫星通信可以跨越陆地或海洋。由于信号传输的距离相当远，所以会有一段时间的传播延迟。延迟时间短的为 500ms，大的则为数秒。

　　卫星通信的优点是容量大、可靠性高，通信成本与两站点之间的距离无关，传输距离远、覆盖面广，并具有广播特征。而其缺点是一次性投资大、传输延迟时间长。

　　▶ 3. 红外系统

　　红外系统采用发光二极管(LED)或激光二极管(ILD)来进行站与站之间的数据交换。

红外设备发出的光非常纯净，一般只包含电磁波或小范围电磁频谱中的光子。传输信号可以直接或经墙面、天花板反射后，被接收装置收到。

红外信号没有能力穿透墙壁和一些其他固体，每一次反射都要衰减一半左右，同时红外线也容易被强光源给盖住。红外线的高频特性可以支持高速度的数据传输，它一般可分为点到点与广播式两类。

1）点到点红外系统

点到点红外系统是人们最熟悉的，如常用的遥控器。红外传输器使用光频（100GHz～1 000THz）的最低部分。除了高质量的大功率激光器较贵外，一般用于数据传输的红外装置都非常便宜，它的安装必须精确到绝对的点对点。

点到点红外系统的数据传输速率一般为每秒几千比特，根据发射光的强度、纯度和大气情况，衰减有较大变化，一般距离为几米到几千米不等，聚焦传输具有极强的抗干扰性。

2）广播式红外系统

广播式红外系统是把集中的光束以广播或扩散方式向四周散发，这种方法也常用于遥控和其他设备上。利用这种设备，一个收发设备可以与多个设备同时通信。

## 2.5　数据通信基础

数据通信是指用特定信号把数据从发送端传送到接收端的过程。为了保证信息传输的实现，通信必须具备三个基本要素，即信源、通信信道和信宿。

信源是信息产生和出现的发源地，既可以是人，也可以是计算机等设备；通信信道是信息传输过程中承载信息的传输媒体；信宿是接收信息的目的地。数据通信的主要过程如图2-17 所示。

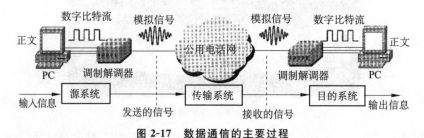

图 2-17　数据通信的主要过程

在数据通信中，计算机（或终端）设备起着信源和信宿的作用，通信线路和必要的通信转接设备构成了通信信道。

### 2.5.1　数据通信中的基本概念

▶ 1. 数据

数据（Data）是对所描述对象的符号化记录，一般可理解为"信息的数字化形式"或"数字化的信息形式"。在计算机网络系统中，数据通常被广义地理解为在网络中存储、处理和传输的二进制数字编码。

▶ 2. 信息

信息（Information）是"消除不确定因素的消息"，是对特定事物的描述、解释、说明，是数据的内涵，是客观事物属性和相互联系特性的表征，反映客观事物存在形式和运动状态。

▶ 3. 信号

信号（Signal）是对特定信息的物理表述，在数据通信中就是携带信息的传输介质。在通信系统中常使用的电信号、电磁信号、光信号、载波信号、脉冲信号等术语就是指携带某种信息的具有不同形式或特性的传输介质。它又分为模拟信号和数字信号两种，如图 2-18 所示。

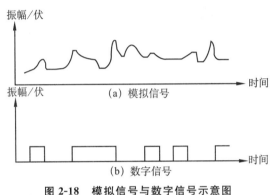

图 2-18　模拟信号与数字信号示意图

1）模拟信号

模拟信号指随时间连续变化的电磁波。采用模拟信号传输数据时，往往只占据有限的频谱，对应数字的基带传输将其称为频带传输。

2）数字信号

数字信号指用离散状态（即所谓的"二进制信号"）表示的信号。时间上不连续的离散量即电压（电平）的脉冲序列，终端设备把数字信号转换成脉冲电信号时，这个原始的电信号所固有的频带，称为基本频带，简称基带。它通过中继方式将 0、1 进行整形和放大而不涉及噪声，且便于集成化。

▶ 4. 带宽

带宽（Bandwidth）是指每秒发送的比特数，是在一定时间内能够通过一定空间最大的比特数。无论采用什么方式发送报文，无论采用什么样的物理介质，带宽都是有限的，这是由传输介质的物理性质决定的。

▶ 5. 吞吐量

吞吐量（Throughout）是指在特定时段内使用某路由传输一个文件时所获得的实际带宽。由于诸多原因，吞吐量往往小于传输使用介质所能达到的最大带宽。

▶ 6. 误码率

误码率是指二进制码元在数据传输过程中被传错的概率。

▶ 7. 基带传输

基带（Baseband）传输是指信号以其固有的基本形态进行传输，一般是采用数字信道所特有矩形电脉冲或光波的亮与不亮等信号形态对应二进制代码的 0 和 1 直接进行传输，该信号按照信道的既定频率，独占其整个频带的带宽，不能复用，因此也称窄带传输。

▶ 8. 宽带传输

宽带(Broadband)传输是指在一条传输介质上通过多路复用技术实现多路独立信号的传输。其原意是指高于 3 400Hz 电话频率的信号。宽带传输要求信道的可利用带宽要大大高于其子信道的带宽，因此常以同轴电缆作为传输介质。

同轴电缆传输模拟信号时，其频率可达 500MHz，传输距离能够达到 100km。通常再将其划分成若干独立信道，如 CATV(Cable Television)就是采用 6MHz 传输一路模拟电视信号的频道方式，使一条电缆能同时传输上百个频道的电视节目。

▶ 9. 频带传输

频带传输是把数字信号调制成能在公共电话线上传输的音频模拟信号后再发送和传输，到达接收端后，再把音频信号解调成原来的数字信号，计算机的远程通信常采用频带传输。

## 2.5.2 模拟数据与数字数据的传输形式

信道是传输特定信号的通路，是通信媒介，由传输介质及相应的中间通信设备组成，信道可以是有线的，也可以是无线的。传输信号可以是电信号，也可以是光信号等。模拟信道是指传输模拟信号的信道，数字信道是指传输数字信号的信道。

通信是参与者按照预先的某种约定进行互通消息的过程，如语言交流、文字信函、网络传输等都是通信。模拟通信是指用模拟信号传输数据的通信，数字通信是指用数字信号传输数据的通信。

由于数据信号分为模拟信号和数字信号，信道又分为模拟信道和数字信道，这样就构成了四种数据的传输形式。

▶ 1. 模拟数据的模拟通信

模拟数据的模拟通信如图 2-19 所示。

**图 2-19　模拟数据的模拟通信**

模拟数据进行模拟通信的典型的应用实例就是语音信号在普通的电话系统中的传输。

▶ 2. 模拟数据的数字通信

模拟数据的数字通信如图 2-20 所示。

**图 2-20　模拟数据的数字通信**

模拟数据进行数字通信的典型的应用实例就是 IP 电话。

▶ 3. 数字数据的模拟通信

数字数据的模拟通信如图 2-21 所示。

图 2-21　数字数据的模拟通信

数字数据进行模拟通信的典型例子是用调制解调器上网。事实上,整个上网过程分为两个信号转换过程,分别由调制解调器中的调制器和解调器完成。

▶ 4. 数字数据的数字通信

数字数据的数字通信如图 2-22 所示。

图 2-22　数字数据的数字通信

## 2.5.3　数据的编码技术

编码是将数据表示成适当的信号形式,以便数据的传输和处理。数据编码是指二进制数字信息在传输过程中所采用的编码方式,即如何表示 0、如何表示 1。也就是将计算机的 0 和 1 转换为某种实际物理的信号表现形式,如电脉冲、光脉冲或电磁脉冲等。每个脉冲代表一个离散的信号单元,也称码元。表示二进制数字的码元的形式不同,便产生出不同的编码方案,图 2-23 所示为数据编码示意图。

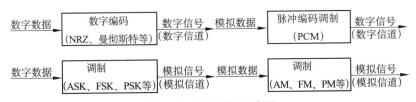

图 2-23　数据编码示意图

▶ 1. 数字数据的数字信号编码

数字数据转换成数字信号,最简单的方法就是用两种不同的电平脉冲序列来表示,如高电平为 1,低电平为 0。有时为了使信号具有一些有用的特点,如消除直流分量、便于提取时钟等需要使用一些特殊的码型。常用的数字数据编码有三种:不归零码、曼彻斯特编码和差分曼彻斯特编码,如图 2-24 所示。

1)不归零码

在不归零码(Non Return to Zero,NRZ)中,高电平表示 1,低电平表示 0。该编码方式的特点是:无法判断一位的开始与结束,数据的收发双方不易保持同步;如果信号中 1 与 0 的个数不相等,就会产生直流分量,不利于数据的传输。

2)曼彻斯特编码

曼彻斯特(Manchester)编码是目前应用最广泛的编码方法之一。其特点是每一位二进

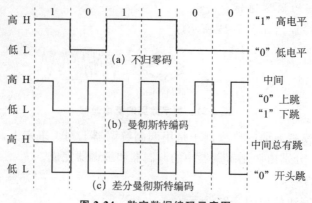

图 2-24　数字数据编码示意图

制信号的中间都有跳变：从高电平跳变到低电平为 1，从低电平跳变到高电平为 0。

曼彻斯特编码的优点是能实现信息的自同步，它既包括数据信息，也具有时钟信息。其缺点是系统开销将会加倍。

3）差分曼彻斯特编码

差分曼彻斯特（Difference Manchester）编码是对曼彻斯特编码的改进。其特点是每一位二进制信号的跳变依然提供收发端间的同步，但每位二进制数据的取值，区分 0 和 1 是在相邻码元的边界，码元开始处跳变表示 0，无跳变表示 1，即发送 1 时，间隔开始时刻电平不跳变，发送 0 时，间隔开始时刻电平会跳变。这种编码方式主要应用在令牌环网中。

▶ 2. 模拟数据的数字信号编码

由于数字信号传输的质量好、价格低、便于数据的交换和处理，通常需要把模拟信号转换成数字信号来传输。对模拟数据的数字信号编码常用的是脉冲编码调制技术（Pulse Code Modulation，PCM）。

PCM 基于的采样定理是：如果在规定时间间隔内，以有效信号 $f(t)$ 最高频率的两倍或两倍以上的速率对信号进行采样，则这些采样值包含便于分离的全部原始信号信息，当需要时可不失真地从这些采样值中重新构造出有效信号 $f(t)$。PCM 技术的典型应用是语音数字化。在发送端通过 PCM 编码器将语音数据变换为数字化的语音信号，通过通信信道传送到接收方，接收方再通过 PCM 解码器还原成模拟语音信号。PCM 的工作过程分为采样、量化和编码等三个步骤。

（1）采样。模拟信号数字化的第一步是在时间上对信号进行离散化处理，即将时间上连续的信号处理成时间上离散的信号，这一过程称为采样，如图 2-25 所示。

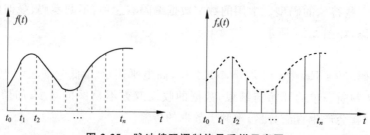

图 2-25　脉冲编码调制信号采样示意图

（2）量化。量化就是把信号在幅度域上连续取值变换为幅度域上离散取值的过程。量化是一个近似表示的过程，即用有限个数值的离散信号近似表示无限个取值的模拟信号，量化级次则取决于系统的精度要求。脉冲编码调制信号量化示意图如图 2-26 所示。

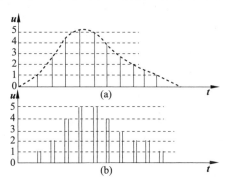

图 2-26　脉冲编码调制信号量化示意图

（3）编码。最后将量化后的采样样本电平对应成相应的二进制数值，如 8bit 就是使其在 256 种状态中取值。

▶ 3. 数字数据的模拟信号编码

将基带数字信号的频谱变换成适合在模拟信道中传输的频谱，一般通过以下三种不同载波特性的调制方法对数字数据进行调制，分别是调幅（AM）、调频（FM）和调相（PM），如图 2-27 所示。

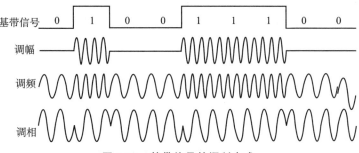

图 2-27　基带信号的调制方式

（1）调幅。调幅方式也称幅移键控（Amplitude-Shift Keying，ASK），即载波的振幅随基带数字信号而变化。用两种不同的幅度来表示二进制的 1 和 0，通常 1 对应有载波输出，0 对应无载波输出。调幅方式的特点是实现容易、设备简单，但抗干扰能力差。

（2）调频。调频方式也称频移键控（Frequency-Shift Keying，FSK），即载波频率随基带数字信号而变化。它是用载波信号的两种不同频率来表示二进制的 1 和 0。调频方式的特点是实现简单，抗干扰能力优于调幅方式，广泛应用于高频的无线电传输，甚至也能应用于较高频率的局域网。

（3）调相。调相方式也称相移键控（Phase-Shift Keying，PSK），即载波的初始相位随基带数字信号而变化。可用 0 对应于相位 0°，1 对应于相位 180°。此外，还有相对移相键控（DPSK），即 0 对应于相位发生变化，而 1 对应于相位不变化。由于检测相位的变化要比检测相位本身的数值更加容易，因此 DPSK 具有更好的抗干扰性。

为达到更高的信息传输速率，常采用技术上更复杂的多元制的振幅相位混合调制方法。

### 2.5.4　数据的同步技术

数据在信道上传输时，为保证发送端发送的信息能被接收端正确无误地接收，要求发送端和接收端动作的起始时间和频率保持一致的技术称为同步技术。在数据通信的过程中同步是必需的，但实现同步的方式有两种，一种是同步方式，另外一种是异步方式。

▶ 1. 同步方式

通常，同步传输方式是将一组数据封装成帧。这些数据，不需要附加起始位和停止位，而是在发送一组字符或数据块之前先发送一个同步字符 SYN（以 01101000 表示）或一个同步字节（01111110），用于接收方进行同步检测，从而使收发双方进入同步状态。在同步字符或同步字节之后，可以连续发送任意多个字符或数据块，发送数据完毕后，再使用同步字符或同步字节来标识整个发送过程的结束，如图 2-28 所示。

图 2-28　数据同步处理过程示意图

▶ 2. 异步方式

异步方式又称起止同步方式，在异步传输方式中，每传送一个字符（7 位或 8 位）都要在字符码前加一个起始位，以表示字符代码的开始；在字符代码和校验码后面加一或两个停止位，表示字符结束。接收方根据起始位和停止位来判断一个新字符的开始和结束，从而起到通信双方的同步作用，如图 2-29 所示。

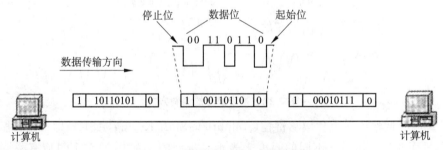

图 2-29　数据异步处理过程示意图

异步传输方式比较容易实现，但每传输一个字符需要多用两三个附加位，所以只适于低速通信。相比而言，异步方式易于实现，同步方式则数据传输速率高。

### 2.5.5　数据的复用技术

多路复用的原理是：在发送端，多路复用器将 $n$ 个输入信号合并后再进行发送，到接收端后，多路复用器通过译码，从复合信号中分离出各个原始信号，如图 2-30 所示。

常用的信道复用方式有频分多路复用（Frequency Division Multiplexing，FDM）、时分多路复用（Time Division Multiplexing，TDM）、波分多路复用（Wavelenglh Division Multiplexing，WDM）和码分多路访问（Coding Division Multiplexing Access，CDMA）四种。

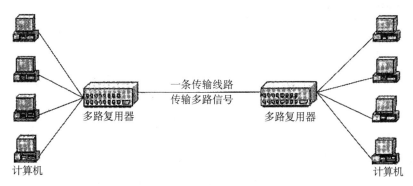

**图 2-30　多路复用原理示意图**

▶ 1. 频分多路复用

频分多路复用将多个信号调制在不同的载波频率上,从而在同一介质上实现同时传送多路信号,即将信道的可用频带(带宽)按频率分割多路信号的方法划分为若干互不交叠的频段,每路信号占据其中一个频段,从而形成许多个子信道;在接收端用适当的滤波器将多路信号分开,分别进行解调和终端处理。

▶ 2. 时分多路复用

时分多路复用又分为同步时分复用(Synchronous Time Division Multiplexing,STDM)和异步时分复用(Asynchronous Time Division Multiplexing,ATDM)两种。

1) 同步时分复用

同步时分复用是采用固定时间片分配方式,将传输信号的时间按特定长度连续地划分成特定时间段(一个周期),再将每一时间段划分成等长度的多个时隙,每个时隙以固定的方式分配给各路数字信号,各路数字信号在每一时段都顺序地分配到相应时隙。

要从时间上确保传输的及时、准确,就需要进行同步。由于在同步时分复用方式中,时隙预先分配且固定不变,无论时隙拥有者是否传输数据都占用该时隙,形成浪费,导致时隙的利用率很低。

2) 异步时分复用

异步时分复用也称统计时分复用(Statistical TDM,STDM),又称动态时分复用,它能动态地按需分配时隙,避免每个时间段中出现空闲时隙。当某一路用户有数据要发送时才把时隙分配给它。当用户暂停发送数据时,则不给它分配时隙。电路的空闲时隙可用于其他用户的数据传输。

在所有数据帧中,除了最后一个帧外,其他所有帧均不会出现空闲的时隙,从而提高了资源的利用率,也提高了数据传输速率。

▶ 3. 波分多路复用

波分多路复用也称光波的频分复用,指在同一根光纤上同时传送多个波长不同的光载波,光载波间隔仅为 0.8nm 或 1.6nm。这样,第二代波分复用系统已做到在一根光纤上复用 80～160 个光载波信号,每个波道的数据传输速率高达 10Mb/s。

在工程上,一根光缆中可捆扎 100 根以上的光纤,得到的总数据传输速率达 4Tb/s。

▶ 4. 码分多路访问

码分多路访问又称码分多址访问,它也是一种共享信道的方法,每个用户可在同一时间使用同样的频带进行通信,但使用基于码型的分割信道方法,即每个用户分配一个地址码,各个码型互不重叠,通信各方之间不会相互干扰,抗干扰能力强。其有用信号的功率大大高于干扰信号的功率,从而可依据功率来区分信号。

## 2.5.6 数据的交换技术

在通信系统中,为了节省线路的费用,并不是任意两个节点之间都有直通线路。要实现两个节点之间的通信,往往需要另外一些节点的转接,就像电话交换机为通话双方接通线路一样,这个过程被称为转接,也称交换。

实现节点之间通信所需要的转接工作称为数据交换。计算机网络中主要采用的交换方式有三种:电路交换、报文交换和分组交换。

▶ 1. 电路交换

电路交换即交换设备在通信双方找出一条实际的物理线路的过程。最早的电路交换连接是由电话接线员通过插塞建立的,现在则由计算机化的程控交换机实现。

电路交换的特点是数据传输前需要建立一条端到端的通路,即整个传输过程为:呼叫→建立连接→传输→挂断。

这种交换技术的优点是建立连接后,传输延迟小。缺点是建立连接的时间长,一旦建立连接就独占线路,线路利用率低,无纠错机制。

▶ 2. 报文交换

报文交换即整个报文作为一个整体一起发送。在交换过程中,交换设备将接收到的报文先存储,待信道空闲时再转发出去,一级一级中转,直到目的地,这种数据传输技术称为"存储—转发"。这种交换技术的缺点是报文大小不一,造成缓冲区管理复杂;大报文造成存储转发的延迟过长;出错后整个报文全部重发。

▶ 3. 分组交换

分组交换与报文交换的工作方式基本相同,主要差别在于分组交换中要限制所传输的数据单位的长度。

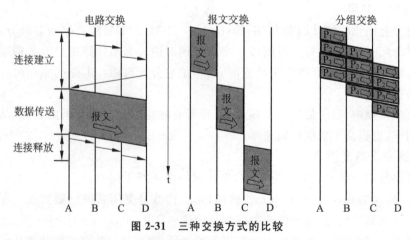

图 2-31 三种交换方式的比较

▶ 4. 三种交换方式的比较

从图中可以看出,电路交换在数据传送之前需建立一条物理通路,在线路被释放之前,该通路将一直被这一对用户完全占有,速度快;报文交换方式中,报文从发送方传送到接收方采用存储转发的方式;分组交换方式与报文交换类似,但报文被分组传送,并规定了分组的最大长度,到达目的地后需要重新将分组组装成完整报文。

## 项目实施

## 任务1 参观公司的计算机网络

**任务目标:**

(1) 在技术人员的带领下,实地参观公司的网络中心;

(2) 了解网络管理员的主要工作职责;

(3) 使用 Packet Tracer 模拟器软件绘制出公司的网络拓扑图。

**技能要求:**

(1) 会正确识别网络中的相关设备和各种连接跳线;

(2) 会使用 Packet Tracer 模拟器进行网络拓扑图的绘制。

**操作过程:**

1) 在公司技术人员的陪同下,参观公司的网络中心和相关的部门。

实地参观和考察公司的网络中心,了解并熟悉公司网络的组成情况、使用状态、建设和维护成本。

通过实地考察和技术人员的介绍,了解到公司有 3 个重要部门,分别是财务部、销售部和生产部。每个部门都有一个接入层交换机,用于连接各自部门的计算机。所有接入层交换机都统一连接到汇聚层交换机,再经由主干路由器和防火墙连接到 Internet。

公司的网络拓扑结构如图 2-32 所示。

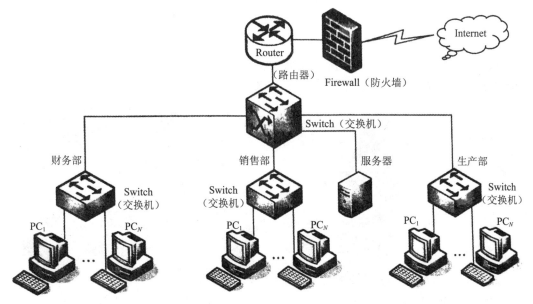

**图 2-32 公司的网络拓扑结构图**

2）通过与技术人员的交流，了解网络管理员的主要工作职责。

3）使用 Packet Tracer 模拟器软件绘制出公司的网络拓扑图。

**任务小结：**

（1）本任务主要是参观公司的网络中心，通过参观，了解到公司网络的结构、使用状况、建设和维护成本。

（2）通过与公司技术人员的交流，了解到网络管理员的主要工作职责。

（3）使用思科公司 Packet Tracer 模拟器软件绘制出公司的网络拓扑结构图。

# 任务 2　学会制作网络跳线

**任务目标：**

（1）熟练掌握几种网络跳线（直通线、交叉线和反转线）的制作方法；

（2）熟练掌握 T568A 和 T568B 线序标准。

**技能要求：**

（1）能够熟练制作直通线、交叉线；

（2）能够迅速判断出网络设备之间的连接方法。

**操作过程：**

本任务所需工具有 RJ-45 压线钳、旋转剥线刀、RJ-45 连接头（即平常所说的水晶头）和超 5 类双绞线缆。

在进行网络跳线的制作前，请大家参照表 2-2 所示的 T568A 和 T568B 线序标准。

表 2-2　**T568A 和 T568B 线序标准排列**

| 线序标准 | 1 | 2 | 3 | 4 | 5 | 6 | 7 | 8 |
|---|---|---|---|---|---|---|---|---|
| T568A 标准 | 绿白 | 绿 | 橙白 | 蓝 | 蓝白 | 橙 | 棕白 | 棕 |
| T568B 标准 | 橙白 | 橙 | 绿白 | 蓝 | 蓝白 | 绿 | 棕白 | 棕 |

▶ **1. 剪取双绞线**

利用压线钳的剪线刀口剪取所需要的双绞线。至少需要 0.6m，最长不得超过 100m。利用旋转剥线刀将双绞线外皮剥去 2～3cm，使双绞线能充分裸露出来，如图 2-33 所示。

图 2-33　剪取双绞线

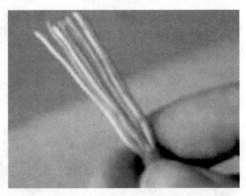

图 2-34　T568B 标准线序排列

▶ 2. 线序的排列

由于每对线都是相互缠绕在一起的,制作跳线时必须将双绞线两端4个线对中的8条细导线一一拆开、理顺、捋直,然后按照规定的 T568B 或 T568A 线序标准排列整齐,如图 2-34 所示。

▶ 3. 将线头剪平齐

将跳线两端露出的导线部分尽量拉直、压平、挤紧理顺(朝一个方向紧靠),利用压线钳把线头剪平齐,预留长度约 13mm,如图 2-35 所示。这个长度正好能将各细导线插入各自 RJ-45 水晶头的引脚内。

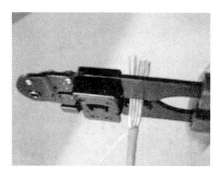

图 2-35　将线头剪平齐

注意:不得出现双绞线长短不齐的现象,以免在双绞线插入水晶头后,不能很好地接触水晶头中的插针,造成接触不良。

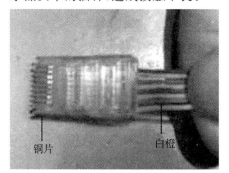

铜片　　白橙

图 2-36　将线按序插入水晶头

▶ 4. 将导线插入水晶头引脚线槽

用压线钳把线头剪平后,一只手捏住水晶头,使有塑料弹片的一侧向下,针脚一方朝向远离自己的方向,并用食指抵住;另一手捏住双绞线外面的胶皮,缓缓用力将 8 条导线同时沿 RJ-45 水晶头的 8 个引脚线槽插入,一直插到引脚线槽的顶端,如图 2-36 所示。

▶ 5. 压制 RJ-45 水晶头

将 8 根导线插入水晶头引脚线槽后,确认所有导线都到位,并透过水晶头检查一遍线序无误后,就可以用压线钳压制 RJ-45 水晶头了。将 RJ-45 水晶头从无牙的一侧推入压线钳夹槽后,用力握紧压线钳,将突出在外面的铜片针脚全部压入水晶头内即可。

压制好 RJ-45 水晶头后,即可用同样的方法制作跳线的另一端。跳线的两端 RJ-45 水晶头的线序排列完全相同,我们称这种线为直通线。

▶ 6. 制作交叉线

如果要使用跳线连接两台计算机或连接两台同类型网络设备,那么跳线的一端应按照 T568B 线序标准,而另一端则采用 T568A 线序标准。一般交叉线适用于计算机—计算机、交换机—交换机等同类设备之间的连接。

另外,对于反转线的制作,也比较容易,双绞线的一端按 T568B 线序制作,而另外一端则完全与 T568B 线序相反。

**任务小结:**

(1)本任务详细介绍了网络跳线的制作方法、相关线序标准以及操作步骤,希望严格遵循操作步骤,养成良好的习惯。

(2)通过本任务,同学们已经掌握了网络跳线的制作方法和技巧,希望能够在实际网络工程布线中熟练运用,为网络的组建工作打好基础。

# 项目3
# 网络体系结构和网络协议

## 项目描述

作为公司的一名网络管理员,刚刚接到部门主管分配的两项工作任务:

任务1:公司给新入职的员工每人配备了一台新电脑,这些电脑需要配置相应的IP地址才能上网,领导让你过去帮忙处理一下。

任务2:公司最近网络故障频繁,部门主管希望你能够使用Wireshark抓包工具捕获网络数据包,分析、检测网络安全隐患,以解决实际的网络问题。

## 项目分析

要完成以上任务,除了要掌握网络组建的基本知识,还应深入了解网络体系结构和网络协议,并熟练运用这些协议和命令管理好公司的网络,以保证网络的正常运行。对于新入职的员工,部门主管自然不会降低要求。

## 项目知识

## 3.1 网络体系结构

网络体系结构是指通信系统的整体设计,它为网络硬件、软件、协议、存取控制和拓扑提供标准。它广泛采用的是国际标准化组织(International standard Organization,ISO)在1979年提出的开放系统互连(OSI-Open System Interconnection)的参考模型。

## 3.2 OSI 参考模型

计算机网络系统的功能强,规模庞大,通常采用高度结构化的分层设计方法,将网络的通信子系统划分成一组功能分明、相对独立和宜于操作的层次,依靠各层之间的功能组合提供网络的通信服务,从而减少网络系统设计、修改和更新的复杂性。

▶ 1. 分层体系结构与网络协议

在计算机网络中,每一台连接在网上的计算机都是网络拓扑中的一个节点。为了正确地传输、交换信息,必须要制定一定的规则,通常把在网络中传输、交换信息而建立的规则、标准和约定统称为网络协议。网络协议包括以下三个要素:

(1)语法。语法规定协议元素(数据、控制信息)的格式。

(2)语义。语义规定通信双方如何操作。

(3)同步。同步规定实现通信的顺序、速率适配及排序。

由此可见,网络协议是计算机网络体系结构中不可缺少的组成部分。计算机网络包含的内容相当复杂,如何将复杂的问题分解为若干个既简明又有利于处理的问题呢?实践表明,采用网络的分层结构最为有效。计算机通信的网络体系结构实际上就是结构化的功能分层和通信协议的集合。

采用分层设计的方法的好处主要有以下几点:

(1)各层之间相互独立。某一层并不需要知道它的下一层是如何实现的,而仅仅需要知道该层的接口(即界面)所提供的服务。由于每一层只实现一种相对独立的功能,因而可将一个难以处理的复杂问题分解为若干个较容易处理的更小一些的问题。这样,整个问题的复杂程序就下降了。

(2)灵活性好。当任何一层发生变化时(如技术的变化),只要层间接口关系保持不变,则在这层以上或以下各层均不受影响。

(3)各层都可以采用最合适的技术来实现。

(4)易于实现和维护。这种结构使实现和调试一个庞大而复杂的系统变得易于处理,因为整个的系统已被分解为若干个相对独立的子系统。

(5)有利于促进标准化。因为每一层的功能及其所提供的服务都已有了明确的说明。

分层设计的方法是开发网络体系结构的一种有效技术,一般而言,分层应当遵循以下几个主要原则:

(1)设置合理的层数,每一层应当实现一个定义明确的功能。

(2)确保灵活性。某一层技术上的变化,只要接口关系保持不变,就不应影响其他层次。

(3)有利于促进标准化。由于采用分层结构,每一层功能及提供的服务可规范执行,层间边界的信息流通量应尽可能少。

(4)为了满足各种通信业务的需要,在一层内可形成若干子层,也可以合并或取消某层。

▶ 2. OSI 参考模型

随着计算机系统网络化互连业务的需要,从 20 世纪 70 年代起,世界许多著名的计算机公司都纷纷推出了自己的网络体系结构。比如 IBM 公司的 SNA(System Network Architecture),Digital 公司的 DNA(Digital Network Architecture)等。这些公司的产品自成系列,能够方便地实现同类计算机系统的互连成网。然而,由于各公司设计的计算机专有系统所用的体系结构、控制机理和信息格式彼此不同、互不兼容,使不同的计算机系统之间的通信变得相当复杂。为了更加充分地发挥计算机网络的作用,就需要建立一个国际范围的标准。国际标准化组织吸取了 SNA、DNA 以及 APPA 网等网络体系结构的成功经验,参照了

X.25 开放互连结构特性，从用户系统信息处理的角度，提出了开放系统互连的参考模型（OSI-RM），即 ISO 7498，并于 1984 年 5 月批准为国际标准。

如图 3-1 所示，OSI 开放系统互连参考模型采用了 7 个层次的体系结构，从下到上分别为物理层（Physical Layer，PH）、数据链路层（Data Link Layer，DL）、网络层（Network Layer，N）、传输层（Transport Layer，T）、会话层（Session Layer，S）、表示层（Presentation Layer，P）和应用层（Application Layer，A）。

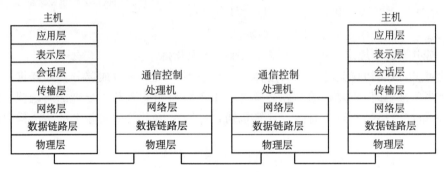

**图 3-1　OSI 开放系统互连参考模型中的体系结构**

▶ 3. OSI 参考模型功能简述

（1）物理层

在 OSI 参考模型中，物理层是参考模型的最低层，它包括物理网络介质，如电缆、连接器、转发器等。物理层的功能是：建立系统和通信介质的物理接口；提供物理链路所需要的各种功能和规程。

物理层考虑的是怎样才能在连接各种计算机的传输媒体上传输数据的比特流，而不是连接计算机的具体的物理设备或具体的传输媒体。现有的计算机网络中的物理设备和传输媒体的种类非常多，而通信手段也有许多不同方式。物理层的作用正是要尽可能地屏蔽掉这些差异，使物理层上面的数据链路层感觉不到这些差异，这样就可使数据链路层只需要考虑如何完成本层的协议和服务，而不必考虑网络具体的传输媒体是什么。

（2）数据链路层

在 OSI 参考模型中，数据链路层是参考模型的第 2 层。数据链路层的主要功能是：在物理层提供的服务基础上，在通信的实体之间建立数据链路连接，将数据传输到以"帧"为单位的数据包中，并采用差错控制与流量控制方法使有差错的物理线路变成无差错的数据链路。

数据链路层是指在网络上沿着网络链路在相邻节点之间移动数据的技术规划。它的主要任务是加强物理层传输原始比特的功能，使之对网络层显现为一条无错线路。发送方把输入数据分装在数据帧里，按顺序传送各帧，并且有可能要处理接收方回送的确认帧。这里，帧是用来移动数据的结构包，帧中包含地址、控制、数据及校验码等信息。它不仅包括原始（未加工）数据，或称"有效荷载"，还包括发送方和接收方的网络地址以及纠错和控制信息。其中的地址确定了帧将发送到何处，而纠错和控制信息则确保帧无差错到达。因为物理层仅仅接收和传送比特流，并不关心它的意义和结构，所以只能依赖各链路层来产生和识别帧边界。可以通过在帧的前面和后面附加上特殊的二进制编码模式来达到这一目的。如果这些二进制编码偶然在数据中出现，则必须采取特殊措施以避免混淆。

传输线路上突发的噪声干扰可能把帧完全破坏掉。在这种情况下，发送方机器上的数据链路软件可能要重传该帧。然而,相同帧的多次重传也可能使接收方收到重复帧,比如接收方给发送方的确认丢失以后,就可能收到重复帧。数据链路层要解决由于帧的破坏、丢失和重复所出现的问题。数据链路层可能向网络层提供几种不同的服务,每种都有不同的服务质量和价格。

数据链路层要解决的另一个问题是防止高速的发送方的数据把低速的接收方"淹没"。因此需要某种流量的调节机制,使发送方知道当前接收方还有多少缓存空间。通常流量调节和出错处理的功能同时完成。

（3）网络层

在 OSI 参考模型中,网络层是参考模型的第 3 层。网络层的主要功能是:为数据在节点之间传输创建逻辑链路,通过路由选择算法为分组通过通信子网选择最适当的路径,以及实现拥塞控制、网络互联等。

网络层通过综合考虑发送优先权、网络拥塞程度、服务质量以及可选路由的花费来决定从一个网络中节点 A 到另一个网络中节点 B 的最佳路径。在网络中,"路由"是基于编址方案、使用模式以及可达性来指引数据的发送。网络层协议还能补偿数据发送、传输以及接收设备能力的不平衡性。为完成这一任务,网络层对数据包进行分段和重组。分段即是指当数据从一个能处理较大数据单元的网络段传送到仅能处理较小数据单元的网络段时,网络层减小数据单元大小的过程。这个过程就如同将单词分割成若干可识别的音节给正学习阅读的儿童使用一样。重组过程即是重新构成被分段的数据单元。类似地,当一个孩子理解了分开的音节时,他会将所有音节组成一个单词,也就是将部分重组成一个整体。

（4）传输层

在 OSI 参考模型中,传输层是参考模型的第 4 层。传输层是计算机通信体系结构中关键的一层。它汇集下 3 层功能,向高层提供完整的、无差错的、透明的、可按名寻址的、高效低费用的端到端的通信服务,起到承上启下的作用。

传输层的基本功能是从会话层接收数据,并按照网络能处理的最大尺寸将较长的数据包进行强制分割,把它分成较小的单位,传递给网络层。例如,以太网(一种广泛应用的局域网类型)无法接收大于 1 500B(字节)的数据包。传输层能确保到达对方的各段信息正确无误,而且,这些任务都必须高效率地完成。从某种意义上说,传输层使会话层不受硬件技术变化的影响。

通常,每当会话层请求建立一个传输链接,传输层就为其创建一个独立的网络连接。如果传输连接需要较高的信息吞吐量,传输层也可以为之创建多个网络连接,让数据在这些网络连接上分流,以提高吞吐量。另一方面,如果创建或维持一个网络连接不合算,传输层可以将几个传输连接复用到一个网络连接上,以降低费用。然而,在任何情况下,都要求传输层能使多路复用对话层透明。

传输层也要决定向会话层提供什么样的服务。最流行的传输连接是一条无错的、按发送顺序传输报文或字节的点到点的信道。但是,有的传输服务是不能保证传输次序的独立报文传输和多目标的报文广播的。

传输层是真正的从源到目标的"端到端"的层。源端机上的某程序,利用报文头和控制报文与目标机上的类似程序进行对话。而在传输层以下的各层中,协议是每台机器包括中间结点都要参照执行的协议,而不是最终的源端机与目标机之间的协议。通常在它们中间可能还有多个路由器,这些路由器都要对路过的信息块进行 1～3 层的处理,也就说,1～3 层是链接起来的，4～7层是端到端的。

很多主机有多道程序在运行，这意味着这些主机有多条连接进出，因此需要有某种方式来区别报文属于哪条连接。识别这些连接的信息可以放入传输层的报文头。

除了将几个报文流多路复用到一条通道上，传输层还必须解决跨网络连接的建立和拆除问题。这需要某种命名机制，使机器内的进程可以讲明它希望与谁会话。另外，还需要一种机制以调节通信量，使高速主机不会发生过快地向低速主机传输数据的现象。这样的机制称为流量控制，它在传输层（同样在其他层）中扮演着关键的角色。

（5）会话层

在OSI参考模型中，会话层是参考模型的第5层。会话层的功能是：负责两节点之间建立通信链接，保持会话过程通信链接的畅通，使两个节点之间的对话同步，决定通信是否被中断以及通信中断时决定从何处重新发送。

会话层允许不同机器上的用户建立会话关系。"会话"是指在两个实体之间建立数据交换连接，常用于表示终端与主机之间的通信。会话层允许进行类似传输层的普通数据传输，并提供对某些应用有用的增强服务会话，也可用于远程登录到分时系统或在两台机器间传递文件。

会话层服务之一是管理会话。会话层允许信息同时双向传输，或任一时刻只能单向传输。若属于后者，则类似于单线铁路，会话层记录此时该轮到哪一方了。

一种与会话有关的服务是令牌管理。有些协议保证双方不能同时进行同样的操作，这一点很重要。为了管理这些活动，会话层提供了令牌。令牌可以在会话双方之间交换，只有持有令牌的一方可以执行某种关键操作。

另一种会话服务是同步。如果网络平均每小时出现一次大故障，而两台计算机之间要进行长达两小时的文件传输时该怎么办？每一次传输中途失败后，都不得不重新传输这个文件，而当网络再次出现故障时，又可能半途而废了。为了解决这个问题，会话层提供了一种方法，即在数据流中插入检查点。每次网络崩溃后，仅需要重传最后一个检查点以后的数据。

（6）表示层

在OSI参考模型中，表示层是参考模型的第6层。表示层的主要功能是：用于处理在两个通信系统中交换信息的表示方式，主要包括数据格式变换、数据加密与解密、数据压缩与恢复等功能。

表示层如同翻译。在表示层，数据将按照网络能理解的方案进行格式转化，这种格式转化的结果因所使用网络的类型不同而不同。表示层管理数据的解密与加密，如系统口令的处理。如果在Internet上查询你的银行账户，使用的即是一种安全连接。你的账户数据仍会在发送前被加密，在网络的另一端，表示层将对接收到的数据解密。除此之外，表示层协议还对图片和文件格式信息进行解码和编码。

注意：表示层以下的各层只关心如何可靠地传输比特流，而表示层关心的是所传输的信息的语法和语义。

（7）应用层

在OSI参考模型中，应用层是参考模型的最高层。应用层的主要功能是供完成特定网络功能服务所需要的各种应用程序。

应用层是计算机网络与最终用户的界面，为网络用户之间的通信提供专用的程序。OSI的7层协议从功能划分来看，下面6层主要解决支持网络服务功能所需要的通信和表示问题,应用层负责对软件提供接口以使程序能享用网络服务。应用层提供的服务主要有:文件传输、访问和管理、电子邮件、虚拟终端、查询服务和远程作业登录。

综上所述,可将 OSI 模型各层的功能及信息交换的单位汇总如表3-1所示。

**表 3-1　OSI 参考模型各层的功能**

| 模型各层名 | 功　　能 | 信息交换的单位 |
| --- | --- | --- |
| 应用层 | 在程序之间传递信息 | 报文 |
| 表示层 | 处理文本格式化,显示代码转换 | 报文 |
| 会话层 | 建立、维持、协调通信 | 报文 |
| 传输层 | 确保数据正确发送 | 传输协议数据单元 |
| 网络层 | 决定传输路由、处理信息传递 | 分组 |
| 数据链路层 | 编码、编址、传输信息 | 帧 |
| 物理层 | 管理硬件连接 | 位 |

# 3.3　TCP/IP 参考模型

通过上面的简单介绍,不难发现 OSI 体系结构概念清晰,但是层次过于复杂。而互联网的分层协议体系结构为全球信息连网奠定了基础。实际上,互联网是一个虚拟网,所谓虚拟网是指互联网由许许多多的网互连而成,如图3-2所示。

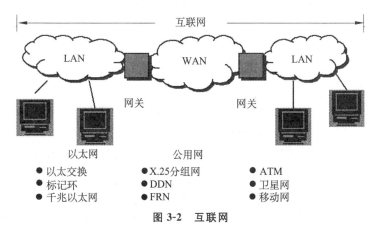

图 3-2　互联网

互联网执行 TCP/IP 协议,并定义任何可以传输分组的通信系统均可视为网络。因此,互联网具有网络对等性,不论复杂的网络,还是简单的网络,甚至两台连接的计算机网络都是如此。它依托在物理网络上运行,但又与网络的物理特性无关。

## 3.3.1　TCP/IP 的体系结构

网络互连是目前网络技术研究的热点之一,取得了很大的进展,出现了众多的网络协议。TCP/IP(Transmission Control Protocol/Internet Protocol)就是一个被普遍使用的网络互连的标准协议。TCP/IP 协议开发于 20 世纪 60 年代后期，是实现网络互连的核心。从 1978 年起 TCP/IP 就取得了网络领域的主导地位，它是目前最流行的、不依赖于特定硬件平台的网络协议。虽然它不是 OSI 标准，但它被公认为当前的工业标准。著名的 Internet 就是以 TCP/IP 协议为基础进行通信的。随着 Internet 技术的发展，TCP/IP 也成为局域网中必不可少的协议之一。

事实上，TCP/IP 协议是一个用于计算机通信的协议簇，它包括很多协议，如 TCP、IP、Telnet、SMTP、FTP、UDP 等，其中最重要和最著名的就是传输控制协议 TCP 和网际协议 IP。一般人们常提到的 TCP/IP 协议指的就是 Internet 所使用的体系结构，或者整个 TCP/IP 协议簇。

基于硬件层次上执行 TCP/IP 协议的因特网仅由 4 个概念性的层次组成，自下而上依次为：网络接口层、互联网层（IP 层）、传输层和应用层，各层次上分别有不同协议与之相对应，如表 3-2 所示。

表 3-2　TCP/IP 体系结构

| 应用层 | Telnet　FTP　SMTP　DNS　HTTP |
|---|---|
| 传输层 | TCP　UDP |
| 互联网层（IP 层） | IP　ICMP　ARP　RARP |
| 网络接口层 | SLIP　PPP |

#### ▶ 1. 网络接口层

网络接口层对应于 OSI 参考模型的数据链路层和物理层，它提供了 TCP/IP 与各种物理网络的接口，是 TCP/IP 的实现基础。这些通信网包括多种广域网，如 ATM、FR、MILNET 和 X.25 公用数据网，以及各种局域网，如 Ethernet、IEEE、Token-Ring 的各种标准局域网等。它还为网络层提供服务。TCP/IP 体系结构并未对网络接口层使用的协议做出强制的规定，它允许主机连入网络时使用多种现成的和流行的协议。

#### ▶ 2. 互联网层（IP 层）

互联网层是 TCP/IP 体系结构的第 2 层，它解决了计算机与计算机之间的通信问题，实现的功能相当于 OSI 参考模型中网络层的无连接网络服务。互联网层负责异构网或同构网的计算机进程之间的通信。它将传输层的分组封装为数据报（Datagram）格式进行传送，每个数据报必须包含目的地址和源地址。在互联网中，路由器（Router）是网间互连的关键设备，路由选择算法是网络层（包括互连子层）的主要研究对象。

互联网层有 4 个重要的协议：网际协议 IP（Internet Protocol）、Internet 控制报文协议 ICMP（Internet Control Message Protocol）、地址转换协议 ARP（Address Resolution Protocol）和反向地址转换协议 RARP（Reverse Address Resolution Protocol）。它们是实现异构网络互联的关键协议。

#### ▶ 3. 传输层

传输层位于互联网层之上，它的主要功能是负责应用进程之间的端到端通信。TCP/IP 协议的传输层提供了两个主要的协议：传输控制协议 TCP（Transport Control Protocol）和用户数据报文协议 UDP（User Datagram Protocol）。TCP 提供可靠性服务，比如文件传输、远程登录,一次传输要交换大量的数据。UDP具有高效率,适用于交互型应用,比如数据库查询,其可靠性则由应用程序解决。

▶ 4. 应用层

在TCP/IP体系结构中,传输层之上是应用层,它包含了网络上计算机之间的各种应用服务。用户通过API(应用进程接口)调用应用程序来运用TCP/IP互联网提供的多种服务。应用程序负责收、发数据,并选择传输层提供的服务类型,如连续的字节流,独立的报文序列,然后按传输层要求的格式递交。

应用层包含所有的高层协议,如远程登录协议(Telnet)、文件传输协议(FTP)、简单邮件传输协议(SMTP)、超文本传输协议(HTTP)和域名系统(DNS)等,并且总是不断有新的协议加入。几乎所有的应用程序都有自己的协议。

要把数据以TCP/IP协议的方式从一台计算机传送到另一台计算机,数据需要经过上述四层通讯软件的处理才能在物理网络上传输。TCP/IP模型的工作原理如图3-3所示。

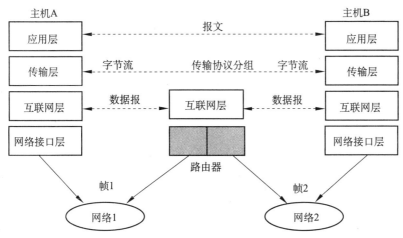

图3-3 互联网上TCP/IP模型的工作原理

在图3-3中描述了两台主机A、B上的应用程序之间的通信过程。主机A通过应用层、传输层、互联网层到网络接口层进入网络1,按帧1格式传送和处理;路由器收到网络1的帧1,在互联网层加以识别数据报头,选择转发路径,形成帧2,流经网络2。主机B在网络2中获取帧2,经互联网层、传输层、应用层到达主机B。主机B到主机A的通信过程类似于主机A到主机B的通信过程。

在实现TCP/IP分层模型的工作原理时,还需要理解层间的界限:应用程序与操作系统(OS)之间的界限;协议地址的界限,如图3-4所示。

在互联网中,软件分为操作系统软件和非操作系统软件。应用层程序是非操作系统软件。操作系统软件集成了网络协议软件,目的是减少在协议软件的低层间进行数据传送的开销。在互联网层之上的所有协议软件只使用IP地址,在网络接口层使用具体的物理地址。需要强调的是,TCP/IP协议并没有确切地规定应用程序应该怎样与协议软件相互作用,也就是说没有对应用程序接口进行标准化,因此,在原理上必须区分TCP/IP协议与接口。

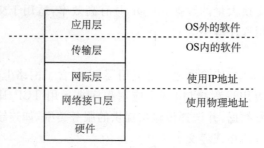

图 3-4　TCP/IP 分层模型的界限

## 3.3.2　TCP 协议

TCP 是传输控制协议，它是 TCP/IP 协议簇中的一个重要协议。它对应于 OSI 模型的传输层，它是在 IP 协议的基础上，提供一种面向连接的、可靠的（没有数据重复或丢失）数据流传输服务。

图 3-5 显示出了从发送方的高层协议通过 TCP 到达接收方的高层协议数据传输的完整过程。

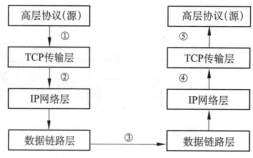

图 3-5　TCP 报文段的传输过程

根据图 3-5 对 TCP 报文段的传输过程说明如下：

①发送方的高层协议发出一个数据"流"给它的 TCP 实体进行传输。

②TCP 将此数据流分成段。然后将这些段交给 IP。

③IP 对这些报文段执行它的服务过程，包括创建 IP 分组、数据报分割等，并在数据报通过数据链路层和物理层后经过网络传给接收方的 IP。

④接收方的 IP 在可能采取分组检验和重组分段的工作后，将数据报变成段的形式送给接收方的 TCP。

⑤接收方的 TCP 完成它自己的任务，将报文段恢复成它原来的数据"流"形式，送给接收方的高层协议。

▶ 1. TCP 提供的三种最重要的服务

1）可靠地传输消息

为应用层提供可靠的面向连接服务，确保发送端发出的消息能够被接收端正确无误地接收到。TCP 去掉重复的数据，在数据丢失时重发数据，并且保证精确地按原发送顺序重新组装数据。

TCP 允许两个应用程序建立一个连接，然后发送完数据并终止连接。所谓连接，就是两个对等实体为进行数据通信而进行的一种结合。面向连接服务是在数据交换之前,必须先建立连接,当数据交换结束后,则应终止这个连接。面向连接服务具有连接建立、数据传输和连接释放三个阶段。总之,TCP 协议使两台计算机上的程序通过互联网以类似于电话的方式进行通信成为可能。一旦两个程序建立了连接,那么它们可以在交换任意大小的数据后再结束通信。

当路由器由于到达的数据报过多而引起超载的时候,它必须将一些数据报丢弃,结果,一个数据报在互联网上传输时就可能丢失。TCP 将自动检测丢失的数据报,并且要求对方计算机在数据丢失时重发数据。

互联网结构复杂,每个数据报可以通过多条路径到达同一目的地。当路由器开始沿另外一条新的路径传送数据报,就好像高速公路上的汽车在前方出现问题时会绕道而行一样。由于路径的变化,一些数据报会和它们发送时不同的顺序到达目的地,TCP 自动检测到来的数据报,并且将它们按原来的顺序调整过来。

有时,网络硬件故障也会导致重复地发送同一个数据报,结果一个数据报的多个副本可能会到达目的地。TCP 将自动检测有没有重复的数据报发来,如果有,它只接受最先到达的数据报。

总之,尽管 IP 协议使计算机能够发送和接收数据报,但 IP 协议并未解决数据报在传输过程中所有可能出现的问题,因此连上互联网的计算机还需要 TCP 协议来提供可靠的无差错的通信服务。

2)流量控制

TCP 在其连接的通信过程中,能够调整流量,以防止内部的 TCP 数据传递出现拥挤,从而导致服务质量下降和出错。

为了控制流量,TCP 模块间通信采用了窗口机制。这里,窗口是接收方接收字节数量能力的表示。在 ACK 应答信息中,加上接收方允许接收数据范围的信息回送给发送方。发送方除非收到来自接收方的最大数据允许接收范围的信息,否则总是使用由接收方提供的这一范围发送数据。

当建立一个连接时,连接双方的主机都给 TCP 分配了一定数量的缓存。每当进行一次TCP 连接时,接收方主机只允许发送端主机发送的数据不大于缓存空间的大小。如果没有流量控制,发送端主机就可能以比接收端主机快得多的速度发送数据,这使得接收端的缓存出现溢出现象。因此,接收方必须随时通报缓冲区的剩余空间,以便发送方调整流量。

3)阻塞控制

任何一个网络,当过多的数据进入时,都会导致网络阻塞,互联网也不例外。阻塞发生时会引起发送端超时,虽然超时也有可能是由数据传输出错引起,但在当前数字化网络环境中,由于传输介质(例如使用光纤)的可靠性越来越高,数据传输出错的可能性很小。因此导致超时的绝大多数原因是网络阻塞。TCP 实体就是根据超时来判断是否发生了网络阻塞的。

TCP 考虑到网络的处理能力,除了设置接收通告窗口外,还在发送端设置一个阻塞窗口,发送窗口必须是接收通告窗口和阻塞窗口中较小的那一个,即:

$$发送窗口＝min(接收通告窗口,阻塞窗口)$$

和接收通告窗口一样,阻塞窗口也是动态可变的。在连接建立时,阻塞窗口被初始化成该连接支持的最大段长度,然后 TCP 实体发送一个最大长度的段;如果这个段没有超时,则将阻塞窗口调整成两个最大段长度,然后发送两个最大长度的段;每当发送出去的段都及时地得到应答,就将阻塞窗口加倍,直至最终达到接收窗口大小或发生超时,这种算法称为"慢启动"。如果发生了超时,TCP实体将一个门限参数设置成当前阻塞窗口的一半,然后将阻塞窗口重新初始化成最大段长度,再一次执行慢启动算法,直至阻塞窗口大小达到设定的门限值;这时减慢阻塞窗口增大的速率,每当发送出去的段得到了及时应答,就将阻塞窗口增加一个最大段长度,如此,阻塞窗口呈线性增大,直至达到接收通告窗口大小或又发生超时。当阻塞窗口达到接收通告窗口时,便不再增大,此后一直保持不变,除非接收通告窗口改变或又发生超时;如果发生超时,则使用上述阻塞控制算法重新确定合适的阻塞窗口大小。

TCP确保每次TCP连接不过分加重路由器的负担,当网络上的链路出现拥挤时,经过这个链路的TCP连接将自我调节以减缓拥挤。

采用以上的流量控制和阻塞控制机制后,发送端可以随时根据接收端的处理能力和网络的处理能力来选择一个最适合的发送速率,从而充分有效地利用网络资源。

▶ 2. TCP 报文段的格式

TCP协议在两台计算机之间传输的数据单元称为报文段。报文段交换涉及建立连接、传输数据、发送确认、通知窗口尺寸,直到关闭连接。TCP报文段的格式,如图3-6所示。前面是TCP头,后面是数据。报文段既可以用来建立连接,也可以运载数据和应答。

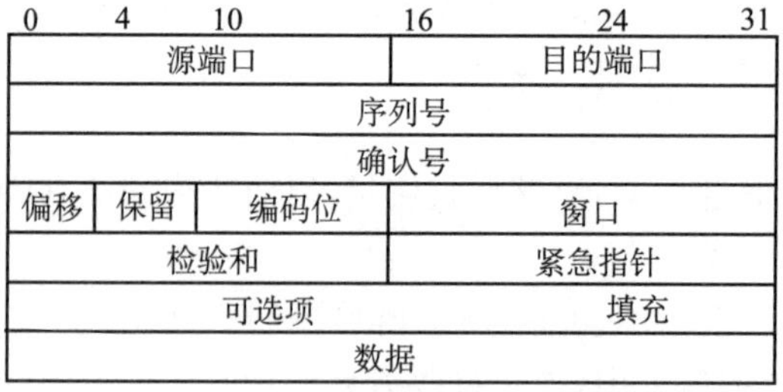

| 0 | 4 | 10 | 16 | 24 | 31 |
|---|---|---|---|---|---|
| 源端口 | | | 目的端口 | | |
| 序列号 | | | | | |
| 确认号 | | | | | |
| 偏移 | 保留 | 编码位 | 窗口 | | |
| 检验和 | | | 紧急指针 | | |
| 可选项 | | | 填充 | | |
| 数据 | | | | | |

图 3-6　TCP 报文段的格式

每个报文段分为两部分,前面是TCP头,后面是数据。在TCP头中的源端口段和目的端口段各包含一个TCP的端口号,分别标识连接两端的两个应用程序。序列号标识本报文段中的数据在发送者字节流中的位置。确认号标识本报文段的源发方下一个期待接收的字节的编号。

偏移段包含一个整数,指明报文段头的长度,单位是32位。需要这个段是因为TCP头中的任选项段长度可变。因此,这个TCP报头的长度随所选的选项而变化,标有保留的段为6位,留给将来使用。

有些报文段只载送应答,而另外的报文段载送数据,还有的报文段请求建立或关断一条连接。TCP协议使用标有编码位的6位段确定报文段的目的与内容。表3-3列出了这6位编码位段中各位的含义。

表 3-3　TCP 报文段头中 6 位编码位段中各位的含义

| 位(自左至右) | 含　　义 | 位(自左至右) | 含　　义 |
|---|---|---|---|
| URG | 紧急指针段有效 | RST | 重置连接 |
| ACK | 确认段有效 | SYN | 同步序列号 |
| PSH | 本报文段请求一次 PUSH(推进) | FIN | 发送者已到达自己字节流的结尾 |

TCP 协议每次发送一个报文段时，通过在窗口段中指定它的缓冲区大小，通告它愿意接收多少数据。该段包含一个网络标准字节顺序表示的 32 位无符号整数。窗口通告给出了稍带机制的又一例子，因为它们伴随所有的 TCP 报文段，既包括那些运载数据的报文段，也包括那些仅运载应答确认的报文段。

尽管 TCP 是面向流的协议，但有时候处于连接的一端的程序也需要立即发送带外数据，而不用等待连接的另一端上的程序消耗完数据流中正传输的数据。为了提供带外信令，TCP 允许发送者把数据指定成是紧急的，这意味着接收程序应被尽可能快地通知紧急数据到达，而不管紧急数据处于流中什么位置。当在一个报文段中发送紧急数据时用以标志紧急数据的机制由 CODE 段中的 URG 位和紧急指针段组成。当 URG 位置为 1 时，紧急指针指出窗口中紧急数据结束的位置。紧急指针的值是从序列号段值开始算起的数据段中的正偏移。将紧急指针值与序列号相加就得到最后一个紧急数据字节的编号。

TCP 头中的可选项段用来处理其他各种情况。目前被正式使用的可选项可用于定义通信过程中最大报文段长，它只能在连接时使用。

可选项的长度是可变的，只要求它以字节为单位，因此有可能不是 32 的整数倍。在不是 32 位的整数倍的情况下，为使可选项长度成为 32 位的整数倍，可在表示可选项的结束的可选项后面填充一些位来满足要求。

TCP 头中的检验和用于头和数据中的所有 16 位字，检验和也覆盖了在概念上附加在 TCP 报头前的伪报头（即伪头），该伪头含有源地址、目标地址、协议标识符和 TCP 段长，如图 3-7 所示。

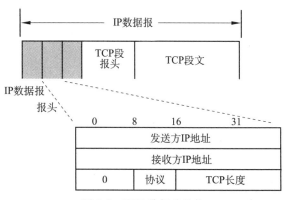

**图 3-7 TCP 伪报头结构**

在伪头内，标有发送方 IP 地址和接收方 IP 地址的段分别包含报源互联网地址和报宿互联网地址。这两个地址在发送 TCP 报文时都要用到，协议标识符段包含 IP 分组的协议类型码，每段又标明了报文段长度（不包括伪头）。

为了计算检验和，TCP 把伪头回到 TCP 报文段上，再对全部内容（包括伪头、TCP 报文段头及用户数据）求出 16 位的反码之和，检验和的初始值设成 0，然后每两个字节为 1 单位相加，若相加的结果有进位，那么将和加 1。如此反复，直到全部内容都相加完为止。将最后的和值对 1 求补，即取二进制反码，便得到 16 位的检验和。

▶ 3. TCP 连接管理

对于面向连接服务，即使是可靠的网络服务，还是需要连接的建立和释放过程。连接管理使连接的建立和释放能正常进行。

建立连接时需要解决每一端都能确知对方的存在，允许通信双方协商可选参数，对运输实体资源进行分配等3个问题。

连接的建立采用客户机/服务器方式。主动发送连接的运输实体的进程为客户机，而被动等待连接的运输实体的进程称为服务器。

在连接建立过程中，存在两种方式，要么由运行客户进程的运输实体，先向其TCP发出主动打开命令，表示要向某个IP地址的某个端口建立运输连接；要么由运行服务器进程的运输实体，先向它的TCP发出一个被动打开命令，要求它准备接收客户进程的连接请求。接着，服务器进程就处于"监听"的状态，从而不断检测是否有客户进程连接请求的到来。如有，则予以响应。

TCP采用如图3-8所示的3次握手过程建立传输连接。

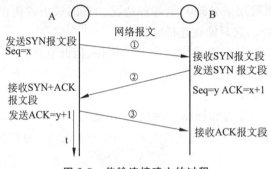

图3-8　传输连接建立的过程

①A（客户端进程）发出"请求连接"TCP段，段头的SYN置1，序列号Seq＝x（A初始报文序列号）。

②B（服务器进程）返回一个TCP段，段头的SYN和ACK均置1，其序列号Seq＝y（B初始报文序列号），确认（ACK）域则为x+1，告示A端序列号为x，请求正确收到，并对此作出肯定应答。

③A正确收到B的应答后，需要再发送一个ACK置为1的TCP段，在确认（ACK）域中填入y+1，以示对B的初始序号的确认。

此时，运输客户进程的运输实体A向上层应用进程告知连接已建立，而运行服务器进程的运输实体B收到A的确认后，也通知上层应用进程，连接已经建立。

TCP使用一种修改的3次握手释放传输连接，如图3-9所示。

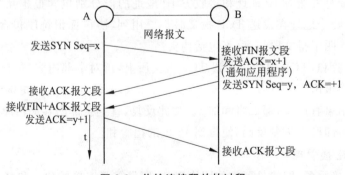

图3-9　传输连接释放的过程

用以建立和释放连接的3次握手之间的差别发生在机器接收到初始的FIN报文段之后,TCP不是立即产生第2个FIN报文段,而是发送一个应答,然后将关断连接的请求通知应用程序。将请求通知应用程序并获得响应可能需要相当长的时间。上述确认防止在等待期间生发初始的FIN报文段。最后,当应用程序指示TCP完全关断连接时,TCP发送第2个FIN报文段,并且源场点以自己的第2个报文段即ACK应答。

### 3.3.3　IP协议

IP协议也称网际协议,是TCP/IP协议簇的核心协议之一。IP协议最基本的服务是提供一个不可靠的尽最大努力去完成好任务的、无连接的分组投递系统。说它不可靠,是因为所要求的投递不能保证成功,分组可能丢失,投递无序或重复投递。而IP协议并不检测这些情况,发生这些情况也不通知发送者或接收者。说它无连接,是因为每一个分组的外部都独立于其他分组,一串分组从一个机器发出,可以经由不同的路径(可以从多条路径中找到较好的到达目的地的路径)到达另一机器,也可能部分分组都丢失了,而其余的仍被投递。说这种服务是尽最大努力做好的,是因为IP尽最大努力去投递分组,并不轻易地抛弃分组,仅当资源用尽或下面的物理网失效时才会发生不可靠的现象。

IP协议定义数据传递的基本单元——IP分组及其确切的数据格式,有时更加明确地叫做IP数据报。IP协议也包括一套规则,指明分组如何处理,错误怎样控制。特别是,IP协议包含不可靠投递的思想,以及与此关联的分组路由选择的思想。

在一个物理网络上传递的单元是帧,它包含头和数据,头给出了源和目的地址的信息,称为IP分组。类似典型的物理网络帧,IP分组也分头和数据区,分组的头包含源和目的地址。当然,不同点在于IP分组包含的是IP地址。IP分组可以为任意长度,然后当它们从一台机器移动到另一台机器时,必须放在物理网络帧中进行传输。

IP模块是TCP/IP技术的核心,而IP模块的关键成分则是它的路由表。路由表放在内存储器中,IP模块使用它为IP分组选择路由。

▶ 1.关于IP地址

为了使得计算机之间能够进行通信,每台计算机都必须有一个唯一的标识。由IP协议为Internet的每一台主机都分配一个唯一地址,称为IP协议地址(简称IP地址)。IP地址对网上的某个节点来说是一个逻辑地址。它独立于任何特定的网络硬件和网络配置,不管物理网络的类型如何,它都有相同的格式。IP地址在集中管理下进行分配,确保每一台上网的计算机对应一个IP地址。

▶ 2.IP地址的结构

Internet覆盖了世界各地的多个不同的网络,而一个网络又包括多台主机,因此,Internet是具有层次结构的。Internet使用的IP地址也采用了层次结构。

IP地址以32位二进制位的形式存储于计算机中。32位的IP地址由网络ID和主机ID两个部分组成,如图3-10所示。

图3-10　IP地址的结构

图 3-10 中，网络 ID（又称为网络标志、网络地址或网络号）主要用于标志该主机所在的 Internet 中的一个特定的网络；而主机 ID（又称为主机地址或主机号）则是用来标志该网络中的一个特定连接。在一个网段内部，主机 ID 必须是唯一的。

在 IP 地址中携带了位置信息，也就是说，通过一个具体的 IP 地址，就可以知道该主机是位于哪个网络。正是因为网络标志所给出的网络位置信息才使得路由器能够在通信子网中为 IP 分组选择一条合适的路径。寻找网络地址对于 IP 数据包在 Internet 中进行路由选择极为重要。地址的选择过程就是通过 Internet 为 IP 数据包选择目标地址的过程。

由于 IP 地址包含了主机本身和主机所在的网络的地址信息，所以在将一个主机从一个网络移到另一个网络时，主机 IP 地址必须进行修改，否则，就不能与 Internet 上的其他主机正常通信。

▶ 3. IP 地址的表示

在计算机内部，IP 地址通常使用 4 个字节的二进制数表示，其总长度共 32 位（IPv4 协议所规定的），如下所示：

11000000. 10101000. 00000001. 01100100

为了表示方便，国际上采用一种“点分十进制表示法”，即将 32 位的 IP 地址接字节分为 4 段，高字节在前，每个字节再转换成十进制数表示，并且各字节之间用圆点“.”隔开，表示成 w. x. y. z。这样 IP 地址表示成了一个用点号隔开的 4 组数字，每组数字的取值范围只能是 0～255。例如，上面用二进制表示的 IP 地址可以用点分十进制 192. 168. 1. 100 表示，如图 3-11 所示。

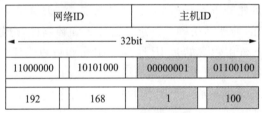

图 3-11 IP 地址的表示方法

▶ 4. IP 地址的分类

为适应不同规模的网络，可将 IP 地址进行分类。每个 32 位的 IP 地址的最高位或起始几位标志地址的类别。Internet 将 IP 地址分为 A、B、C、D 和 E 五类，如图 3-12 所示。

图 3-12 中 A、B、C 类被作为普通的主机地址，D 类用于提供网络组播服务或作为网络测试之用，E 类保留给未来扩充使用，每类地址中定义了它们的网络 ID 和主机 ID 各占用 32 位地址中的多少位，就是说每一类中，规定了可以容纳多少个网络，以及这样的网络中可以容纳多少台主机。

1）A 类地址

A 类地址用来支持超大型网络。这类地址仅使用第一个 8 位组标志地址的网络部分，其余三个 8 位组用来标志地址的主机部分。用二进制表示时，A 类地址的第 1 位（即最左边的那 1 位）总是 0。因此，第 1 个 8 位组的最小值为 00000000（十进制数为 0），最大值为 01111111（对应十进制数为 127），但是 0 和 127 这两个数保留，不能用作网络地址。任何 IP 地址第 1 个 8 位组的取值范围从 1～126 都是 A 类地址。

2）B 类地址

B 类地址用来支持中、大型网络，这类 IP 地址使用四个 8 位组的前两个 8 位组标志地址

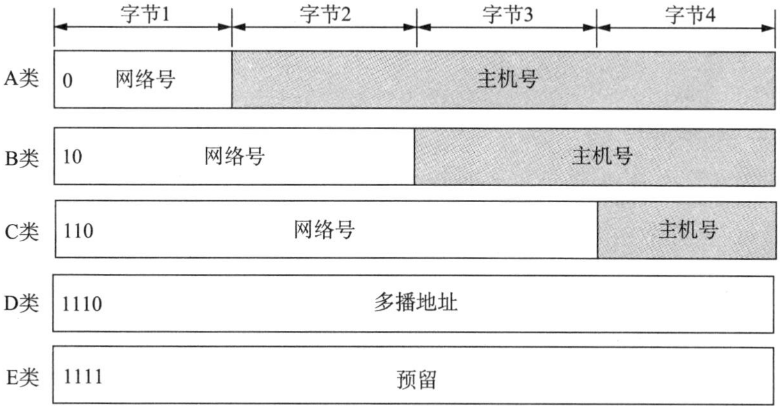

图 3-12　IP 地址的组成

的网络部分,其余两个 8 位组用来标志地址的主机部分。用二进制表示时,B 类地址的前 2 位(最左边)总是 10。因此,第一个 8 位组的最小值为 10000000(对应的十进制值为 128),最大值为 10111111(对应的十进制值为 191),任何 IP 地址第一个 8 位组的取值范围从 128~191 都是 B 类地址。

3) C 类地址

C 类地址用来支持小型网络。C 类 IP 地址使用四个 8 位组的前三个 8 位组标志地址的网络部分,其余的一个 8 位组用来标志地址的主机部分。用二进制表示时,C 类地址的前 3 位(最左边)总是 110。因此,第一个 8 位组的最小值为 11000000(对应的十进制数为 192),最大值为 11011111(十进制数为 223),任何 IP 地址第 1 个 8 位组的取值范围从 192~223 都是 C 类地址。

4) D 类地址

D 类地址用来支持组播,组播地址是唯一的网络地址,用来转发目的地址为预先定义的一组 IP 地址的分组。因此,一台工作站可以将单一的数据流传送给多个接收者、用二进制表示时,D 类地址的前 4 位(最左边)总是 1110。D 类 IP 地址的第一个 8 位组的范围是从 11100000~11101111,即从 224~239。任何 IP 地址第 1 个 8 位组的取值范围从 224~239 都是 D 类地址。

5) E 类地址

Internet 工程任务组保留 E 类地址作为科学研究使用。因此 Internet 上没有发布 E 类地址使用。用二进制表示时,E 类地址的前 4 位(最左边)总是 1111。E 类 IP 地址的第一个 8 位组的范围是从 11110000~11111111,即从 240~255。任何 IP 地址第一个 8 位组的取值范围从 240~255 都是 E 类地址。

对于 IP 地址,我们应该从以下几个方面来理解:

(1) IP 地址是一种非等级的地址结构,与电话号码的结构不一样,也就是说 IP 地址不能反映任何有关主机位置的物理地理信息。

(2) 当一个主机同时连接到两个网络上时(如作路由器用的主机),该主机就必须同时具有两个相应的 IP 地址,其网络号码是不同的,这种主机成为多地址主机。

(3) 按照 Internet 的观点,用转发器或网桥连接起来的若干个局域网仍为一个网络,因此,这些局域网都具有同样的网络号码。

(4) 在 IP 地址中,所有分配到同一网络号码的网络,不管是小型局域网还是很大的广域网都是平等的。

▶ 5. 保留 IP 地址

在 IP 地址中,有些 IP 地址是被保留作为特殊用途的,不能用于标志网络设备,这些保留地址空间如下。

1) 网络地址

用于表示网络本身,具有正常的网络号部分,主机 ID 部分为全"0"的 IP 地址代表一个特定的网络,即作为网络标志之用,如 102.0.0.0、131.3.0.0 和 192.30.1.0 分别代表了一个 A 类、B 类和 C 类网络。

2) 广播地址

IP 协议同时还规定,主机 ID 为全"1"的 IP 地址是保留给广播用的。广播地址又分为直接广播地址和有限广播地址两类。

(1) 直接广播

如果广播地址包含一个有效的网络号和一个全"1"的主机号,那么称之为直接广播地址。在 IP 网络中,任意一台主机均可向其他网络进行直接广播。例如 C 类地址 211.91.192.255 就是一个直接广播地址。直接广播在发送前必须知道目的网络的网络号。

(2) 有限广播

32 位全为"1"的 IP 地址(225.225.225.225)用于本网广播,该地址叫作有限广播地址。有限广播将广播限制在最小的范围内,在主机不知道本机所处的网络时(如主机的启动过程中),只能采用有限广播方式,通常由无盘工作站启动时使用,希望从网络 IP 地址服务器处获得一个 IP 地址。

(3) 回送地址

A 类网络地址 127.0.0.0 是一个保留地址,也就是说任何一个以 127 开头的 IP 地址 (127.0.0.0～127.255.255.255)均为一个保留地址,用于网络软件测试以及本地机器进程间通信。这个 IP 地址叫作回送地址,最常见的表示形式为 127.0.0.1。在每个主机上对应于 IP 地址 127.0.0.1 有个接口,称为回送接口。IP 协议规定,无论什么程序,一旦使用回送地址作为目的地址时,协议软件不会把该数据包向网络上发送,而是把数据包直接返回给本机。

(4) 所有地址

0.0.0.0 代表所有的主机,路由器用 0.0.0.0 地址指定默认路由。表 3-4 列出了所有特殊用途地址。

表 3-4　特殊用途地址

| 网 络 部 分 | 主 机 部 分 | 地 址 类 型 | 用　　途 |
|---|---|---|---|
| Any | 全"0" | 网络地址 | 代表一个网段 |
| Any | 全"1" | 广播地址 | 特殊网段的所有节点 |
| 127 | Any | 回环地址 | 回环测试 |
| 全"0" | | 所有网络 | 路由器指定默认路由 |
| 全"1" | | 广播地址 | 本网段所有节点 |

由此可见,每一个网段都会有一些 IP 地址不能用作主机的 IP 地址。例如 C 类网段 192.168.1.0,有 8 个主机位,因此有 28 个 IP 地址,去掉网络地址 192.168.1.0 和广播地址 192.168.1.255 不能用来标志主机,那么共有 26 个可用地址。A、B、C 类的最大网络数目和可以容纳的主机数信息如表 3-5 所示。

表 3-5  A、B、C 类地址的最大网络数和可容纳的主机数

| 网络类型 | 最大网络数 | 每个网段可容纳的最大主机数目 |
| --- | --- | --- |
| A | $2^7-2=126$ | $2^{24}-2=16\ 777\ 214$ |
| B | $2^{14}$ | $2^{16}-2=65\ 534$ |
| C | $2^{24}=2\ 097\ 152$ | $2^8-2=254$ |

▶ 6. 公用地址和私有地址

公用 IP 地址是唯一的,因为公用 IP 地址是全局的和标准的,所以没有任何两台连到公共网络的主机拥有相同的 IP 地址,所有连接 Internet 的主机都遵循此规则,公用 IP 地址是从 Internet 服务供应商(ISP)或地址注册处获得的。

另外,在 IP 地址资源中,还保留了一部分被称为私有地址的地址资源供内部实现 IP 网络时使用。REC1918 留出 3 块 IP 地址空间(1 个 A 类地址段,16 个 B 类地址段,256 个 C 类地址段)作为私有的内部使用的地址,即 10.0.0.0～10.255.255.255、172.16.0.0～172.31.255.255 和 192.168.0.0～192.168.255.255。根据规定,所有以私有地址为目标地址的 IP 数据包都不能被路由至 Internet 上,这些以私有地址作为逻辑标志的主机若要访问 Internet,必须采用网络地址翻译(Network Address Translation,NAT)或应用代理方式。

▶ 7. 子网划分

为了解决 IP 地址资源短缺的问题,同时也为了提高 IP 地址资源的利用率,引入了子网划分技术。

1)子网编址模式下的地址结构

子网划分是指由网络管理员将一个给定的网络分为若干个更小的部分,这些更小的部分被称为子网。当网络中的主机总数未超出所给定的某类网络可容纳的最大主机数,但内部又要划分成若干个分段进行管理时,就可以采用子网划分的方法。为了创建子网,网络管理员需要从原有 IP 地址的主机位中借出连续的若干位作为子网络 ID,如图 3-13 所示。

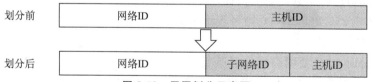

图 3-13  子网划分示意图

也就是说,经过划分后的子网因为其主机数量减少,已经不需要原来那么多位作为主机 ID 了,从而可以将这些多余的主机位作为子网 ID。

2)子网掩码

引入子网划分技术后,带来的一个重要问题就是主机或路由设备如何区分一个给定的 IP 地址是否已被划分了子网,从而能正确地从中分离出有效的网络标志(包括子网络号的信息)。通常,将未引进子网划分前的 A、B、C 类地址称为有类别的 IP 地址;对于有类别的

IP地址,显然可以通过IP地址中的标志位直接判定其所属的网络类别并进一步确定其网络标志。但引入子网划分技术后,这个方法显然是行不通了。

例如,一个IP地址为102.2.3.3,已经不能简单地将其视为是一个A类地址而认为其网络标志为102.0.0.0,因为若是进行了8位的子网划分,则其相当于是一个B类地址且网络标志成为102.2.0.0;如果是进行了16位的子网划分,则又相当于是一个C类地址并且网络标志成为102.2.3.0;若是其他位数的子网划分,则甚至不能将其归入任何一个传统的IP地址类中,可能既不是A类地址,也不是B类或C类地址。

换句话说,当引入子网划分技术后,IP地址类的概念已不复存在。对于一个给定的IP地址,其中用来表示网络标志和主机号的位数可以是变化的,取决于子网划分的情况。将引入子网技术后的IP地址称为无类别的IP地址,并因此引入子网掩码的概念来描述IP地址中关于网络标志和主机号位数的组成情况。

子网掩码通常与IP地址配对出现,其功能是告知主机或路由设备,IP地址的哪一部分代表网络号部分,哪一部分代表主机号部分。子网掩码使用与IP地址相同的编址格式,即32位长度的二进制比特位,也可以分为4个8位组并采用点分十进制来表示。但在子网掩码中,与IP地址中的网络位部分对应的位取值为"1",而与IP地址主机部分对应的位取值为"0"。这样通过将子网掩码与相应的IP地址进行"与"操作,就可决定给定的IP地址所属的网络号(包括子网络信息)。

例如,102.2.3.3/255.0.0.0表示该地址中的前8位为网络标志部分,后24位表示主机部分,从而网络号为102.0.0.0;而102.2.3.3/255.255.247.0则表示该地址中的前21位为网络标志部分,后11位表示主机部分。显然,对于传统的A类、B类和C类网络,其对应的子网掩码应分别为255.0.0.0、255.255.0.0和255.255.255.0。

表3-6给出了C类网络进行不同位数的子网划分后其子网掩码的变化情况。

**表3-6　C类网络进行子网划分后的子网掩码**

| 划分位数 | 2 | 3 | 4 | 5 | 6 |
|---|---|---|---|---|---|
| 子网掩码 | 255.255.255.192 | 255.255.255.224 | 255.255.255.240 | 255.255.255.248 | 255.255.255.252 |

为了方便表达,在书写上还可以采用诸如"X.X.X.X/Y"的方式来表示IP地址与子网掩码,其中每个"X"分别表示与IP地址中的一个8位组对应的十进制值,而"Y"表示子网掩码中与网络标志对应的位数。如上面提到的102.2.3.3/255.0.0.0也可表示为102.2.3.3/8。而102.2.3.3/255.255.247.0则可表示为102.2.3.3/21。

3) 子网划分的方法

在子网划分时,首先要明确划分后所要得到的子网数量和每个子网中所要拥有的主机数,然后才能确定需要从原主机位借出的子网络标志位数。原则上,根据全"0"和全"1"IP地址保留的规定,子网划分时至少要从主机位的高位中选择两位作为子网络位,而只要能保证保留两位作为主机位。A、B、C类网络最多可借出的子网络位是不同的。A类可达22位、B类为14位,C类则为6位。显然,当借出的子网络位数不同时,相应可以得到的子网络数量及每个子网中所能容纳的主机数也是不同的。表3-7给出了A、B、C三类网络的子网络位数和子网络数量、有效子网络数量之间的对应关系,所谓有效子网络是指除去那些子网络位为全"0"和全"1"的子网后所留下的可用子网。

表 3-7 三类网络进行子网划分后的子网掩码

| A类网络划分子网数与对应的子网掩码 | | | | |
| --- | --- | --- | --- | --- |
| 占用主机位数 | 子网数量 | 有效子网数量 | 子网掩码 | 子网中可容纳的主机数 |
| 1 | $2^1=2$ | $2-2=0$ | 255.128.0.0 | 8 388 606 |
| 2 | $2^4=4$ | $4-2=2$ | 255.192.0.0 | 4 194 302 |
| 3 | $2^3=8$ | $8-2=6$ | 255.224.0.0 | 2 097 150 |
| 4 | $2^4=16$ | $16-2=14$ | 255.240.0.0 | 1 048 574 |
| 5 | $2^5=32$ | $32-2=30$ | 255.248.0.0 | 524 286 |
| 6 | $2^6=64$ | $64-2=62$ | 255.252.0.0 | 262 142 |
| 7 | $2^7=128$ | $128-2=126$ | 255.254.0.0 | 131 070 |
| 8 | $2^8=256$ | $256-2=254$ | 255.255.0.0 | 65 534 |
| B类网络划分子网数与对应的子网掩码 | | | | |
| 占用主机位数 | 子网数量 | 有效子网数量 | 子网掩码 | 子网中可容纳的主机数 |
| 1 | $1^1=2$ | $2-2=0$ | 255.255.128.0 | 32 766 |
| 2 | $2^2=4$ | $4-2=2$ | 255.255.192.0 | 16 382 |
| 3 | $2^3=8$ | $8-2=6$ | 255.255.224.0 | 8 190 |
| 4 | $2^4=16$ | $16-2=14$ | 255.255.240.0 | 4 094 |
| 5 | $2^5=32$ | $32-2=30$ | 255.255.248.0 | 2 046 |
| 6 | $2^5=64$ | $64-2=62$ | 255.255.252.0 | 1 022 |
| 7 | $2^7=128$ | $128-2=126$ | 255.255.254.0 | 510 |
| 8 | $2^8=256$ | $256-2=254$ | 255.255.255.0 | 254 |
| C类网络划分子网数与对应的子网掩码 | | | | |
| 占用主机位数 | 子网数量 | 有效子网数量 | 子网掩码 | 子网中可容纳的主机数 |
| 1 | $2^2=2$ | $2-2=0$ | 255.255.255.128 | 126 |
| 2 | $2^1=4$ | $4-2=2$ | 255.255.255.192 | 62 |
| 3 | $2^3=8$ | $8-2=6$ | 255.255.255.224 | 30 |
| 4 | $2^4=16$ | $16-2=14$ | 255.255.255.240 | 14 |
| 5 | $2^5=32$ | $32-2=30$ | 255.255.255.248 | 6 |
| 6 | $2^5=64$ | $64-2=62$ | 255.255.255.252 | 2 |

## 3.3.4 UDP 协议

UDP(User Datagram Protocol)用户数据报文协议是一种简单的数据报传输协议,可以提供无连接的、不可靠的数据流服务。UDP 是在计算机上规定用户以数据报方式进行通信的协议。UDP 与 IP 的差别在于,IP 对于系统管理的网络软件可以使用,一般用户无法直接使用,而 UDP 是普通用户可以直接使用的,故称为用户数据报协议。UDP 必须挂在 IP 上运行,它的下层协议是以 IP 作为前提的。

UDP 报文是由 UDP 报头和数据域两部分组成，其格式如图 3-14 所示。

| 0 | 16 | 31 |
|---|---|---|
| IP数据报报头 | | |
| | | |
| UDP源端口号 | UDP目的端口号 | |
| UDP报文长度 | UDP校验和 | |
| 数据 | | |
| … | | |

图 3-14    UDP 数据报文格式

在 UDP 报文格式中，各字段的含义如下：

UDP 源端口号：源端口号是任选项。该端口号若被指定，当接收进程返回数据时，这些应用数据就不会被别人得到，不指定这个域时，其值设置为 0。

UDP 目的端口号：该端口号用以在等待数据报的进程之间进行多路分离，可以作为接收主机与特定应用进程相关联的地址。

UDP 报文长度：表示数据报头及其后面数据的总长度。最小值是 8 字节，即 UDP 数据报报头长度，用来告诉计算机信息的大小。

UDP 校验和：根据 IP 分组头中的信息做出伪数据报头，跟 UDP 数据报报头和数据一起进行 16 位的检验和计算。对数据为奇数字节的情况，增加全 0 字节使其成为偶数字节后再进行计算。检验和计算的方法与 IP 中所使用的相同。当检验和的结果为 0 时，将它的所有位都置成 1（对 1 求补）。当检验和域的所有位都是 0 时，对接收方而言就不再具有检验和的意义，这在 debug 和高层协议认为检验和没有问题的情况下使用。

伪报头是放在 UDP 报文前边的，其格式如图 3-15 所示。

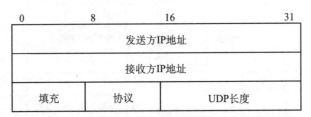

| 0 | 8 | 16 | 31 |
|---|---|---|---|
| 发送方IP地址 | | | |
| 接收方IP地址 | | | |
| 填充 | 协议 | UDP长度 | |

图 3-15    计算 UDP 检验和时使用的 12 个字节的伪报头

它取自于 IP 数据报报头中的源 IP 地址、目的 IP 地址、协议号（17）及 UDP 长度（就是 UDP 报头中的 UDP 长度），不足用 0 填充。使用伪报头的目的在于检证 UDP 数据报是否已到达它的正确报宿。正确报宿的组成包括互联网中一个唯一的计算机和这个计算机上唯一的协议端口。在地址方面，UDP 报头本身只是确定了协议端口的编号。因而，为验证报宿，发送计算机的 UDP 要计算一个检验和，这个检验和既包含了 UDP 数据报，也包含了报宿主机的 IP 地址。

在获取目的 IP 地址时，发生了 UDP 与 IP 之间的交互作用，这违背了分层原则。但出于实际的需求，这种伪报头结构成了原有分层结构上的折中产物。

用户数据报协议 UDP，特别适用于交互式短信息，它效率高，尤其是在通信子网已经相当可靠的环境中，UDP 有用武之地。

### 3.3.5　TCP/IP 其他各层的协议

▶ 1. ARP 协议

在 TCP/IP 体系结构中,除了 IP 地址这一重要的概念之外,还有另外一个重要的地址概念,即硬件地址(MAC)。IP 地址与 MAC 地址的区别在于:IP 地址放在 IP 数据报的首部,而硬件地址则放在 MAC 帧的首部。网络层及其以上层次使用的是 IP 地址,而链路层以下使用的是硬件地址。

ARP(Address Resolution Protocol)称为地址解析协议,它与 IP 配套使用。其功能是将一个目的地 IP 地址映射到待求的物理网卡地址上。

由于 IP 地址有 32 位,而局域网的 MAC 地址是 48 位,因此它们之间不存在简单的转换关系。此外,在一个网络上可能经常会有新的主机加入进来,或者撤走一些主机,更换网卡也会使主机的硬件地址改变。而任何 IP 数据报又必须经过物理网络(如以太网)传送。于是就提出这样一个问题:假设计算机 A 要通过物理网络向计算机 B 发送一个 IP 分组,A 只知道 B 的 IP 地址,如何把这个 IP 地址变成 B 的物理地址 MAC 呢? TCP/IP 协议设计人员采用一种创造性的方法,解决了诸如以太网这样具有广播能力物理网络的地址转换问题。为了避免依赖一个映射表,他们选择了一种低层协议动态地映射地址,这就是所谓的地址解析协议(ARP)。使用 ARP 协议的每台主机都要维护一个 IP 地址到 MAC 的转换表,称 ARP 表。进行通信时,查 ARP 表,实现从 IP 地址到物理地址的变换。ARP 表放在内存储器 ARP 高速缓存(ARP Cache)中,其中的登录项是在第一次需要使用而进行查询时通过 ARP 协议自动填写的。

当主机 A 欲向本局域网上的某个主机 B 发送 IP 数据报时,就先查看 ARP 表,如果有主机 B 的 IP 地址,就可以直接查出其对应的硬件地址,再将此硬件地址写入 MAC 帧,然后通过局域网将 MAC 帧发往此硬件地址。如果 IP 模块在 ARP 表中找不到主机 B 的 IP 地址的登录项,而任何 IP 数据报又必须经过物理网络(如以太网)传送,在这种情况下,主机 A 就自动运行 ARP,然后按以下步骤找出主机 B 的硬件地址。

(1) 如果 IP 模块在 ARP 表中找不到主机 B 的 IP 地址的登录项,源主机 A 的 ARP 就使用广播以太网地址发一个 ARP 请求分组给网上每一台计算机(内含目的主机 B 的 IP 地址)。

(2) 收到广播的每个 ARP 模块检查请求分组中的目标 IP 地址,当该地址和自己的 IP 地址相同时,目的主机 B 就向源主机 A 发送一个 ARP 响应分组,附上自己的硬件地址。

(3) 源主机 A 收到目的主机 B 的 ARP 响应分组后,就在 ARP 高速缓存中写入目的主机 B 的 IP 地址到硬件地址的映射表中。

已知主机 IP 地址、主机 MAC 地址和服务器 IP 地址,需要请求服务器 MAC 地址,ARP 的工作原理如图 3-16 所示。

**图 3-16　ARP 的工作原理**

使用 ARP 协议，一是不必预先知道连接到网络上的主机或网关的物理地址就能发送数据；二是当物理地址和 IP 地址的关系随时间的推移发生变化时，能及时给予修正。一般情况下，两个主机之间相互通信的情况是存在的，为了减少网络上的通信量，源主机 A 在发送到 ARP 请求分组时，就将自己的 IP 地址到硬件地址的映射写入 ARP 请求分组中。收到广播的目的主机 B 一方面向源主机 A 发送一个 ARP 响应分组，附上自己的硬件地址，同时目的主机 B 也将源主机 A 的这一地址映射写入自己的 ARP 高速缓存中。这就为主机 B 以后向主机 A 发送数据报提供了方便。

### ▶ 2. RARP 协议

RARP(Reverse Address Resolution Protocol)是反向地址解析协议。RARP 协议可以实现 MAC 地址到 IP 地址的转换。反向地址解析协议 RARP 广泛用于获取无盘工作站的 IP 地址。

通常，一台计算机的 IP 地址保存在其外存储器（一般是磁盘）中，操作系统在启动时从这里找出这个地址。那么，无盘工作站如何确定自己的 IP 地址呢？反向地址解析协议 RARP 就是为这一目标而设计的。

(1) RARP 允许在网上站点广播一个 RARP 请求分组（其格式与 ARP 数据报类似），无盘工作站将自己的硬件地址同时填写在发送方硬件地址段和目标硬件地址段中。

(2) 网上的所有机器收到这一请求，但只有那些被授权提供 RARP 服务的计算机才处理这个请求，并且发送一个回答，称这样的计算机为 RARP 服务器（为了运行无盘工作站，在每个以太网上必须有一个 RARP 服务器，广播帧是不能通过 IP 路由器转发的。RARP 服务器上存放有一张事先做好的无盘工作站硬件地址和 IP 地址的映射表）。当 RARP 服务器收到 RARP 请求后，它就从此映射表中查找该无盘工作站的 IP 地址，然后写入 RARP 响应分组，并且将响应分组直接发送给请求的机器。

(3) 请求的机器从所有的 RARP 服务器接收回答，然而只需要一个回答就够了，从而获得自己的 IP 地址。

这一切都只在系统初启动时发生。RARP 此后不再运行，除非该无盘设备重新设置或者重新启动。

### ▶ 3. ICMP 协议

ICMP(Internet Control Message Protocol)是互联网控制报文协议。如果一个网关不能为 IP 分组选择路由，或者不能递交 IP 分组，或者这个网关测试到某种不正常状态，例如网络拥挤影响 IP 分组的传递，那么就需要使用 ICMP 协议来通知源发主机采取措施，避免或纠正这类问题。因此，ICMP 协议提供的服务有：测试目的地的可达性和状态，报告报文不可达的目的地，数据报的流量控制，路由器路由改变请求等。

ICMP 也是在网络层中与 IP 一起使用的协议。ICMP 是封装在 IP 数据报中传输的。ICMP 通常由某个监测到 IP 分组中错误的站点产生。从技术上说，ICMP 是一个差错报告机制，当发现数据报有错时，将 ICMP 报文置入 IP 数据报内，只向该数据报的原始报源发送差错报告，由源站点执行纠错。例如，如果 IP 分组无法到达目的地，那么就可能使用 ICMP 警告分组的发送方：网络、机器或端口不可到达。ICMP 也能通知发送方网络出现拥挤。

ICMP 的使用主要包括以下 3 种情形：

(1) IP 分组不能到达目的地。

(2) 在接收设备接收 IP 分组时，缓冲区大小不够。

（3）网关或目标主机通知发送方主机，应该选用较短的路径（如果这种路径确实存在）。

注意：ICMP 数据报和 IP 分组一样，同样不能保证可靠传输，ICMP 信息也可能丢失。为了防止 ICMP 信息无限地连续发送，对 ICMP 数据报传输的问题不能再使用 ICMP 传达。另外，对于被划分成报片的 IP 分组而言，只对偏置等于 0 的分组片（也就是第 1 个分组片）才能使用 ICMP 协议。

ICMP 报文需要如图 3-17 所示的两级封装。每个 ICMP 报文都在 IP 分组的数据段中通过互联网传输，而 IP 分组本身又在帧的数据段中穿过每个物理网。

**图 3-17　ICMP 的两级封装**

为标识 ICMP，在 IP 分组协议段中包含的值是 1。重要的是，尽管 ICMP 报文使用 IP 协议封装在 IP 分组中传送。但 ICMP 不被看成是高层协议的内容，它只是 IP 中要求的一部分。之所以使用 IP 递交 ICMP 报文，是因为这些报文可能要跨过几个物理网络才能够到达最终投宿。因此，ICMP 报文不能依靠单个物理网络来递交。

ICMP 报文有两种，一种是错误报文，另一种是查询报文。每个 ICMP 报文的开头都包含 3 个段：1 字节的类型段、1 字节的编码段和 2 字节的检验和段。8 位的类型段标识报文，表示 13 种不同的 ICMP 报文中的一种。8 位编码段提供关于一个类型的更多信息。16 位的检验和的算法与 IP 头的检验和算法相同，但检查范围限于 ICMP 报文结构。

表 3-8 给出了 ICMP 8 位类型段定义的 13 种报文的名称，每一种都有自己的 ICMP 头部格式。

**表 3-8　ICMP 报文类型**

| 类型段 | ICMP 报文 | 类型段 | ICMP 报文 |
|---|---|---|---|
| 0 | 回送应答 | 13 | 时戳请求 |
| 3 | 无法到达目的地 | 14 | 时戳应答 |
| 4 | 抑制报源 | 15 | 信息请求（已过时） |
| 5 | 重导向（改变一条路径） | 16 | 信息应答（已过时） |
| 8 | 回送请求 | 17 | 地址掩码请求 |
| 11 | IP 分组超时 | 18 | 地址掩码应答 |
| 12 | 一个 IP 分组参数有问题 | | |

作为例子，图 3-18 展示出了回送请求和回送应答报文的格式。

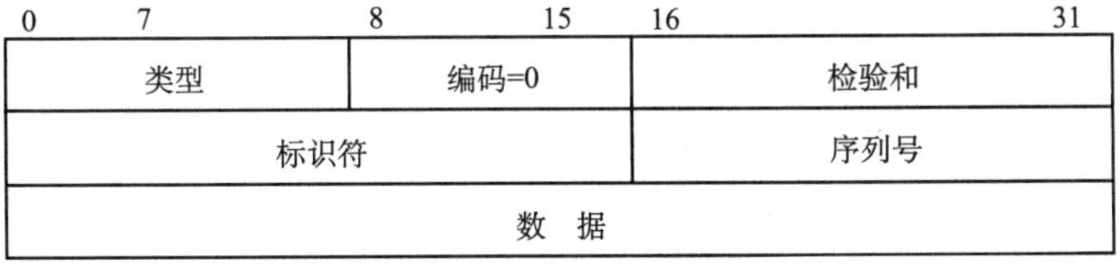

| 0　　　　　7 | 8　　　　　15 | 16　　　　　　　　　　31 |
|---|---|---|
| 类型 | 编码=0 | 检验和 |
| 标识符 | | 序列号 |
| 数据 | | |

**图 3-18　回送请求和回送应答报文**

回送请求报文(类型＝8)用来测试发送方通过互联网到达接收方的通信路径。在许多主机上,这个功能叫做"ping"。发送方发送一个回送请求报文,里面包含一个 16 位的标识符及一个 16 位的序列号,也可以将数据放在报文中传输。当目的地机器收到该报文时,把源地址和目的地址倒过来,重新计算检验和,并传回一个回送应答(类型＝0)报文,数据段中的内容(如果有的话)也要返回给发送方。

▶ **4. Telnet 协议**

远程登录是互联网提供的一个服务。远程登录就是用户通过网络登录到远程计算机系统中,使用远程计算机系统的资源。远程登录的根本目的在于访问远程系统的资源。Telnet(Telephone Network 的缩写)是一个简单的远程终端协议。用户用 Telnet 就可在其本地通过 TCP 连接登录到远程的另一个主机上(使用主机名或 IP 地址)。Telnet 能把用户的击键传输到远程主机,同时也能把远程主机的输出通过 TCP 连接返回到用户屏幕。这种服务是透明的,用户感觉到好像键盘和显示器是直接连在远程主机上的。

Telnet 也使用客户/服务器模式。当用户使用 Telnet 登录到远程计算机时,事实上启动了两个程序,一个叫做 Telnet 客户程序,它运行在本地机上。另一个叫做 Telnet 服务器程序,它运行在远程计算机上。本地机上客户程序完成如下功能:

(1) 建立与服务器的 TCP 连接。

(2) 将本地终端上的键盘输入传送到远程系统。

(3) 从远程系统接收输出的信息,并把该信息显示在本地终端屏幕上。

Telnet 服务器程序完成如下功能:

(1) 通知本地机远程计算机系统已经准备好了。

(2) 等候用户输入命令,并对用户命令作出反应(如显示目录内容,或执行某个程序等)。

(3) 远程系统将结果送回本地终端。

由此可知,远程登录过程分为 3 个步骤:Telnet 允许某台机器上的用户与远程计算机上的登录服务器建立 TCP 连接;然后通过该连接将用户键入的命令直接传送到远程计算机上;远程计算机执行命令,并将结果返回到用户机器的屏幕上。

在以上过程中,输入/输出均对远程系统内核透明,远程登录服务本身对用户也是透明的,用户好像直接连入了远程系统中。这种透明性是 Telnet 的重要特点,也是 Telnet 内部机制的重要部分。

Telnet 协议实现了如下三大功能:

(1) 它定义了一个网络虚拟终端协议,为远程系统提供一个标准终端接口。

(2) Telnet 允许客户进程与登录服务器进行选项协商,并且 Telnet 协议还提供一组标准选项。

(3) Telnet 对称处理连接的两端。

像应用层的许多其他服务一样,远程登录也采用客户/服务器方式。远程登录的工作过程如图 3-19 所示。首先,本地机器上的 Telnet 客户程序与远程登录服务器建立 TCP 连接;然后,客户程序将从用户终端接收键盘输入命令,并将其通过 TCP 传送给 Telnet 服务器,同时它会接收服务器返回的字符数据,并通过本地操作系统将它显示在用户终端上。

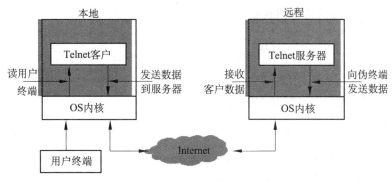

**图 3-19　远程登录的工作过程**

▶ 5. FTP 协议

FTP(File Transfer Protocol)是文件传输协议。FTP 是 Internet 上最早出现的服务功能之一,到目前为止,它仍然是 Internet 上最常用的也是最重要的服务之一。文件传输协议 FTP 是一个通用协议,用于主机间传送文件,主机类型可以相同,也可以不同;可以传送不同类型的文件,如计算机软件、声音文件、图像文件等。

FTP 采用的是客户机/服务器模型。当用户启动 FTP 进行文件传输时,事实上启动了两个程序,一个是本地机上的 FTP 客户程序,它向 FTP 服务器提出下载文件的请求。另一个是远程计算机上的 FTP 服务器程序,它响应用户的请求,把用户指定的文件下载到用户的计算机上。客户机与服务器之间建立两条 TCP 连接,一条用于传送控制信息,一条用于传送文件内容。FTP 的控制连接使用了 Telnet 协议,主要用于利用 Telnet 提供的简单身份认证系统,供远程系统鉴别 FTP 用户的合法性。

FTP 是一种功能很强的协议,除了从服务器和客户机传送文件外,还可以进行第三方传送。这时客户机必须分别开通两个主机(比如 A 和 B)之间的控制连接。如果客户机获准从 A 机传送出文件,并向 B 机传入文件,则 A 服务器程序就建立一条到 B 服务器程序的数据连接。客户机保持文件传送的控制权,但不参与数据传送。

▶ 6. SMTP 协议

SMTP(Simple Mail Transfer Protocl)是简单邮件传输协议。当邮件传输程序与远程服务器通信时,它构造了一个 TCP 连接并在此让进行通信。一旦连接存在,这两个程序就遵循简单邮件传输协议(SMTP),它允许发送方说明自己,指定接收方,以及传输电子函件信息。

尽管邮件传输看起来很简单,但 SMTP 协议仍须处理许多细节。例如,SMTP 要求可靠的传递——发送方必须保存一个信息的副本,直到接收方将一个副本放至不易丢失的存储器(如磁盘)上。另外,SMTP 允许发送方询问一个给定的邮箱在服务器所在的计算机上是否存在。

SMTP 的最大特点就是简单。SMTP 只定义了邮件如何在邮件传输系统中通过发送方和接收方之间的 TCP 连接进行传输,但它没有规定邮件服务器与用户之间的接口以及邮件的存储、邮件系统多长时间发送一次邮件等操作。

# 3.4 其他网络通信协议

本节主要介绍一些可以与 Windows 操作系统一起使用的其他网络通信协议,包括 IPX/SPX 协议、Net BEUI 协议和 AppleTalk 协议。

## 3.4.1 IPX/SPX 协议

IPX/SPX(Internet Work Packet Exchange/Sequences Packet Exchange)协议,又称为网际数据仓交换/序列数据包交换协议,它是在 NetWare 网络操作系统中使用。NetWare 协议具有高度的模块化,这种模块化使之更适应于不同的硬件,且简化了其他协议并入这个协议包的任务。但 Windows NT 及 Microsoft 的其他产品不使用 IPX/SPX 协议组与 NetWare 通信。Microsoft 开发了与 IPX/SPX 相似的版本,称作 NWLink IPX/SPX 协议的兼容传输协议。

▶ 1. IPX/SPX 协议通信协议的特点

IPX/SPX 是 Novell 公司的通信协议集。与 NetBEUI 的明显区别是,IPX/SPX 显得比较庞大,在复杂环境下具有很强的适应性。因为,IPX/SPX 在设计一开始就考虑了多网段的问题,具有强大的路由功能,适合于大型网络使用。当用户端接入 NetWare 服务器时,IPX/SPX 及其兼容协议是最好的选择。但在非 Novell 网络环境中,一般不使用 IPX/SPX。尤其在 Windows NT 网络和由 Windows 95/98 组成的对等网中,无法直接使用 IPX/SPX 通信协议。IPX/SPX 比 TCP/IP 更小、更快,由于具有路由选择功能,因此可以在不同网段中进行传递。

IPX/SPX 协议组主要由两大协议组成,即 IPX 协议和 SPX 协议,SPX 协议是 IPX 协议的扩展。IPX 具有完全的路由功能,可用于大型企业网。它包括 32 位网络地址,在单个环境中允许有许多路由网络。IPX 的可扩展性受到其高层广播通信和高开销的限制。服务广告协议(Service Advertising Protocol,SAP)将路由网络中的主机数限制为几千。尽管 SAP 的局限性已经被智能路由器和服务器配置所克服,但是大规模 IPX 网络的管理仍是非常困难的工作。

▶ 2. IPX/SPX 协议的工作方式

IPX/SPX 及其兼容协议不需要任何配置,它可通过"网络地址"来识别自己的身份。Novell 网络中的网络地址由两部分组成,即标明物理网段的"网络 ID"和标明特殊设备的"节点 ID"。其中,网络 ID 集中在 NetWare 服务器或路由器中,节点 ID 即为每个网卡的 ID 号(网卡卡号)。所有的网络 ID 和节点 ID 都是一个独一无二的"内部 IPX 地址"。正是由于网络地址的唯一性,才使 IPX/SP 具有较强的路由功能。

在 IPX/SPX 协议中,IPX 是 NetWare 最底层的协议,它只负责数据在网络中的移动,并不保证数据是否传输成功,也不提供纠错服务。IPX 在负责数据传送时,如果接收节点在同一网段内,就直接按该节点的 ID 将数据传送给它;如果接收节点是远程的(不在同一网段内或位于不同的局域网中),数据将交给 NetWare 服务器或路由器中的网络 ID,继续数据的下一步传输。SPX 在整个协议中负责对所传输的数据进行无差错处理,所以 IPX/SPX 协议也称为"Novell 的协议集"。

Windows NT 中提供了两个 IPX/SPX 的兼容协议,即 NWLink IPX/SPX 协议和

NWLink Net BIOS,两者统称为 NWLink 通信协议。NWLink 协议是 Novell 公司 IPX/SPX 协议在微软网络中的实现,它在继承 IPX/SPX 协议优点的同时,更适应了微软的操作系统和网络环境。Windows NT 网络和 Windows 95/98 的用户,可以利用 NWLink 协议获得 NETWare 服务器的服务。如果用户的网络从 Novell 环境转向微软平台或两种平台共存时,NWLink 通信协议是最好的选择。不过在使用 NWLink 协议时,其中,NWLinkIPX/SPX 协议类似于 Windows 95/98 中的 IPX/SPX 协议兼容协议,它只能作为客户端的协议实现对 NetWare 服务器的访问,离开了 NetWare 服务器,此兼容协议将失去作用;而 NWLink Net BIOS 协议不但在 NetWare 服务器与 Windows NT 之间传递信息,而且能够用于 Windows NT、Windows95/98 相互之间的任意通信。

## 3.4.2　Net BEUI 协议

Net BEUI 协议是非可路由协议,由包括 Windows 2000 在内的所有 Microsoft 网络产品支持。它主要用于小的 LAN 网络中(包括 20～200 台计算机,不需要选择路由到其他的子网),包括运行多种操作系统的计算机,基于 Windows 2000 的 Net BEUI,叫做 Net BIOS 帧,它提供与已存在的使用 Net BEUI 协议的局域网的兼容性。

▶ 1. Net BEUI 协议的特点

Net BEUI 由 IBM 于 1985 年开发完成,它是一种体积小、效率高、速度快的通信协议。Net BEUI 也是微软最钟爱的一款通信协议,所以它被称为微软所有产品中通信协议的"母语"。微软在其早期产品,如 DOS、LAN Manager、Windows 3. x 和 Windows for Workgroup 中主要选择 Net BEUI 作为自己的通信协议。在微软如今的主流产品,如 Windows95/98 和 Windows NT 中,Net BEUI 已成为其固有的缺省协议。有人将 Windows NT 定位为低端网络服务器操作系统,这与微软的产品过于依赖 Net BEUI 有直接的关系。Net BEUI 是专门为几台到百余台 PC 所组成的单网段部门级小型局域网而设计的,它不具有跨网段工作的功能,即 Net BEUI 不具备路由功能。如果用户在一个服务器上安装了多块网卡,或要采用路由器等设备进行两个局域网的互连时,将不能使用 Net BEUI 协议。否则,与不同网卡(每一块网卡连接一个网段)相连的设备之间及不同的局域网之间将无法进行通信。

虽然 Net BEUI 存在许多不尽人意的地方,但它也具有其他协议所不具备的优点,在 3 种通信协议中,Net BEUI 协议占用内存最少,在网络中基本不需要任何配置。

▶ 2. Net BEUI 与 Net BIOS 之间的关系

Net BEUI 协议中包含一个网络接口标准 Net BIOS。Net BIOS 是 IBM 在 1983 年开发的一套用于实现 PC 间相互通信的标准,其目的是开发一种仅仅在小型局域网上使用的通信规范。该网络由 PC 组成,最大用户数不超过 30 个,其特点是突出一个"小"字。后来,IBM 发现 Net BIOS 存在许多缺陷,所以于 1985 年对其进行了改进,推出了 Net BEUI 协议。随即,微软将 Net BEUI 协议作为其客户机/服务器网络系统的基本通信协议,并进行了扩充和完善。最有代表性的是在 Net BEUI 中增加了叫做 SMB(Server Message Blocks,服务器消息块)的组成部分,以降低网络的通信堵塞。

人们常将 Net BIOS 和 Net BEUI 混淆起来,其实 Net BIOS 只能算是一个网络应用程序的接口规范,是 Net BEUI 的基础,它不具备严格的通信协议功能。而 Net BEUI 是建立在 Net BIOS 基础之上的一个网络传输协议。

### 3.4.3 AppleTalk 协议

AppleTalk 是苹果计算机公司在 20 世纪 80 年代早期开发的一个协议簇，它是专门为 Macintosh 计算机设计的。AppleTalk 的目标是允许多用户共享资源，如文件和打印机。提供这些资源的设备叫做服务器，而使用这些资源的设备（如一个用户的 Macintosh 计算机）被称为客户机。因此，AppleTalk 是分布式客户/服务器网络系统的一个早期实现版本。

AppleTalk 是 Apple 计算机的专有协议栈，设计用来使用 Apple Macintosh 计算机在网络环境中共享文件和打印机，Windows 2000 支持 AppleTalk，它使得一台 Macintosh 客户机能够在可路由网络环境中与基于 Windows 2000 服务器进行通信，且 AppleTalk 是可路由协议。AppleTalk 协议的特征如下：

（1）它使得 Macintosh 客户机可以访问运行 Windows 2000 的服务器。

（2）它是可路由的，运行 AppleTalk 的计算机可以在一个可选取路由的网络环境中穿过网络进行通信。

（3）它使得 Macintosh 客户机可以访问由运行 Windows 2000 的服务器提供的打印服务（服务器上安装 Print Server for Macintosh）。

## 3.5 Wireshark 网络协议分析工具简介

Wireshark 是一个网络数据包分析软件，功能只截取网络数据包，是一款免费、开源的网络抓包工具。Wireshark 使用 WinPCAP 作为接口，直接与网卡进行数据报文交换，可以实时检测网络通信数据，检测其抓取的网络通信数据快照文件，通过图形界面浏览这些数据，可以查看网络通信数据包中每一层的详细内容。

▶ 1. Wireshark 主要应用

（1）网络管理员用来解决网络问题。

（2）网络安全工程师用来检测安全隐患。

（3）开发人员用来测试协议执行情况。

（4）用来学习网络协议。

▶ 2. Wireshark 主要特征

（1）支持 UNIX 和 Windows 平台。

（2）在接口实时捕捉包。

（3）能显示包的详细协议信息。

（4）可以打开/保存所捕捉的包。

（5）可以导入/导出其他捕捉程序支持的数据包的数据格式。

（6）可以通过多种方式过滤包。

（7）多种方式查找包。

（8）通过过滤以多种色彩显示包。

（9）创建多种统计分析。

# 项目实施

## 任务1　IP规划与子网划分

**任务目标：**

（1）了解IP地址组成的基本原理。

（2）掌握IP规划与子网划分的方法。

（3）了解子网划分的意义与实现方式。

**技能要求：**

（1）能够进行常规的子网划分。

（2）实现子网划分功能。

（3）通过对子网网络的组建实现整个网络的资源共享。

**操作过程：**

1）需求提出。

某公司网络需要进行升级，公司现有销售部、技术部、后勤部3个部门，销售部有100台PC，技术部有60台PC，后勤部有50台PC，原有网络192.168.1.0/24，先对网络进行切割，以降低广播影响，请合理规划网段。

2）需求分析。

（1）首先要对网络进行切割以满足100台PC的需求，具体方法是：将192.168.1.0/24网络切割为192.168.1.0/25和192.168.1.128/25网络，IP地址192.168.1.1/25～192.168.1.126/25分配给销售部。

（2）将192.168.1.128～192.168.1.255（子网掩码255.255.255.128）进行进一步的切割，即将192.168.1.128～192.168.1.191子网掩码255.255.255.192分配给技术部；而将192.168.1.192～192.168.1.255子网掩码255.255.255.192分配给后勤部。

3）分配方案

销售部：192.168.1.0～192.168.1.127　　　　　子网掩码：255.255.255.128

技术部：192.168.1.128～192.168.1.191　　　　子网掩码：255.255.255.192

后勤部：192.168.1.192～192.168.1.255　　　　子网掩码：255.255.255.192

**任务小结：**

通过本任务，我们已经掌握了IP规划与子网划分的方法，这对网络工程建设和后期管理有很大帮助。希望能够更多接触网络工程的实践，以提升自己的专业技能。

## 任务2　配置和管理TCP/IP

**任务目标：**

（1）学会配置主机的IP地址信息。

（2）掌握TCP/IP参数的配置方法。

**技能要求：**

（1）正确配置主机的 IP 地址信息。

（2）能够保证主机通过企业上网。

**操作过程：**

1）打开"开始"→"控制面板"→"网络和共享中心"→"网络和共享中心"界面，单击"本地连接"命令，如图 3-20 所示。

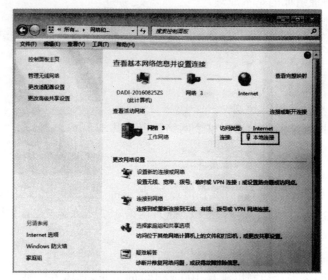

图 3-20  "网络和共享中心"界面

2）弹出"本地连接状态"对话框，单击"属性"按钮，如图 3-21 所示。

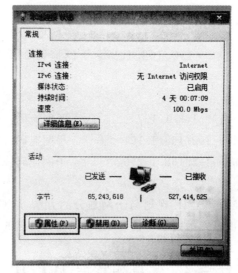

图 3-21  "本地连接状态"对话框

3）弹出"本地连接属性"对话框，网络适配器正确安装后，系统会自动安装与网络适配器相关的若干组件，选中"Internet 协议版本 4（TCP/IPv4）"复选按钮，如图 3-22 所示。

4）弹出"Internet 协议版本 4（TCP/IPv4）属性"对话框，选中"使用下面的 IP 地址（S）"

及"使用下面的 DNS 服务器地址(E)"单选按钮,在 IP 地址栏里输入管理员分配的电脑 IP 及相关参数,单击"确定"按钮即可,如图 3-23 所示。

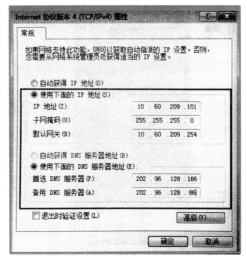

图 3-22 "本地连接属性"对话框　　　图 3-23 "Internet 协议版本 4
　　　　　　　　　　　　　　　　　　　(TCP/IPv4)属性"对话框

**任务小结:**

通过本任务,你已经配置好新员工电脑的 TCP/IP 参数,并且应该可以正常上网了。

# 任务 3　使用 Wireshark 工具捕获数据包

**任务目标:**

(1) 熟悉 Wireshark 软件的安装和配置过程。

(2) 熟悉 Wireshark 软件的界面和使用方法。

**技能要求:**

(1) 正确安装与配置 Wireshark 工具软件。

(2) 使用 Wireshark 工具软件完成数据包的捕获。

**操作过程:**

1. 安装 Wireshark 工具

可以从 https://www.wireshark.org/download.html 下载最新版本的 Wireshark,在 Windows 或者 Linux 平台上安装。

Wireshark 的安装过程非常简单,Wireshark 安装包含有 WinPcap,所以不需要单独下载并安装 WinPcap,只需要按照安装向导执行默认操作即可。图 3-24 所示是在 64 位 Windows 平台上安装 Wireshark-win64-2.4.4 版本的 Wireshark 安装引导界面,安装步骤略。

2. 启动 Wireshark

单击"开始"菜单,选择"所有程序"中的"Wireshark",启动"Wireshark 网络分析器"操作界面,如图 3-25 所示。

3. 使用 Wireshark 捕获数据包

1) 选择网络接口。在启动的 Wireshark 操作界面上直接双击要捕获数据包的网络接口

图 3-24    Wireshark 的安装

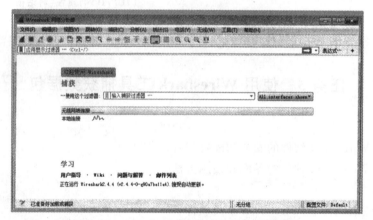

图 3-25    "Wireshark 网络分析器"操作界面

（"无线网连接"或"本地连接"），或者在主菜单上选择"捕获"→"选项"，弹出图 3-26 所示的
"Wireshark 捕获接口"对话框，选择要捕获数据包的网络接口，然后单击"开始"按钮，弹出图
3-27 所示的捕获界面。

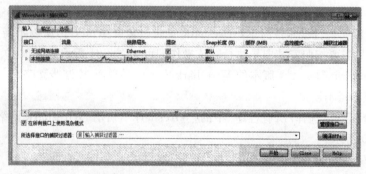

图 3-26    "Wireshark 捕获接口"对话框

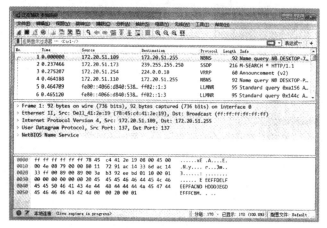

图 3-27 捕获界面

2）捕获数据包

（1）用其他主机对本机 IP 地址使用 Ping 命令，或用远程主机对本机 IP 地址使用 Ping 命令，例如用 Ping 命令来实现对 www.baidu.com 的链接，捕获到了很多与执行 Ping 命令无关的数据包，因此需要执行过滤，选择我们需要的数据包进行针对性分析。在 Wireshark 的"过滤"工具栏中输入 icmp，因为 Ping 命令是基于 ICMP 实现的，按"回车"键后出现图 3-28 所示的界面。

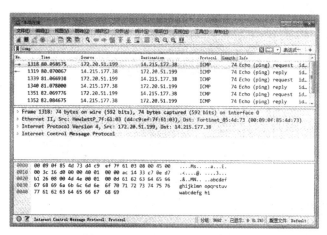

图 3-28 用 ICMP 过滤后的结果

根据图 3-28 过滤后得到的数据，分析：在默认情况下，执行 Ping 命令，主机屏幕只会回显 4 个报文，为什么捕获的数据包却有 8 个？

（2）双击捕获到的 1318 号数据包，查看各协议字段，如图 3-29 所示，并根据此图分析：在默认情况下，执行 Ping 命令，发送数据包的大小为 32b，为什么捕获到的数据包大小为 74b。

（3）捕获到的数据包协议由头部和数据两部分组成，真实的数据是封装在 ICMP 报文中的，因此需要展开 ICMP 协议字段对该报文进行解码，如图 3-30 所示，才能看见真实的数据内容。

（4）重新配置主机的 IP 地址参数，确保能接入 Internet，打开浏览器，在地址栏中输入 www.baidu.com，使用 Wireshark 捕获数据包，如图 3-31 所示。

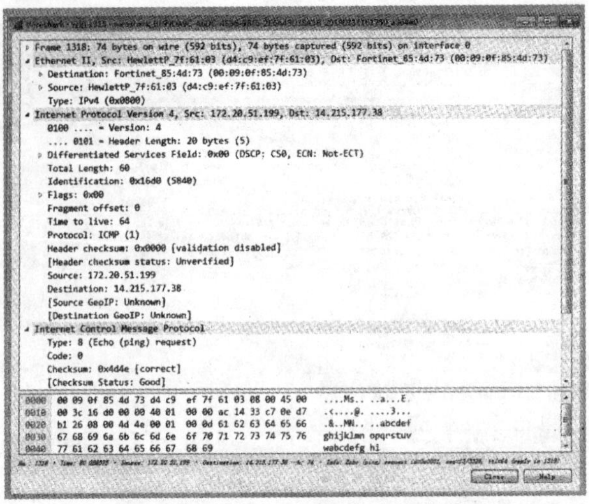

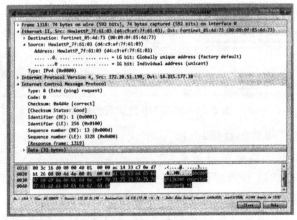

图 3-29　IP 地址数据包协议字段

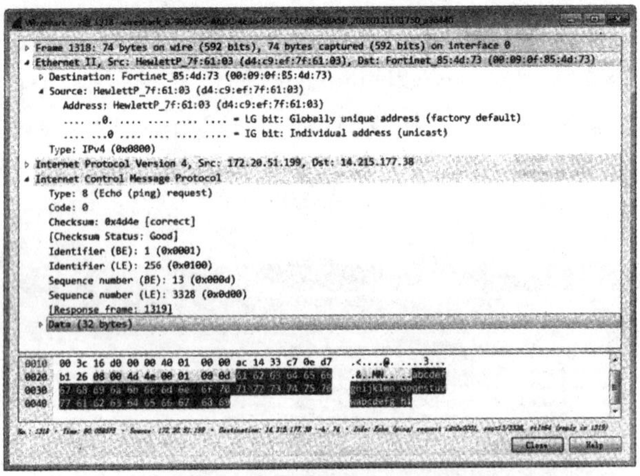

图 3-30　IP 数据包的解码

图 3-31　捕获的数据包

**任务小结：**

　　本任务让同学们对 Wireshark 抓包工具软件的功能有了一定的了解，并通过实践操作掌握了 Wireshark 软件的操作方法和步骤，这些有助于同学们对网络协议的理解和分析。

# 项目4
# 组建局域网

作为公司的网络管理员,除了保证公司网络的正常运行以外,还会为公司之外的人员提供相应的网络技术服务。现在又有两项新的任务要完成。

任务1:公司人事部门有6名员工,由于工作需要,公司为该部门配备了6台计算机。为了方便资源共享和文件的传输及打印,需要组建一个经济和实用的小型办公室局域网。

任务2:公司有一重要客户,新房刚刚完成装修,需要公司网络管理员帮忙为其家庭组建一个无线局域网,以满足家里的上网和娱乐的需求。

## 项目分析

根据项目需求,需要组建一个小型的有线局域网和一个小型的无线局域网。对于任务1,由于人事部门仅有6名员工,配备有6台计算机和1台打印机,如果组建小型的用于满足办公的局域网络,其规模较小、结构简单、费用低廉,且维护和升级较容易。只需要用双绞线把各计算机连接到以交换机为核心的中心节点,形成星形拓扑结构的网络即可。硬件连接完成后,再配置好每台计算机的名称、所属工作组、IP地址和子网掩码等,就可以设置并实现文件和打印机的共享了。

对于工作任务2,利用无线局域网技术可以解决该客户家庭上网的问题,无线网络技术可以让该客户家庭的所有计算机不需要通过网线连接,就可以形成简单的无线局域网,组建方式上最好采用以无线路由器或无线AP(无线访问接入点)为中心的接入方式。当然,现在无线宽带路由器价格较便宜,既能满足组建无线局域网的需求,又方便接入外网上网,所以建议使用无线宽带路由器。

## 项目知识

# 4.1 局域网概述

### 4.1.1 什么是局域网

局域网（Local Area Network，LAN）是指在某一区域内（如一个学校、一个公司、一间办公室或一个家庭）由多台计算机或外设互连而成的计算机通信网，其范围一般限制在方圆几千米以内，如图 4-1 所示。

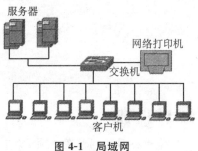

图 4-1　局域网

局域网可以实现文件管理、应用软件共享、打印机或扫描仪共享、工作组内的日程安排、电子邮件和传真通信服务等功能。局域网从严格意义上说是封闭型的，它可以由办公室内的两台计算机组成，也可以由一个公司内的上千台计算机组成。

决定局域网的主要技术要素为：网络拓扑、传输介质与介质访问控制方法。

### 4.1.2 局域网的主要特点

根据以上局域网的介绍，我们可以将局域网的特点简单归纳为如下几点：

（1）范围受限。局域网一般分布于一个较小的地理范围内，往往用于某一个群体，如一个单位或一个部门等。

（2）安全性高。局域网一般不对外提供服务，因而其保密性较好，且便于管理。

（3）带宽较高。现在大多数的局域网通常带宽为 100Mb/s 或 1 000Mb/s，保证了局域网内较高的传输速度。

（4）成本较低。一般较小规模的局域网在硬件方面的投入较少，网络组建起来方便、灵活，而且容易扩展。

# 4.2 局域网协议标准 IEEE802

IEEE 是英文 Institute of Electrical and Electronics Engineers 的简称，其中文译名是电气和电子工程师协会。IEEE 802 规范定义了网卡如何访问传输介质（如光缆、双绞线、无线等），以及如何在传输介质上传输数据的方法，还定义了传输信息的网络设备之间连接建立、维护和拆除的途径。遵循 IEEE 802 标准的产品包括网卡、桥接器、路由器及其他一些用来建立局域网络的组件。

IEEE802 标准定义了 ISO/OSI 的物理层和数据链路层，具体如下：

物理层:物理层包括物理介质、物理介质连接设备(PMA)、连接单元(AUI)和物理收发信号格式(PS)。物理层主要功能:实现比特流的传输和接收;为进行同步用的前同步码的产生和删除、信号的编码与译码,并规定了拓扑结构和传输速率。

数据链路层:数据链路层包括逻辑链路控制(LLC)子层和媒体访问控制 MAC 子层,其中逻辑链路控制 LLC 子层集中了与媒体接入无关的功能。具体讲,LLC 子层主要功能是建立和释放数据链路层的逻辑连接、提供与上层的接口(即服务访问点);给 LLC 帧加上序号及差错控制。

介质访问控制 MAC 子层负责解决与媒体接入有关的问题和在物理层的基础上进行无差错的通信。MAC 子层的主要功能是发送时将上层交下来的数据封装成帧进行发送,接收时对帧进行拆卸,将数据交给上层;实现和维护 MAC 协议;进行比特差错检查与寻址。

### 4.2.1　IEEE802.3 标准

IEEE802.3 描述物理层和数据链路层的 MAC 子层的实现方法,在多种物理媒体上以多种速率采用 CSMA/CD 访问方式,对于快速以太网,该标准说明的实现方法有所扩展。

早期的 IEEE 802.3 描述的物理媒体类型包括:10Base-2、10Base-5、10Base-F、10Base-T 和 10Broad36 等;快速以太网物理媒体类型包括:100Base-T、100Base-T4 和 100Base-X。

IEEE802.3 标准又包含 IEEE802.3i、IEEE802.3u、IEEE802.3z、IEEE802.3 帧格式(1983—1996)、IEEE802.3 帧格式(1997)和 IEEE802.3ba 子标准。

### 4.2.2　IEEE802.4 标准

IEEE 802.4 委员会已经定义了令牌总线标准是宽带网络标准,以与以太网的基带传输技术区别。令牌总线网络通过总线拓扑结构,使用 75ΩCATV 同轴电缆构造。802.4 标准的宽带特性,支持在不同的信道上同时进行传输。宽带电缆有较大的传输能力,传输率可达 10Mb/s。在生产厂房的网络中,令牌总线网有时采用生产自动化协议来实现。

令牌按照站点地址的序列号,从一个站点传送到另外一个站点。这样,这个令牌实际上是按照逻辑环而不是物理环进行传递。在数字序列的最后一个站点将令牌返回到第一个站点。这个令牌并不遵照连接到这条电缆的工作站的物理顺序进行传递。可能站点 1 在一条电缆的一端,而站点 2 在这条电缆的另外一端,站点 3 却在这条电缆的中间。

电缆的拓扑结构可以包括被长干线电缆连接的工作站的一些组。这些工作站从一种星形配置的集线器中分支出来,所以这个网络既是一个总线拓扑又是一个星形拓扑的网络。ARCNET 是一个令牌总线网络,但是它不承认 IEEE802.4 标准。令牌总线拓扑结构的例子有"ARCNET"。令牌总线拓扑对于组织分离在较远地点的用户是很适合的。虽然在一些生产环境使用令牌总线结构,但是以太网和令牌环标准却已经在办公室环境起着决定性的作用。

### 4.2.3　IEEE802.5 标准

IEEE802.5/令牌环网:常用于 IBM 系统中,其支持的速率分为 4Mbps 和 16Mbps 两种。目前 Novell、IBMLANServer 支持 16Mbps IEEE802.5/令牌环网技术。

在这种网络中,有一种专门的帧称为"令牌",在环路上持续地传输来确定一个节点何时可以发送包。令牌为 24 位长,有 3 个 8 位的域,分别是首定界符(Start Delimiter,SD)、访问控制(Access Control,AC)和终定界符(End Delimiter,ED)。首定界符是一种与众不同的信号模式,作为一种非数据信号表现出来,用途是防止它被解释成其他东西。这种独特的 8 位组合只能被识别为帧首标识符(SOF)。

### 4.2.4　IEEE802.11 标准

1990 年 IEEE802 标准化委员会成立 IEEE802.11WLAN 标准工作组。IEEE 802.11 [别名 Wi-Fi(Wireless Fidelity)无线保真]是在 1997 年 6 月由大量的局域网以及计算机专家审定通过的标准,该标准定义物理层和媒体访问控制(MAC)规范。物理层定义了数据传输的信号特征和调制,定义了两个 RF 传输方法和一个红外线传输方法,RF 传输标准是跳频扩频和直接序列扩频,工作在 2.400 0GHz～2.483 5GHz 的频段。

IEEE 802.11 是 IEEE 最初制定的一个无线局域网标准,主要用于解决办公室局域网和校园网中用户与用户终端的无线接入,业务主要限于数据访问,速率最高只能达到 2Mbps。由于它在速率和传输距离上都不能满足人们的需要,所以 IEEE 802.11 标准被 IEEE 802.11b 取代了。

## 4.3　介质访问控制方法

介质访问控制方法,也就是信道访问控制方法,可以简单地把它理解为如何控制网络节点何时发送数据、如何传输数据以及怎样在介质上接收数据。常用的介质访问控制方式有时分多路复用(TDM)、带冲突检测的载波监听多路访问介质控制(CSMA/CD)和令牌环(Token Ring)等三种。

### 4.3.1　时分多路复用

时分多路复用是按传输信号的时间进行分割的,它使不同的信号在不同的时间内传送,将整个传输时间分为许多时间间隔(Slot time,TS,又称为时隙),每个时间片被一路信号占用。采用频分多路复用就是通过在时间上交叉发送每一路信号的一部分来实现一条电路传送多路信号的。电路上的每一短暂时刻只有一路信号存在。因数字信号是有限个离散值,所以采用频分多路复用技术广泛应用于包括计算机网络在内的数字通信系统,而模拟通信系统的传输一般采用频分多路复用。

### 4.3.2　带冲突检测的载波监听多路访问介质控制

带冲突检测的载波监听多路访问介质控制(CSMA/CD)是一种争用型的介质访问控制协议。它起源于美国夏威夷大学开发的 ALOHA 网所采用的争用型协议,并进行了改进,使之具有比 ALOHA 协议更高的介质利用率。主要应用于现场总线 Ethernet 中。另一个改进是,对于每一个站点而言,一旦它检测到有冲突,它就放弃它当前的传送任务。换句话说,如果两个站都检测到信道是空闲的,并且同时开始传送数据,则它们几乎立刻就会检测到有冲突发生。它们不应该再继续传送它们的帧,因为这样只会产生垃圾而已;相反一旦检测到冲突之后,它们应该立即停止传送数据。快速地终止被损坏的帧可以节省时间和带宽。

CSMA/CD 控制方式的优点是:原理比较简单,技术上易实现,网络中各工作站处于平等地位,不需集中控制,不提供优先级控制。但在网络负载增大时,发送时间增长,发送效率急剧下降。

CSMA/CD 应用在 OSI 的第二层数据链路层。其工作原理是:发送数据前先侦听信道是否空闲,若空闲,则立即发送数据。若信道忙碌,则等待一段时间至信道中的信息传输结束后再发送数据;若在上一段信息发送结束后,同时有两个或两个以上的节点都提出发送请求,则判定为冲突。若侦听到冲突,则立即停止发送数据,等待一段随机时间,再重新尝试。

其原理简单总结为:先听后发,边发边听,冲突停发,随机延迟后重发。

CSMA/CD 采用 IEEE 802.3 标准,它的主要目的是:提供寻址和媒体存取的控制方式,使得不同设备或网络上的节点可以在多点的网络上通信而不相互冲突。

在总线拓扑结构中,一个节点是以"广播"方式在介质上发送和传输数据的。当总线上的一个节点在发送数据时,首先侦听总线是否牌空闲状态。若有信号传输,则为忙;若没有信号传输,则总线空闲状态;此时,该结点即可发送。但是,也可能有多个节点同时侦听到空闲并同时发送的情况,那么也可能因此而发生"冲突"。所以节点在发送数据时,先将它发送的信号与总线上接收到的信号波形进行比较,如果一致则无冲突发生,发送正常结束;如果不一致说明总线上有冲突发生,则结点停止发送数据,随机延迟,等待一定时间后重发。

CSMA/CD 的最大缺点是:发送的时延不确定。当网络负载很重时,冲突会增多,降低网络效率。

目前,CSMA/CD 应用最广的一类总线型局域网即以太网(Ethernet)采用的就是 CS-MA/CD 机制。例如,10Base-5、10Base-2、10Base-T、10Base-F 等常见的以太网。这种标识的含义是:10 表示信号的传输速率是 10Mb/s;Base 表示基带传输;5 和 2 分别表示每一段的最大长度为 500m 和 200m;T 和 F 分别表示传输介质是双绞线和光纤。

### 4.3.3　令牌环

令牌环网(Token Ring)是一种局域网协议,定义在 IEEE 802.5 中,其中所有的工作站都连接到一个环上,每个工作站只能同直接相邻的工作站传输数据。通过围绕环的令牌信息授予工作站传输权限。IEEE 802.5 中定义的令牌环源自 IBM 令牌环 LAN 技术。两种方式都基于令牌传递(Token Passing)技术。虽有少许差别,但总体而言,两种方式是相互兼容的。

令牌环上传输的小的数据(帧)叫为令牌,谁有令牌谁就有传输权限。如果环上的某个工作站收到令牌并且有信息发送,它就改变令牌中的一位(该操作将令牌变成一个帧开始序列),添加想传输的信息,然后将整个信息发往环中的下一工作站。当这个信息帧在环上传输时,网络中没有令牌,这就意味着其他工作站想传输数据就必须等待。因此令牌环网络中不会发生传输冲突。

信息帧沿着环传输直到它到达目的地,目的地创建一个副本以便进一步处理。信息帧继续沿着环传输直到到达发送站时便可以被删除。发送站可以通过检验返回帧以查看帧是否被接收站收到并且复制。

与以太网 CSMA/CD 网络不同，令牌传递网络具有确定性，这意味着任意终端站能够传输之前可以计算出最大等待时间。该特征结合另一些可靠性特征，使得令牌环网络适用于需要能够预测延迟的应用程序以及需要可靠的网络操作的情况。

令牌环网络是 20 世纪 80 年代中期由 IBM 开发的，很长一段时间是 IBM 的网络标准，被所有 IBM 生产的计算机支持。令牌环可以以桥接器或路由器连接其他网路。令牌环网络在实际应用中的确实实是"环"形网络，只不过由于使用所谓多站接入单元的设备，可以实现星形的布线。这样一个设备具有一定智能，会将不用的端口环接起来，使令牌能畅通。IEEE 802.5 标准是主要基于 IBM 的令牌环网络的，但是也有一些细微的差别。

令牌环网是一种以环形网络拓扑结构为基础发展起来的局域网。虽然它在物理组成上也可以是星形结构连接，但在逻辑上仍然以环的方式进行工作。其通信传输介质可以是无屏蔽双绞线、屏蔽双绞线和光纤等。

# 4.4 以 太 网

以太网是美国施乐（Xerox）公司的 Palo Alto 研究中心（简称为 PARC）于 1975 年研制成功的。1980 年 9 月，DEC 公司、Intel 公司和施乐公司联合推出以太网规范，1981 年制定了相应的 IEEE 802.3 标准，其中包括不同的传输介质对应的不同物理层标准 IEEE 10 Base 系列。

1985 年 Novell 公司推出专为 PC 联网用的高性能网络操作系统 Netware，1990 年 IEEE 新认可了一个能在无屏蔽双绞线上以 10Mbps 运行的 10Base-T 以太网，这两件事促使以太网得以迅速发展。

以太网（Ethernet）的核心思想是使用共享的公共传输信道，核心技术是介质访问控制方法中的 CSMA/CD，它解决了多节点共享公用总线的问题，每个站点都可以接收到所有来自其他站点的数据，目的站点将该帧复制，其他站点则丢弃该帧。

以太网包括标准以太网（10Mbit/s）、快速以太网（100Mbit/s）、千兆以太网（1 000Mbit/s）和万兆以太网（10Gbit/s），它们都符合 IEEE 802.3。

## 4.4.1 标准以太网

最初的以太网只有 10Mbit/s 的吞吐量，使用的是 CSMA/CD 访问控制方法。这种早期的 10Mbit/s 以太网称之为标准以太网。以太网可以使用粗同轴电缆、细同轴电缆、非屏蔽双绞线、屏蔽双绞线和光纤等多种传输介质进行连接。并且在 IEEE 802.3 标准中，为不同的传输介质制定了不同的物理层标准，在这些标准中前面的数字表示传输速度，单位是 Mbit/s，最后的一个数字表示单段网线长度（基准单位是 100m），Base 表示"基带"的意思，Broad 代表"宽带"。

（1）10Base-5：使用直径为 0.4 in、阻抗为 50Ω 的粗同轴电缆，也称粗缆以太网，最大网段长度为 500m，基带传输方法，拓扑结构为总线型。10Base-5 组网时主要硬件设备有粗同轴电缆、带有 AUI 插口的以太网卡、中继器、收发器、收发器电缆和终结器等。

(2) 10Base-2:使用直径为 0.2in、阻抗为 $50\Omega$ 的细同轴电缆,也称细缆以太网。最大网段长度为 185m,基带传输方法,拓扑结构为总线型。10Base-2 组网时主要硬件设备有细同轴电缆、带有 BNC 插口的以太网卡、中继器、T 形连接器和终结器等。

(3) 10Base-T:使用双绞线电缆,最大网段长度为 100m,拓扑结构为星形。10Base-T 组网时主要硬件设备有三类或五类非屏蔽双绞线、带有 RJ-45 插口的以太网卡、集线器、交换机和 RJ-45 插头等。

(4) 1Base-5:使用双绞线电缆,最大网段长度为 500m,传输速度为 1Mbit/s。

(5) 10Broad-36:使用同轴电缆(RG-59/U CATV),最大网段长度为 3 600m,是一种宽带传输方式。

(6) 10Base-F:使用光纤传输介质,传输速率为 10Mbit/s。

### 4.4.2 快速以太网

快速以太网与原来在 100Mbit/s 带宽下工作的 FDD(光纤分布式数据接口)相比具有许多的优点,最主要体现在快速以太网技术可以有效保障用户在布线基础实施上的投资,它支持三、四、五类双绞线以及光纤的连接,能有效利用现有的设施。快速以太网的不足其实也是以太网技术的不足,那就是快速以太网仍是基于 CSMA/CD 技术,当网络负载较重时,会造成效率的降低,当然这可以使用交换技术来弥补。100Mbit/s 快速以太网标准又分为 100Base-TX、100Base-FX 和 100Base-T4 三个子类。

(1) 100Base-TX:是一种使用五类数据级的无屏蔽双绞线或屏蔽双绞线的快速以太网技术。它使用两对双绞线,一对用于发送,一对用于接收数据。在传输中使用 4B/5B 编码方式,信号频率为 125MHz,符合 EIA586 的五类布线标准和 IBM 的 SPT(标准贯入试验)一类布线标准,使用同 10Base-T 相同的 RJ-45 连接器。它的最大网段长度为 100m,支持全双工的数据传输。

(2) 100Base-FX:是一种使用光缆的快速以太网技术,可使用单模和多模光纤($62.5\mu m$ 和 $125\mu m$)。多模光纤连接的最大距离为 550m,单模光纤连接的最大距离为 3 000m。在传输中使用 4B/5B 编码方式,信号频率为 125MHz。它使用 MIC/FDDI 连接器、ST 连接器或 SC 连接器,最大网段长度为 150m、412m、2 000m 或更长至 10km,这与所使用的光纤类型和工作模式有关,它支持全双工的数据传输。100Base-FX 特别适合于有电气干扰的环境、较大距离连接的情况及高保密环境下使用。

(3) 100Base-T4:是一种可使用三、四、五类无屏蔽双绞线或屏蔽双绞线的快速以太网技术。100Base-T4 使用 4 对双绞线,其中的 3 对用于在 33MHz 的频率上传输数据,每一对均工作于半双工模式,第 4 对用于 CSMA/CD 冲突检测。在传输中使用 8B/6T 编码方式,信号频率为 25MHz,符合 EIA586 结构化布线标准。它使用与 10Base-T 相同的 RJ-45 连接器,最大网段长度为 100m。

### 4.4.3 千兆以太网

千兆以太网技术作为最新的高速以太网技术,它继承了传统以太网技术价格便宜的优点。千兆技术仍然是采用了与 10Mbit/s 以太网相同的帧格式、帧结构、网络协议、全/半双工工作方式、流控模式以及布线系统。由于该技术不改变传统以太网的桌面应用和操作系统,因此可与10Mbit/s或100Mbit/s的以太网很好地配合工作。因此升级到千兆以太网时不必改变网络应用程序、网管部件和网络操作系统,能够最大程度地保护投资。此外,IEEE标准将支持最大距离为550m的多模光纤、最大距离为70km的单模光纤和最大距离为100m的同轴电缆。千兆以太网填补了以太网和快速以太网标准的不足。

千兆以太网技术有两个标准:IEEE 802.3z和IEEE 802.3ab。IEEE 802.3z制定了光纤和短程铜线连接方案的标准。IEEE 802.3ab制定了五类双绞线上较长距离连接方案的标准。

▶ 1. IEEE 802.3z

IEEE 802.3z是光纤(单模或多模)和同轴电缆的全双工链路标准。IEEE 802.3z定义了基于光纤和短距离铜缆的1000Base-X,采用8B/10B编码技术,信道传输速度为1.25Gbit/s,去耦后实现1 000Mbit/s的传输速度。IEEE 802.3z具有下列千兆以太网标准。

(1) 1 000Base-SX:只支持多模光纤,可以采用直径为62.5μm或50μm的多模光纤,工作波长为770~860nm,传输距离为220~550m。

(2) 1 000Base-LX:可以支持直径为9μm或10μm的单模光纤,工作波长范围为1 270~1 355nm,传输距离为5km左右。

(3) 1 000Base-CX:采用150Ω屏蔽双绞线(STP),传输距离为25m。

▶ 2. IEEE 802.3ab

IEEE 802.3ab是基于非屏蔽双绞线(UTP)的半双工链路的千兆以太网标准。IEEE 802.3ab定义基于五类UTP的1 000Base-T标准,其目的是在五类UTP上以1 000Mbit/s速率在100m的距离上传输。IEEE 802.3ab标准的意义主要有如下两点:

(1) 保护用户在五类UTP布线系统上的投资。

(2) 1 000Base-T是100Base-T的自然扩展,与10Base-T和100Base-T完全兼容。不过在五类UTP上达到1 000Mbit/s的传输速率时需要解决五类UTP的串扰和衰减问题,因此使得IEEE 802.3ab标准的制定要比IEEE 802.3z复杂些。

## 4.4.4　万兆以太网

万兆以太网标准包含于IEE802.3标准的补充标准IEEE802.3ae中,它扩展了IEEE 802.3协议和MAC(介质访问控制)规范,使其支持10Gbit/s的传输速率。除此之外,通过WAN(广域网)界面子层,万兆以太网也能被调整为较低的传输速率,如9.584 640Gbit/s(OC-192),这就允许万兆以太网设备与同步光纤网络(SONET)STS-192c传输格式相兼容。它的主要标准有以下几种:

(1) 10GBase-SR和10GBase-SW:主要支持短波(850mm)的多模光纤(MMF),光纤距离为2~300m。10GBase-SR主要支持暗光纤(Dark Fiber),暗光纤是指没有光传播并且不与任何设备连接的光纤。10GBase-SW主要用于连接SONET设备,它应用于远程数据通信。

(2) 10GBase-LR和10GBase-LW:主要支持长波(1 310nm)的单模光纤(SMF),光纤距离为2m~10km(约32 808ft)。10GBase-LW主要用来连接SONET设备,10GBase-LR则用来支持暗光纤。

(3) 10GBase-ER和10GBase-EW:主要支持超长波(1 550nm)的单模光纤(SMF),光纤距离为2m~40km(约131 233ft)。10GBase-EW主要用来连接SONET设备,10GBase-ER

则用来支持暗光纤。

（4）10GBase-LX4：采用波分复用技术，在单对光缆上以 4 倍光波长发送信号。10GBase-LX4 系统运行在 1 310nm 的多模或单模暗光纤方式下，该系统的设计目标是针对 2～300m 的多模光纤模式或 2m～10km 的单模光纤模式。

# 4.5 无线局域网

有线网络在某些场合要受到一些限制，因此无线局域网（Wireless Local Area Network，WLAN）开始出现，并逐渐被广大用户所接受和推崇。

▶ 1. 无线局域网基本概念

无线局域网的英文全称为 Wireless Local Area Networks，简写为 WLAN，它并不是何等神秘之物，可以说它是相对于有线网络而言的一种全新的网络组建方式，是一种相当便利的数据传输系统，它主要利用射频（Radio Frequency，RF）的技术，取代传统的双绞线（Coaxial）所构成的局域网络。

无线局域网能够利用简单的存取架构让用户透过它，达到"信息随身化、便利走天下"的理想境界。这样一来，你可以坐在家里的任何一个角落，抱着你的笔记本电脑，享受网络的乐趣，而不像从前那样必须要迁就于网络接口的布线位置。

主流的无线网络分为 GPRS 手机无线网络上网和无线局域网两种方式。GPRS 手机上网方式，是一种借助移动电话网络接入 Internet 的无线上网方式，因此只要你所在城市开通了 GPRS 上网业务，你在任何一个角落都可以通过手机来上网。

▶ 2. 无线局域网技术标准

由于 WLAN 是基于计算机网络与无线通信技术，在计算机网络结构中，逻辑链路控制层及其之上的应用层对不同的物理层的要求可以是相同的，也可以是不同的。因此，WLAN 标准主要是针对物理层和媒质访问控制层，涉及所使用的无线频率范围、空中接口通信协议等技术规范与技术标准。

1990 年 IEEE802 标准化委员会成立 IEEE802.11WLAN 标准工作组。IEEE802.11 ［别名 Wi-Fi（Wireless Fidelity）无线保真］是在 1997 年 6 月由大量的局域网以及计算机专家审定通过的标准，该标准定义物理层和媒体访问控制规范。物理层定义了数据传输的信号特征和调制，定义了两个 RF 传输方法和一个红外线传输方法，RF 传输标准是跳频扩频和直接序列扩频，工作在 2.400 0GHz～2.483 5GHz 频段。IEEE802.11 是 IEEE 最初制定的一个无线局域网标准，主要用于解决办公室局域网和校园网中用户与用户终端的无线接入，业务主要限于数据访问，速率最高只能达到 2Mb/s。由于它在速率和传输距离上都不能满足人们的需要，所以 IEEE802.11 标准被 IEEE802.11b 所取代。

1999 年 9 月 IEEE802.11b 被正式批准，该标准规定 WLAN 工作频段在 2.4GHz～2.483 5GHz，数据传输速率达到 11Mb/s，传输距离控制在 5～50m。该标准是对 IEEE802.11 的一个补充，采用补偿编码键控调制方式，采用点对点模式和基本模式两运作模式，在数据传输速率方面可以根据实际情况在 11Mb/s、5.5Mb/s、2Mb/s、1Mb/s 的不同速率间自动切换，它改变了 WLAN 设计状况，扩大了 WLAN 的应用领域。IEEE802.11b 已成为当前主流的 WLAN 标准，被多数厂商所采用，所推出的产品广泛应用于办公室、家庭、宾馆、车站、机场等众多场合，但是由于许多 WLAN 的新标准的出现，IEEE802.11a 和 IEEE802.11g 更是备受业界关注。

1999 年，IEEE802.11a 标准制定完成，该标准规定 WLAN 工作频段在 5.15GHz-5.825GHz，数据传输速率达到 54M/72Mb/s(Turbo)，传输距离控制在 10～100m。该标准也是 IEEE802.11 的一个补充，扩充了标准的物理层，采用正交频分复用(OFDM)的独特扩频技术，采用 QFSK 调制方式，可提供 25Mb/s 的无线 ATM 接口和 10Mb/s 的以太网无线帧结构接口，支持多种业务如话音、数据和图像等，一个扇区可以接入多个用户，每个用户可带多个用户终端。IEEE802.11a 标准是 IEEE802.11b 的后续标准，其设计初衷是取代 802.11b 标准，然而，工作于 2.4GHz 频带是不需要执照的，该频段属于工业、教育、医疗等专用频段，是公开的，工作于 5.15GHz～8.825GHz 频带是需要执照的。一些公司仍没有表示对 802.11a 标准的支持，一些公司更加看好最新混合标准——802.11g。

目前，IEEE 推出最新版本 IEEE802.11g 认证标准，该标准提出拥有 IEEE802.11a 的传输速率，安全性较 IEEE802.11b 好，采用 2 种调制方式，含 802.11a 中采用的 OFDM 与 IEEE802.11b 中采用的 CCK，做到与 802.11a 与 802.11b 兼容。虽然 802.11a 较适用于企业，但 WLAN 运营商为了兼顾现有 802.11b 设备投资，选用 802.11g 的可能性极大。

IEEE802.11i 标准是结合 IEEE802.1x 中的用户端口身份验证和设备验证，对 WLAN MAC 层进行修改与整合，定义了严格的加密格式和鉴权机制，以改善 WLAN 的安全性。IEEE802.11i 新修订标准主要包括两项内容："Wi-Fi 保护访问"（WPA）技术和强健安全网络（RSN）。Wi-Fi 联盟计划采用 802.11i 标准作为 WPA 的第二个版本，并于 2004 年初开始实行。IEEE802.11i 标准在 WLAN 网络的建设中是相当重要的，数据的安全性是 WLAN 设备制造商和 WLAN 网络运营商首先应该考虑的头等工作。

IEEE802.11e 标准对 WLANMAC 层协议提出改进，以支持多媒体传输，以支持所有 WLAN 无线广播接口的服务质量保证 QOS 机制。IEEE802.11f，定义访问节点之间的通信，支持 IEEE802.11 的接入点互操作协议(IAPP)。IEEE802.11h 用于 802.11a 的频谱管理技术。

## 4.5.1　无线局域网的组网设备

无线网络的组网设备主要包括：无线网卡、无线接入点（AP）、无线路由器和无线天线。当然，并不是所有的无线网络都需要以上 4 种设备。

事实上，只需几块无线网卡，就可以组建一个小型的对等式无线网络，如图 4-2 所示。

无线对等的优点是省略了一个无线 AP 的投资，仅需要为台式机购置一块 PCI 或 USB 接口的无线网卡，当然，假如笔记本没有内置无线网卡，还需要为笔记本添置一个 Mini-PCI 接口或 USB 接口的无线网卡。

需要扩大网络规模时，或者需要将无线网络与传统的局域网连接在一起时，就需要使用无线接入点，如图 4-3 所示。

无线局域网只有当实现 Internet 接入时，才需要用到以上所列无线路由器，如图 4-4 所示。

而无线局域网中的无线天线主要用于放大信号，以接收更远距离的无线信号，从而扩大无线网络的覆盖范围。

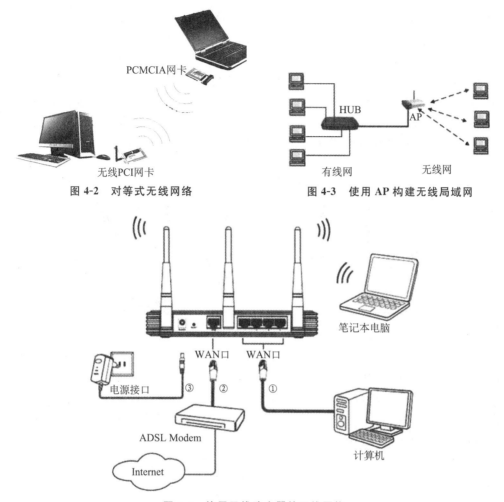

图 4-2 对等式无线网络  图 4-3 使用 AP 构建无线局域网

图 4-4 使用无线路由器的无线网络

▶ 1. 无线网卡

无线网卡是终端无线网络的设备,是不通过有线连接,采用无线信号进行数据传输的终端。无线网卡的作用、功能跟普通电脑网卡一样,是用来连接到局域网上的。它只是一个信号收发的设备,只有在找到上互联网的出口时才能实现与互联网的连接,所有无线网卡只能局限在已布有无线局域网的范围内。无线网卡就是不通过有线连接,采用无线信号进行连接的网卡。无线网卡根据接口不同,主要有 PCMCIA 无线网卡、PCI 无线网卡、MiniPCI 无线网卡、USB 无线网卡和 CF/SD 无线网卡几类产品,如图 4-5 所示。

图 4-5 USB 无线网卡

从速度来看，主流的速率为 54M、108M、150M、300M、450M，无线网卡性能和环境有很大的关系。

▶ 2. 无线接入点

无线接入点 AP(Access Point)的功能是把有线网络转换为无线网络。形象点说，无线 AP 是无线网和有线网之间沟通的桥梁，其信号范围为球形，搭建的时候最好放到比较高的地方，可以增加覆盖范围，无线 AP 也就是一个无线交换机，接入在有线交换机或是路由器上，接入的无线终端和原来的网络是属于同一个子网。无线接入点如图 4-6 所示。

图 4-6　无线接入点　　　　　图 4-7　无线路由器

一个典型的企业级应用，包括附加几个无线接入点到有线网络，然后提供无线接入办公局域网。无线接入点的管理是由无线局域网控制器负责处理自动调节射频功率、通道、身份验证和安全性。此外，控制器可以组合成一个无线移动集团，允许跨控制器漫游。该控制器可以是流动性域的一部分，能够让客户在整个大的或地区级办公室地点的访问。这样可以节省客户的时间和管理开销，因为它可以自动重新关联或重新验证。此外，多个控制器和所有连接到这些控制器的数百个接入点都可以通过一个叫思科无线控制系统的软件来管理。在这种情况下，无线接入点的功能是作为客户的无线网关来访问有线网络。例如，某酒店采用家用无线路由，信号基本覆盖，但无线几乎无法使用。其原因是无线路由器只针对家庭、小型公司，根本无法满足酒店需要，加上同频干扰，整个无线网络就处于瘫痪状态。

一个典型的企业应用，就是在有线网络上安装数个无线接入点，提供办公室局域网路的无线存取。在无线接入点的接收范围内，无线用户端既有移动性的好处，又能充分地与网络连接。在这种场合，无线接入点成为使用者端接入有线网络的一个接口。另外一个适用场合是不允许使用网缆连接情况，例如，制造商使用无线网络连接办公室和货仓之间的网络连线。

▶ 3. 无线路由器

无线路由器好比将单纯性无线 AP 和宽带路由器合二为一的扩展型产品，它不仅具备单纯性无线 AP 所有功能如支持 DHCP 客户端、支持 VPN、防火墙、支持 WEP 加密等等，而且还包括了网络地址转换(NAT)功能，可支持局域网用户的网络连接共享。无线路由器如图 4-7 所示。

无线路由器可实现家庭无线网络中的 Internet 连接共享，实现 ADSL、电缆调制解调器和小区宽带的无线共享接入。无线路由器可以与所有以太网连接的 ADSL 调制解调器或电缆调制解调器直接相连，也可以在使用时通过交换机/集线器、宽带路由器等局域网方式再接入。其内置有简单的虚拟拨号软件,可以存储用户名和密码拨号上网,可以实现为拨号接入 Internet 的 ADSL、电缆调制解调器等提供自动拨号功能,而无须手动拨号或占用一台电脑做服务器使用。此外,无线路由器一般还具备相对更完善的安全防护功能。

图 4-8　室内无线天线

▶ 4. 无线天线

当计算机与无线 AP 或其他计算机相距较远时,或者根本无法实现与 AP 或其他计算机之间通信,此时,就必须借助无线天线对所接收或发送的信号进行增益(放大)。

无线天线有多种类型,不过常见的有两种:一种是室内天线,如图 4-8 所示,优点是方便灵活,缺点是增益小,传输距离短。一种是室外天线。室外天线的类型比较多:一种是锅状的定向天线,一种是棒状的全向天线。室外天线的优点是传输距离远。比较适合远距离传输。

无线设备本身的天线都有一定距离的限制,当超出这个限制的距离,就要通过这些外接天线来增强无线信号,达到延伸传输距离的目的。

## 4.5.2　无线局域网的组网结构

▶ 1. 无线网桥接入型

当两个独立的有线局域网需要互连但是相互之间又不便于进行物理连线时,可以采用无线网桥进行连接,如图 4-9 所示。

这里可以选择具有网桥功能的无线 AP 来实现网络连接,这种网络连接属于点对点连接,无线网桥不仅提供了两个局域网间的物理层与数据链路层的连接,还为两个局域网内的用户提供路由与协议转换的较高层的功能。

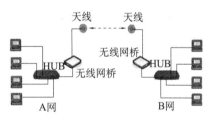

图 4-9　采用无线网桥构建无线局域网

TL-H18E

图 4-10　无线 AP 接入型无线局域网

▶ 2. 无线 AP 接入型

利用无线 AP 作为 Hub 组建星形结构的无线局域网,具有与有线 Hub 组网方式类似的特点,与无线 AP 连接的终端可以是智能手机、平板电脑和计算机等,如图 4-10 所示。

这种局域网可以采用类似于交换型以太网的工作方式,但要求无线 AP 具有简单的网内交换功能。

▶ 3. 集成器接入型

多台装有无线网卡的计算机利用无线 AP 连接在一起,再通过集成器接入有线局域网,实现一个网络中无线部分与有线部分的连接,如图 4-11 所示。

在这种结构中,如果使用宽带路由功能的无线 AP 或添加路由器,则可以与独立的有线局域网连接。

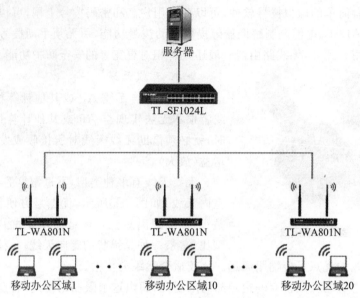

图 4-11　集成器接入型无线局域网

▶ **4. 无中心接入型**

在无中心接入型结构中，不使用无线 AP，每台计算机只要装上无线网卡就可以实现任意两台计算机之间的通信，这种通信方式类似于有线局域网中的对等局域网，这种结构的无线网络不能连接到其他外部网络，如图 4-12 所示。

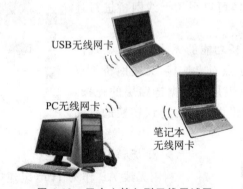

图 4-12　无中心接入型无线局域网

项目实施

## 任务 1　小型办公局域网的组建及连通性测试

**任务目标：**

（1）了解对等网络的组网模式。

（2）熟练掌握对等网网络配置、网络协议及网卡驱动程序的安装。

（3）了解对等网络的资源共享和使用方法。

**技能要求：**

（1）能够进行终端机器的连通测试和网络设置操作。

（2）实现 Windows Server 2003 的组网配置、协议安装等网络功能。

（3）通过对等网络的组建实现整个网络的资源共享。

**操作过程：**

本任务需要 6 台 PC 机、制作完成的网线（这里使用的是直通线）、交换机（或集线器）。

1）对等式网络设备的连接。网络拓扑图如图 4-13 所示。

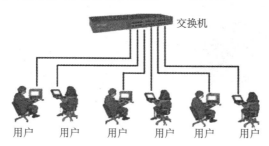

图 4-13　对等网拓扑图

2）网卡的安装

选择"开始"菜单中的"设置"→"控制面板"命令，在"控制面板"中双击"系统"图标，弹出"系统特性"对话框，选择"硬件"选项卡，如图 4-14 所示。

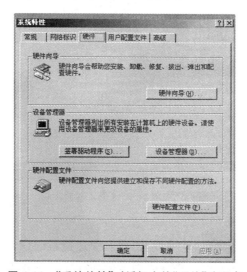

图 4-14　"系统特性"对话框中的"硬件"选项卡

3）进入"添加/删除硬件向导"对话框

在"硬件"选项卡中，单击"硬件向导"按钮，打开"添加/删除硬件向导"对话框，如图 4-15 所示。

4）选择"添加/排除设备故障（A）"选项

单击"下一步"按钮后，选择"添加/排除设备故障（A）"选项，如图 4-16 所示。

5）选择"添加新设备"选项

继续选择"添加新设备"选项，如图 4-17 所示。

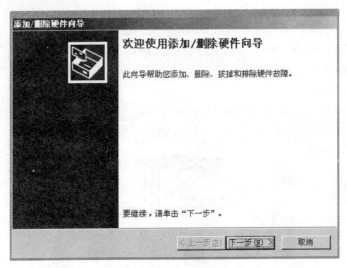

图 4-15　添加/删除硬件向导

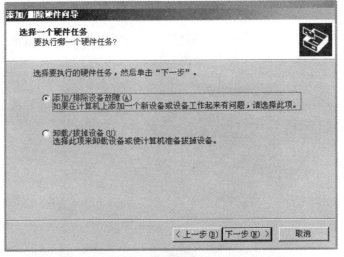

图 4-16　添加/排除设备故障选项

6）设备驱动程序的安装

进入到"添加新设备"选项后，就可以从"列表中选择新的硬件"中根据本机网卡制造商和型号进行设备驱动程序的安装。将存有网卡驱动程序的软盘或光盘放入驱动器，然后单击"从磁盘安装"按钮，系统将读取网卡驱动程序，并把它们安装到特定的文件夹中，如图 4-18所示。最后按照系统提示重新启动计算机。

7）检测网卡是否正常工作

选择"开始"菜单的"设置"→"控制面板"命令，在"控制面板"中双击"系统"图标，弹出"系统特性"对话框，选择"硬件"选项卡中的"设备管理器"按钮，在"设备管理器"对话框中单击目录树中"网卡"对应的节点"＋"号，将其展开，找到已安装的网卡，如图 4-19 所示。如果刚才安装的网卡出现在"网卡"的目录下且有一绿色的网卡图标，并注明网卡型号。这表示网卡已安装成功，可以继续进行网卡配置。如果网卡图标上出现带黄色圆圈的"！"号则表示系统找到了

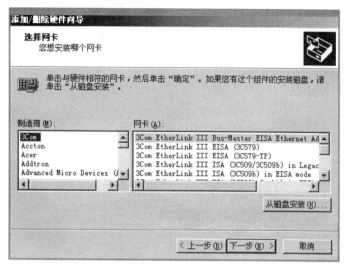

图 4-17　添加新设备选项

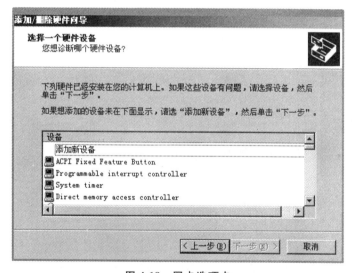

图 4-18　网卡选项卡

网卡,但网卡不能正常工作;如果网卡图标前面有一红色"×"号则表示系统无法识别网卡。

8) 配置 TCP/IP 协议

右击进入"本地连接"属性对话框,选中"Internet 协议(TCP/IP)"选项,单击"属性"按钮,弹出"Internet 协议(TCP/IP)属性"对话框,如图 4-20 所示。

在"Internet 协议(TCP/IP)属性"对话框中设置对等网络中划分好的相应 IP 地址、子网掩码。如果 IP 地址采用自动分配方式,即可选择"自动获得 IP 地址"选项。以上配置完成后,单击"确定"按钮。

9) 添加 NetBEUI 协议和 IPX/SPX 协议

在组建小型对等网络时,我们有必要添加 NetBEUI 协议和 IPX/SPX 协议。其添加方法为:在"本地连接"属性对话框中,单击"安装"按钮,打开"选择网络组件类型"对话框,选中网络组件列表中的"协议"项,单击"添加"按钮,打开"选择网络协议"对话框;选中所要添加

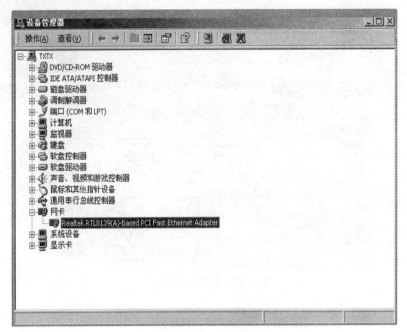

图 4-19　设备管理器

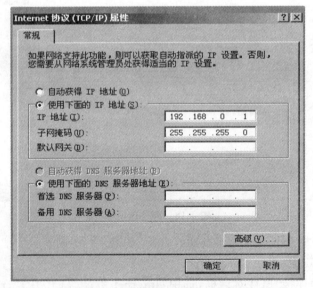

图 4-20　Internet 协议（TCP/IP）属性

的协议"NetBEUI Protocol"，单击"确定"按钮，返回到"本地连接属性"对话框，若 NetBEUI 协议出现在协议组件列表中，则表明安装成功，如图 4-21 所示。

　　如果要安装 IPX/SPX 协议，就用以上相同的方法在网络协议选项中选择 "NWLinkIPX/SPX/NetBIOS Compatible Transport Protocol"安装即可。

　　10）配置计算机标识以及分组

　　当 IP 地址、子网掩码、IP 协议全部配置好后，还要配置计算机标识以及分组。其方法如下：右击"我的电脑"，在弹出的快捷菜单中选择"属性"，在"系统特性"对话框中单击"网络标

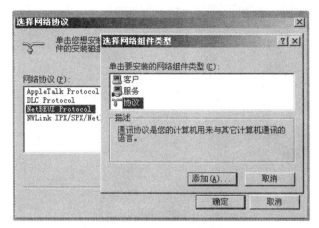

**图 4-21  本地连接属性**

识"标签,单击"属性"按钮,打开"标识更改"对话框,如图 4-22 和图 4-23 所示。并在"计算机名"中输入网络中唯一的计算机名,如电子与计算机系等,并在工作组中填入本机所在的工作组名称,如武汉交通职业学院等。全部设置完后单击"确定"按钮,弹出提示对话框,要求重新启动计算机后网络标识和工作组才能生效。

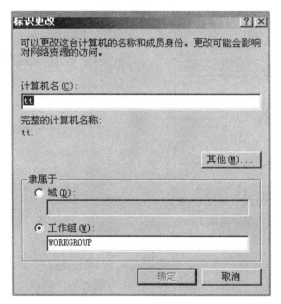

**图 4-22  修改计算机名**

11）添加共享服务

重新启动计算机后,必须进行网络服务的添加才能够实现网络共享,也就是对
"Microsoft 网络客户端"和"Microsoft 网络的文件和打印机共享"服务的添加。在"本地连接"属性对话框中单击"安装"按钮,会弹出"选择网络组件类型"对话框,在对话框中分别选择"客户"和"服务"选项,在弹出的"选择网络客户"和"选择网络服务"对话框中,分别选择"Microsoft 网络客户端"和"Microsoft 网络的文件和打印机共享",单击"确定"按钮即可,如图 4-24 和图 4-25 所示。

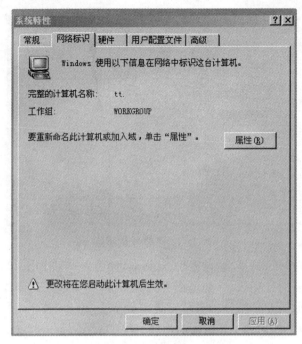

图 4-23 网络标识修改

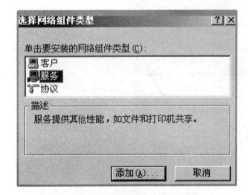

图 4-24 选择网络组件类型

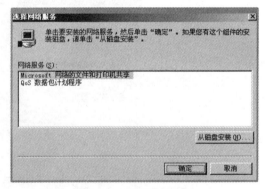

图 4-25 选择网络服务

12）设置文件共享

设置文件的共享，找到要共享的文件夹，右击，在弹出快捷菜单中选择"共享"命令，弹出如图 4-26 所示的"属性"对话框，在"属性"对话框中选择"共享该文件夹"，并设置该文件夹的共享名、备注、连接用户限制等。

单击"权限"按钮，还可以按照提示设置权限，如图 4-27 所示。默认的用户是 Everyone，即所有合法用户都可以访问，默认权限是完全控制，用户可以根据共享级别对访问用户的数量和权限进行操作限制。本地磁盘的共享方法和文件共享基本相同。

13）启用 Guest 账户

设置完文件共享后，访问用户并不能直接访问共享文件，因为 Windows Server 2003 中有一个默认的 Guest 账户（供来宾访问共享资源的内置账户），如图 4-28 所示。

但是系统安装完后这个账户并没有启用。用户可以选择"控制面板"→"管理工具"→"计算机管理"命令打开计算机管理窗口，从管理树中展开"本地用户和组"，选择"用户"，在右

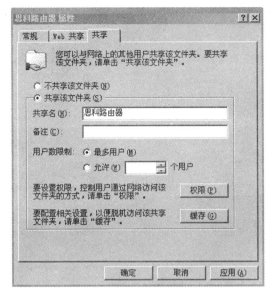

图 4-26　设置共享名

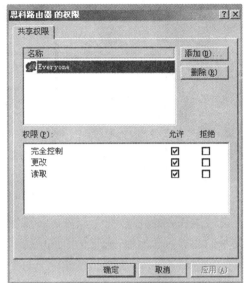

图 4-27　设置共享权限

边列表框中可以看到 Guest 账户上有一红色 X 形标记。该标记表明该账户已被禁用。双击该账户,在弹出的"Guest 属性"对话框中取消"账户已停用"选项,并单击"确定",Guest 账户就会被手动启用,如图 4-29 所示。

图 4-28　计算机管理

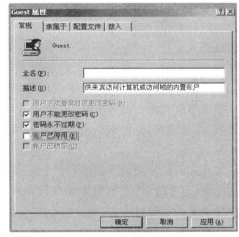

图 4-29　Guest 账户属性设置

14)对等网连通测试

最后,用户可以利用基本的网络命令对整个对等网进行连通测试,来检查网络是否通畅,方法如下:在"开始"菜单的"运行"命令中输入"cmd"命令,进入到命令行状态,然后利用 Ping 命令对目标地址进行检测。图 4-30 所示情况表明本机与目标电脑之间的网络是通畅的,可实现网络资源共享。

**任务小结:**

本任务详细地介绍了对等网络的结构以及配置方法、步骤。希望同学们能深刻地认识到网络协议、网络服务等配置的重要性。

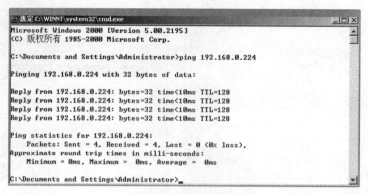

**图 4-30　网络连通测试**

通过本任务的完成，同学们可以了解到文件的共享管理以及用户管理的基本知识。希望同学们能够活学活用，把所学知识应用到实践中。

# 任务2　组建家庭无线局域网

随着现代网络技术的飞速发展以及人们生活水平的不断提高，家庭办公、娱乐成为一种日益流行的趋势，很多家庭都拥有了两台或两台以上的电脑，家庭无线网络成为了需求热点。

按家庭用户的需求，组建一个家庭无线局域网，以便更有效地利用电脑资源和网络资源成为不少家庭用户的必要选择。新、旧电脑一起用，台式机和笔记本同网络，最大限度地共享信息高速公路，这种基于家庭内部的无线局域网既能起到共享资源的作用，又能避免有线局域网布线影响居室美观，且不好走线的烦恼，还可以节约家庭办公的经费开支等。

下面以一客户的家庭无线局域网组建为例，向大家介绍一种无线局域网的组建方案。客户家原来就有两台台式电脑，最近单位给他又配了一台笔记本电脑。两台台式电脑分别位于书房、儿童房，笔记本电脑一般在卧室和客厅使用，偶尔也在阳台上使用。居室结构如图 4-31 所示。

家庭无线局域网组建方案：网络由 ADSL 调制解调器连接到宽带无线路由器，书房台式机用网线（直通线）连接到宽带无线路由器的以太网接口，儿童房间台式机购置一块无线网卡连接至无线宽带路由器，笔记本电脑自带无线网卡，也可通过无线方式连接至无线宽带路由器。网络拓扑结构图如图 4-32 所示。

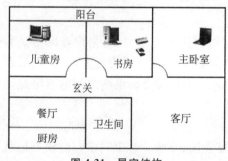

**图 4-31　居室结构**

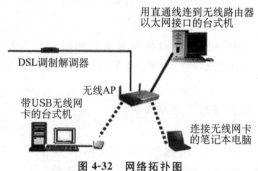

**图 4-32　网络拓扑图**

**任务目标：**

（1）了解家庭无线局域网组网方案,熟练掌握无线宽带路由器的配置方法。

（2）学会使用无线宽带路由器共享宽带上网的方法。

**技能要求：**

（1）掌握无线宽带路由器的选购方法。

（2）能够按组网需求制作网线,并按网络拓扑图进行网络布线和连接测试。

（3）能够配置无线宽带路由器,以满足家庭中不同位置共享宽带上网需求。

**操作过程：**

本任务需要两台台式机、1 台笔记本电脑、1 台无线宽带路由器、网线及水晶头若干。

▶ **1. 设备选定**

需要新添加的设备主要是一台无线宽带路由器和一块无线网卡。由于价格因素,最后选定了 TP-LINK TL-WR240 无线宽带路由器以及 TP-LINK TL-WN220m USB 无线网卡。

▶ **2. 设备安装**

由于书房在居室中间,正好安置无线宽带路由器。硬件的安装是比较简单:将 ADSL 调制解调器通过附带的网线(交叉线)连接到 TL-WR240 的 WAN 端口,书房的台式电脑用网线(直通线)直接连接到 TL-WR240 的 LAN 端口,将 TL-WN220M 无线网卡插入儿童房台式电脑的 USB 端口,然后安装无线网卡附带光盘中的驱动程序和工具软件。笔记本电脑因为有无线网卡无须硬件安装。

▶ **3. 宽带无线路由的配置**

由于 TP-LINK TL-WR240 提供了 Web 管理界面,因此,可以通过这三台电脑中的任何一台来配置无线宽带路由器。TP-LINK TL-WR240 的默认 IP 地址为:192.168.1.1,所以要对联网电脑的网络 TCP/IP 属性进行设置,将其 IP 地址设置为 192.168.1.2 ～ 192.168.1.254,使其和 TP-LINK TL-WR240 在同一个网段。

把书房台式电脑的 IP 地址设置为 192.168.1.2,网关为 192.168.1.1。在 IE 地址栏里输入:192.168.1.1,回车,就进入 TL-WR240 的 Web 管理页面。

TP-LINK TL-WR240 初次登录时密码为空(在操作手册里有说明)。TP-LINK TL-WR240 提供简单明了的中文菜单,只要做简单的设置,其他绝大多数选项用默认设置就行。需要改动设置的主要有以下两个地方:

（1）单击"PPPoE 设置",填上用户名和密码(宽带服务商提供的 ADSL 上网用户名和密码),IP 地址:192.168.1.1,DNS:202.101.224.68(因地区和宽带服务商而不同),"连接模式"选择"永远在线",永远在线对于包月用户来说最为方便;"按需连接"只在局域网有网络访问请求时才自动拨号上网,在设定时间之内没有数据传送时就自动断线,这样可以节省上网费。(如图 4-33 所示)

（2）单击"无线参数设置",网络名称 SSID(可自行起名)、国家地区(China)、频道(从 1～11 均可)。设置完成之后,单击应用,宽带无线路由器会自动重启,无线宽带路由器就配置完成。

▶ **4. 计算机的设置**

书房的台式电脑在前面已经设置好了,无须再动。对于儿童房间的台式电脑,我们需要将 USB 网卡插入电脑的 USB 口,启动工具软件后,可以从可用网络中找到已经设置好的无

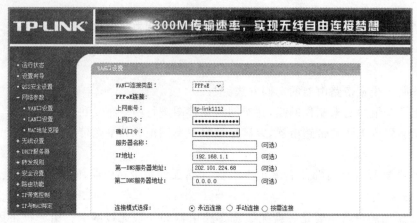

图 4-33 无线宽带路由器的设置

线宽带路由器,选中该网络并选择连接即可。

连接好之后,进行 TCP/IP 属性设置。IP 地址设为:192.168.1.3,网关:192.168.1.1;笔记本电脑可以采用 DHCP 功能自动分配 IP 地址。

▶ 5. 网络安全设置

为了保证网络安全,有必要进行安全设置,TP-LINK TL-WR240 提供了多重安全防护,支持禁止 SSID 广播方式,防止 AP 广播 SSID 的网络名称,支持 64/128 位 WEP 无线数据加密。通常可以采用物理地址(MAC)过滤功能,由于每个无线网卡都有唯一的物理地址,因此,可以在 TP-LINK TL-WR240 中手工设置一组允许访问的 MAC 地址列表,实现物理地址过滤。不在 MAC 地址列表的网卡将被无线宽带路由器拒之门外,如图 4-34 所示。

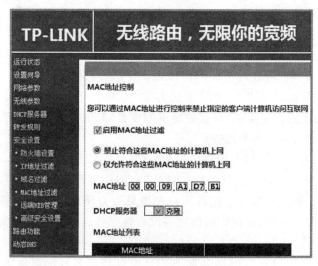

图 4-34 MAC 地址过滤功能

注意:所有选项设置完成以后,要及时更改初始管理员密码。

**任务小结:**

无线网络适应对象如下:

(1) 有多台电脑(台式机、笔记本电脑、掌上电脑)想同时上网,又想摆脱网线束缚的。

（2）装修好了的房子，有多台电脑而没布好网线的。

（3）需要使用笔记本电脑在阳台、客厅、餐桌、卧室或卫生间自由上网的。

无线宽带路由摆放原则如下：

（1）尽量将无线路由摆放在整个房子的中央。

（2）不要把无线宽带路由摆放在彩电、冰箱、微波炉和功放等大功率电器旁边。

（3）安装无线宽带路由的房间尽量不要关门。据测试，无线宽带路由器和笔记本电脑隔两道门，信号就衰减比较厉害，说明书上的室内有效距离100m是不隔墙的数据。

# 项目5
# 搭建网络服务器

## 项目描述

随着公司规模的不断扩大和办公自动化的不断深入,服务器租赁模式已不能满足公司发展的需要。在这种情况下,网络中心及时向公司领导提出改造升级现有网络的建议。经过前期反复调研,公司领导决定购买几台专用服务器,以支持公司各方面业务的发展。接下来,网络中心将承担一项重要的任务,即安装和配置各种应用服务器。

## 项目分析

搭建各种应用服务器,首先需要在服务器上安装网络操作系统,由于 Windows 操作系统使用广泛,并且操作简单,配置方便,特别是 Windows Server 2008 R2 内置了 IIS、FTP 和 DNS 等多种服务组件,所以在服务器上安装 Windows Server 2008 R2 网络操作系统是明智之举。在此基础上,架设 Web 服务器,放置公司网站文件,方便用户浏览公司网站,下载相关资源;架设 FTP 服务器,实现文件共享和传输,方便用户上传和下载文件资源;架设 DHCP 服务器,给公司的客户机分配动态的 IP 地址,可以大大简化静态配置客户机 TCP/IP 的工作;架设 DNS 服务器,提供域名解析服务。

为了顺利地完成此项工作,需要提前掌握相关的知识和技能,下面将给大家作系统介绍。

## 项目知识

## 5.1 网络操作系统概述

▶ 1. 什么是网络操作系统

网络操作系统,是一种能代替操作系统的软件程序,是网络的心脏和灵魂,是向网络计算机提供服务的特殊的操作系统,借由网络达到互相传递数据与各种消息的目的,分为服务器(Server)及客户端(Client)。而服务器的主要功能是管理服务器和网络上的各种资源和网络设备的共用,加以统合并控管流量,避免有瘫痪的可能性,而客户端就是有着能接收服务器所传递的数据来运用的功能,方便让客户端可以清楚地搜索所需的资源。

由于网络操作系统是运行在服务器之上的,所以有时我们也把它称之为服务器操作系统。

▶ 2. 网络操作系统的分类

1) Windows 类

对于这类操作系统,相信用过电脑的人都不会陌生,它是全球最大的软件开发商——微软公司开发的产品。Windows 系统不仅在个人操作系统中占有绝对优势,在网络操作系统中也是具有非常强劲的实力。但这类操作系统对服务器的硬件要求较高,且稳定性不是很好,所以微软的网络操作系统一般只是用在中低档服务器中,高端服务器通常采用 UNIX、Linux 或 Solaris 等非 Windows 操作系统。

在局域网中,微软的网络操作系统主要有 Windows NT 4.0 Server、Windows Server 2000、Windows Server 2003、Windows Server 2008 以及最新的 Windows Server 2012 等,工作站系统可以采用任意一个 Windows 或非 Windows 操作系统,包括个人操作系统,例如 Windows 9x、Windows ME、Windows XP、Windows 7 和 Windows 10 等。

在整个 Windows 网络操作系统中最为成功的还是 Windows NT 4.0 这一套系统,它几乎成为中、小型企业局域网的标准操作系统,一则是它继承了 Windows 家族统一的界面,使用户学习、使用起来更加容易。再则它的功能也的确比较强大,基本上能满足所有中、小型企业的各项网络需求。虽然相比 Windows 2000/Server 2003/Server 2008/Server 2012 系统来说在功能上要逊色许多,但它对服务器的硬件配置要求要低许多,可以更大程度上满足许多中、小企业的 PC 服务器配置需求。

2) NetWare 类

NetWare 操作系统虽然远不如早些年那么风光,在局域网中早已失去了当年雄霸一方的气势,但是 NetWare 操作系统仍以对网络硬件的要求较低(工作站只要是 286 机就可以了)而受到一些设备比较落后的中、小型企业,特别是学校的青睐。人们一时还忘不了它在无盘工作站组建方面的优势,也忘不了它毫无过分需求的大度。且因为它兼容 DOS 命令,其应用环境与 DOS 相似,经过长时间的发展,具有相当丰富的应用软件支持,技术完善、可靠。NetWare 操作系统常用的版本有 3.11、3.12、4.10、4.11、5.0 等中英文版本,NetWare 服务器对无盘站和游戏的支持较好,常用于教学网络和游戏厅。目前这种操作系统的市场占有率呈下降趋势,这部分的市场主要被 Windows 和 Linux 系统瓜分了。

3) UNIX 系统

UNIX 系统由 AT&T 和 SCO 公司推出,目前常用的版本主要有 UNIX SUR4.0、HP-UX 11.0、SUN 的 Solaris8.0 等。UNIX 系统支持网络文件系统服务,提供数据等应用,其功能强大。UNIX 系统稳定和安全性能非常好,但由于它多数是以命令方式来进行操作的,不容易掌握,特别是初级用户。正因如此,小型局域网基本不使用 UNIX 作为网络操作系统,UNIX 一般用于大型的网站或大型的企事业局域网中。

UNIX 网络操作系统历史悠久,其良好的网络管理功能已为广大网络用户所接受,拥有丰富的应用软件的支持。UNIX 本是针对小型机主机环境开发的操作系统,是一种集中式分时多用户体系结构。因其体系结构不够合理，UNIX 的市场占有率呈下降趋势。

4）Linux

Linux 是一种新型的网络操作系统，它的最大特点就是源代码开放，用户可免费得到许多应用程序。Linux 目前也有中文版本的，如 Redhat、红旗 Linux 等。这些中文版本在国内得到了用户充分的肯定，主要体现在它的安全性和稳定性方面。Linux 与 Unix 有许多类似之处。但目前这类操作系统主要应用于中、高档服务器中。

总的来说，每一类操作系统都有适合于自己的工作场合，这就是系统对特定计算环境的支持。例如，Windows 2000/XP/7 Professional 适用于桌面计算机，Linux 目前较适用于小型的网络，而 Windows 2000/2003/2008 Server 和 UNIX 则适用于大型服务器应用程序。因此，对于不同的网络应用，需要我们有目的地选择合适的网络操作系统。

▶ 3. Windows server 2008 R2 简介

Windows Server 2008 R2 是一款服务器操作系统。与 2008 年 1 月发布的 Windows Server 2008 相比，Windows Server 2008 R2 继续提升了虚拟化、系统管理弹性、网络存取方式，以及信息安全等领域的应用，其中有不少功能需搭配 Windows 7 一起实现。Windows Server 2008 R2 是第一个只提供 64bit 版本的服务器操作系统。

Windows Server 2008 R2 有 7 个版本，其中标准版、企业版和基础版这 3 个是核心版本，数据中心版、Web 版、HPC（高性能计算）版和安装版这 4 个是特定用途版本。Windows Server 2008 R2 的 7 个版本简介如表 5-1 所示。

表 5-1　Windows Server 2008 R2 的 7 个版本

| 版 本 名 称 | 版 本 简 介 |
| --- | --- |
| Windows Server 2008 R2(基础版) | 是一种成本低廉的项目级工具，用于支持小型业务 |
| Windows Server 2008 R2(标准版) | 是下一版本发布前最强大的 Windows 服务器操作系统 |
| Windows Server 2008 R2(企业版) | 是高级服务器平台，为重要应用提供了一种成本较低的高可靠性支持 |
| Windows Server 2008 R2(数据中心版) | 是一个企业级平台 |
| Windows Server 2008 R2 Web(Web 版) | 是强大的 Web 应用程序和服务平台 |
| Windows HPC Server 2008(R2)(HPC 版) | 高性能计算（HPC）机的下一版本，为高效率的 HPC 环境提供了企业级的工具 |
| Windows Server 2008R2 for Itanium-based System(安装版) | 一个企业级的平台，可以用于部署关键业务的应用程序 |

Windows Server 2008 R2 具有以下特色：

（1）Hyper-V 2.0：虚拟化的功能与可用性更完备。

（2）Remote Desktop Services：提升桌面与应用程序的虚拟化功能。

（3）DirectAccess：提供更方便且更安全的远程联机通道。

（4）BranchCache：加快分公司之间档案存取的新方法。

（5）URL-based QoS：企业可进一步控管网页存取的频宽。

（6）Bitlocker to Go：支持可移除式储存装置加密。

（7）Applocker：对 PC 端的应用程序管控度更高。

## 5.2　WWW 服务

▶ 1. WWW 简介

WWW 是 World Wide Web 的缩写,也可以简称为 Web,中文名字为"万维网"。WWW 服务或 Web 服务采用浏览器/服务器(Browser/Server),即 B/S 工作模式,由浏览器、Web 服务器和超文本传输协议这 3 个部分组成。在 Internet 上有数以千万计的 Web 服务器,以 Web 页的形式保存了各种各样丰富的信息资源。用户通过客户端的浏览器程序如 IE,向 Web 服务器提出请求,Web 服务器将请求的 Web 页发送给浏览器,浏览器将接收到的 Web 页以一定的格式显示给用户,浏览器和 Web 服务器之间使用 HTTP 协议进行通信。

▶ 2. WWW 服务器

WWW 服务器上存放着网络资源,这些信息通常以网页的方式进行组织,网页中还包括指向其他页面的超链接,即利用超链接可以将服务器上的页面与互联网上的其他服务器进行关联,把页面的链接整合在一个页面,方便用户查看相关的页面。

WWW 服务器不单存储大量的网页信息,而且需要接收和处理浏览器(即 WWW 客户机的应用程序)的请求,实现相互的通信。一般情况,当 WWW 服务器工作时,它会持续在 TCP 的 80 端口侦听来自浏览器的连接请求,当接收到浏览器的请求信息后,会针对请求在服务器中获取 Web 页面,把 Web 页面返回给客户机的浏览器。

▶ 3. WWW 客户机

WWW 客户机程序称为浏览器,它是用来浏览服务器中 Web 页面的软件。当用户想进入万维网上一个网页,或者其他网络资源的时候,通常会先打开电脑的浏览器(如 IE 或 Opera 等),在浏览器的地址栏上键入想访问的网页地址,或者通过单击已打开网页中的超链接而连接到某个网页或网络资源,接着浏览器会通过 HTTP 通信协议把用户的请求发送给某个 WWW 服务器。服务器在处理用户的请求后会返回 Web 页面给浏览器,网络浏览器接下来的工作是把接收到的 Web 页面中的内容解析后显示给用户,这些就构成了所看到的"网页"。

▶ 4. URL

Internet 上的信息资源分布在各个 Web 站点,要找到所需信息就必须有一种确定信息资源位置的方法,这种方法就是 URL(Uniform Resource Locator,统一资源定位符)。

URL 一般的格式是:protocol://hostname[:port]。其中 protocol(协议)是指使用的传输协议,目前 WWW 中应用最广的协议是 HTTP 协议;hostname 是指域名,指存放在域名服务器中的主机名或者 IP 地址;port(端口号)可选,省略时是指使用传输协议的默认端口,如 HTTP 协议的默认端口是 80,如果使用的是非默认端口,那么 URL 中不能省略端口号这一项。例如 http:/192.168.0.11:8080/就是一个 URL,在浏览器中输入这个 URL,可以打开对应的网页。

▶ 5. Web 的工作原理

Web 服务器的工作原理并不复杂，一般可以分成如下 4 个步骤：连接到服务器、发送请求、发送响应以及关闭连接，如图 5-1 所示。

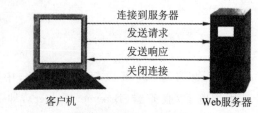

图 5-1　Web 服务器的工作过程

下面对这 4 个步骤作一个简单的介绍。

（1）连接到服务器：就是 Web 服务器和其浏览器之间所建立起来的一种连接。如果想查看连接过程是否实现，用户可以找到和打开 socket 这个虚拟文件，这个文件的建立意味着连接过程这一步骤已经成功建立。

（2）发送请求：就是 Web 的浏览器运用 socket 这个文件向其服务器提出各种请求。

（3）发送响应：就是运用 HTTP 协议把所提出来的请求传输到 Web 的服务器，进而实施任务处理，然后运用 HTTP 协议把任务处理的结果传输到 Web 的浏览器，同时在 Web 的浏览器上面展示所请求的页面。

（4）关闭连接：就是当上一个步骤——应答过程完成以后，Web 服务器和其浏览器之间断开连接的过程。

Web 服务器上述 4 个步骤环环相扣，紧密相连，逻辑性比较强，可以支持多个进程、多个进程以及多个进程与多个线程相混合的技术。

## 5.3　FTP 服务

▶ 1. FTP 的基本概念

FTP(File Transfer Protocol，文件传输协议)是一种传输控制协议，和 HTTP 协议类似，它也是一个面向连接的协议，它用两个端口 20 和 21 进行工作，这两个端口一个用于进行传输数据文件，一个用于控制信息的传输。FTP 可以根据服务器的权限设置（需要用户名和密码）让用户进行登录或者匿名登录。把遵守 FTP 协议且用于传输文件的应用程序称为 FTP 客户端软件，常用的 FTP 客户端软件主要有 CuteFTP 和 WS-FTP 等。在 FTP 的使用当中，可以上传或者下载文件，下载文件就是从远程服务器复制文件至自己的本地计算机上，上传文件就是将文件从本地计算机中复制至远程 FTP 服务器上。

▶ 2. FTP 服务器

FTP 服务器(File Transfer Protocol Server)是在互联网上提供文件存储和访问服务的计算机，它依照 FTP 提供服务。简单地说，支持 FTP 的服务器就是 FP 服务器。与大多数 Internet 服务一样，FTP 也是一个客户机/服务器系统。用户通过一个支持 FTP 的客户端程序(微软的 IE 浏览器将 FTP 功能集成到浏览器中,因此可以直接通过浏览器访问 FTP 服务器),连接到在远程主机上的 FTP 服务器程序。用户通过客户机程序向 FTP 服务器程序发出命令,服务器程序执行用户所发出的命令,并将执行的结果返回到客户机。比如说,用户通过 FTP 客户端程序或者浏览器发出一条请求数据的命令,要求 FTP 服务器向用户传送某一个文件,服务器会响应这个请求,将指定文件送至用户的机器上,客户机程序代表用户接收到这个文件,将其存放在用户目录中。

▶ 3. FTP 的工作原理

FTP 有两种模式,一种叫"主动 FTP",另一种叫"被动 FTP"。

(1) 主动 FTP 模式:如图 5-2 所示,主动 FTP 实际上是经过两次 TCP 会话中的各三次握手完成的,数据最终在 20 号端口上进行传送。这两次 TCP 会话中的各三次握手,一次是由客户机主动发起到 FTP 服务器连接,FTP 客户端以大于等于 1024 的源端口向 FTP 服务器的 21 号端口发起连接。一次是 FTP 服务器主动发起到客户端的连接,服务器使用源端口号 20 主动向客户机发起连接。可以把服务器发起到客户端的连接看成是一个服务器主动连接客户端一个新的 TCP 会话,会话的初始方是 FTP 服务器。

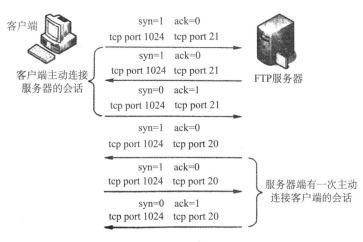

图 5-2 主动 FTP 模式

(2) 被动 FTP 模式:如图 5-3 所示,只有一次 TCP 会话的三次握手,是 FTP 客户端主动发起到服务器的连接。它与主动 FTP 的区别在于,服务器不主动发起对客户端的 TCP 连接,FTP 的消息控制与数据传送使用了同一个端口(21 号端口)。

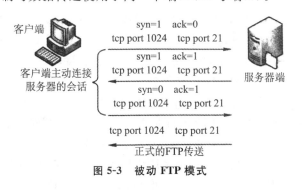

图 5-3 被动 FTP 模式

## 5.4 DHCP 服务

▶ 1. DHCP 的基本概念

DHCP(Dynamic Host Configuration Protocol,动态主机配置协议)是一个局域网的网络协议,主要作用是集中管理和分配 IP 地址,使网络中的主机能动态地获得 IP 地址、网关和 DNS 服务器地址等信息,减少管理地址配置的复杂性,从而提升效率。DHCP 分为服务器端和客户端,DHCP 服务器负责管理网络中的 IP 地址,处理客户端的 DHCP 请求,它能够从预先设置的 IP 地址池中自动给客户端分配 IP 地址,不仅能够解决 IP 地址冲突的问题,也能及时回收 IP 地址以提高 IP 地址的利用率;客户端则会通过网络向 DHCP 服务器发出请求从而自动进行 TCP/IP 服务的配置,包括 IP 地址、子网掩码、网关,以及 DNS 服务器地址等。

▶ 2. DHCP 的工作原理

DHCP 的工作流程可以分为 4 步,如图 5-4 所示。

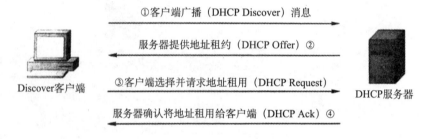

图 5-4　DHCP 的工作流程

(1) DHCP 客户端广播 DHCP Discover 信息。当 DHCP 客户端第一次登录网络的时候,会发现本机上没有设置 IP 地址等信息,会向网络广播一个 DHCP Discover 数据报,进行 DHCP 服务的请求。

(2) DHCP 服务器提供地址租约(DHCP Offer)。广播域中所有的 DHCP 服务器都能够接收到 DHCP 客户端发送的 DHCP Discover 报文,所有的 DHCP 服务器都会从 IP 地址池中还没有租出去的地址范围内,选择最靠前的空闲 IP 地址,连同其他信息打包成 DHCP Offer 数据包发回给 DHCP 客户端。

(3) DHCP 客户端选择并请求地址租用(DHCP Request)。DHCP 客户端可能收到了很多的 DHCP Offer 数据报,但它只能处理其中的一个 DHCP Offer 报文,一般的原则是 DHCP 客户端处理最先收到的 DHCP Offer 报文,然后会发出一个广播的 DHCP Request 报文,在选项字段中会加入选中的 DHCP 服务器的 IP 地址和需要的 IP 地址。

(4) DHCP 服务器确认将地址租用给客户端(DHCP Ack)。DHCP 服务器收到 DHCP Request 报文后,判断选项字段中的 IP 地址是否与自己的地址相同。如果不相同,DHCP 服务器不做任何处理只清除相应 IP 地址分配记录;如果相同,DHCP 服务器就会向 DHCP 客户端响应一个 DHCP Ack 报文,并在选项字段中增加 IP 地址的使用租期信息。

DHCP 客户端在成功获取 IP 地址后,随时可以通过发送 DHCP Release 报文释放自己的 IP 地址,DHCP 服务器收到 DHCP Release 报文后,会回收相应的 IP 地址并重新分配。DHCP 客户端可在 DOS 界面中使用 ipconfig/release 命令释放自己的 IP 地址,使用 ipconfig/renew 命令重新获取 IP 地址。

# 5.5 DNS 服务

▶ 1. DNS 的基本概念

DNS(Domain Name System)是指域名系统。在网络中,每个设备都必须有一个唯一的 IP 地址。如果要访问某一台 Web 服务器,那么就要提前知道这台服务器的 IP 地址,如 192.168.0.10。但是 IP 地址太抽象,不易记忆,所以人们发明了一种符号化的地址方案来标识网络上的计算机,就是用容易记忆的英文和数字等字符来表示,中间用下圆点隔开,称域名,如百度的域名地址是 www.baidu.com。

在 Internet 上域名与 IP 地址之间是一对一(或者多对一)的,域名虽然便于人们记忆,但机器之间只能互相认识 IP 地址,它们之间的转换工作称为域名解析,域名解析需要由专门的域名解析服务器来完成,DNS 服务器就承担了域名解析的功能,域名最终指向的是 IP。我们在浏览器中输入一个域名(如 www.cjxy.edu.cn)后,有一台 DNS 服务器会帮助我们把域名翻译成计算机能够识别的 IP 地址,因此我们就能够访问到这个网站了。

▶ 2. DNS 的工作原理

DNS 查询可以用各种不同的方式进行解析。客户机有时也可通过使用从以前查询获得的缓存信息就地应答查询。DNS 服务器可使用其自身的资源记录(缓存信息)来应答查询。也可代表所请求的客户机来查询或联系其他 DNS 服务器,以完全解析该名称,并随后将应答返回至客户机,这个过程称为递归。

另外,客户机自己也可尝试联系其他 DNS 服务器来解析名称。如果客户机这么做,它会使用基于服务器应答的独立和附加的查询,该过程称为迭代,即 DNS 服务器之间的交互查询就是迭代查询。

DNS 的查询过程如图 5-5 所示,其具体步骤如下:

1) 在浏览器中输入域名(如 www.baidu.com)后,操作系统会先检查自己本地的 hosts 文件是否有这个网址映射关系,如果有,就先调用这个 IP 地址映射,完成域名解析。

2) 如果 hosts 文件里没有这个域名的映射,则查找本地 DNS 缓存,是否有这个网址映射关系,如果有,直接返回,完成域名解析。

3) 如果 hosts 文件与本地 DNS 缓存都没有相应的网址映射关系,首先会找 TCP/IP 参数中设置的首选 DNS 服务器,此服务器收到查询时,如果要查询的域名,包含在服务器的资源中,则返回解析结果给客户机,完成域名解析。

4) 如果首选 DNS 服务器解析失败,则看首选 DNS 服务器是否设置转发器;如果未用转发模式,首选 DNS 就把请求发至 13 台根 DNS,根 DNS 服务器收到请求后会判断这个域名(.com)是谁来授权管理,并会返回一个负责该顶级域名服务器的一个 IP。

5) 首选 DNS 服务器收到 IP 信息后,将会联系负责 .com 域的这台服务器。这台负责 .com

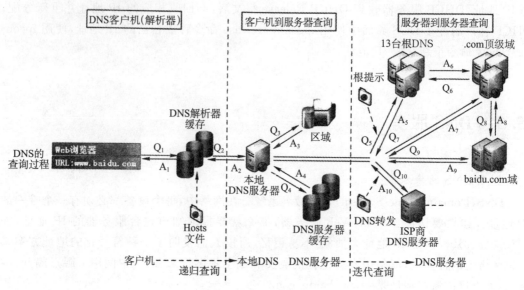

图 5-5 DNS 的解析过程

域的服务器收到请求后，如果自己无法解析，它就会找一个管理 .com 域的下一级 DNS 服务器地址（baidu.com）后将其给首选 DNS 服务器。当首选 DNS 服务器收到这个地址后就会找 baidu.com 域服务器，重复上面的动作，进行查询，直至找到 www.baidu.com 主机。

6）如果用的是转发模式，此首选 DNS 服务器就会把请求转发至上一级 DNS 服务器，由上一级服务器进行解析，上一级服务器如果不能解析，或找根 DNS 或把请求转至上上级，依此类推。不管首选 DNS 服务器是否设置了转发模式，也不管是通过什么方式解析获得 IP 地址，最后都是把结果返回给首选 DNS 服务器，由首选 DNS 服务器再返回给客户机。

通过一系列的过程，最终客户机会获得域名解析后对应的 IP 地址，从而通过 IP 地址访问目标主机。

## 项目实施

## 任务 1　安装 Windows Server 2008 R2 操作系统

**任务目标：**

（1）掌握使用 VMware Workstation V12 软件创建虚拟机的方法。

（2）学会在虚拟机环境下配置服务器硬件的方法。

（3）掌握 Windows Server 2008 R2 操作系统的启动和安装步骤。

**技能要求：**

（1）能够独立地安装 Windows Server 2008 R2 操作系统。

（2）能够完成 Windows Server 2008 R2 系统的初始配置。

**操作过程：**

▶ 1. 材料及工具准备。

服务器、VMware Workstation V12、Windows Server 2008 R2 操作系统安装盘。

▶ 2. 安装软件

（1）设置光盘启动。将系统光盘放入光驱，重启计算机后，进入安装 Windows 对话框，单击"下一步"按钮，如图 5-6 所示。

图 5-6　系统安装对话框

（2）在弹出的"安装 Windows"对话框中单击"现在安装"，如图 5-7 所示。

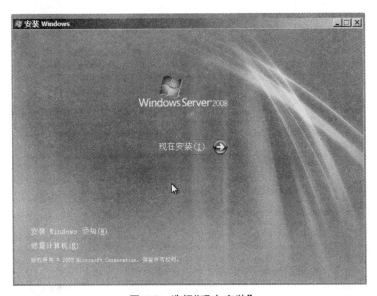

图 5-7　选择"现在安装"

（3）Windows Server 2008 R2 操作系统有多个系统版本，在"操作系统"列表中选择 Windows Server 2008R2 Enterprise（完全安装）后（如图 5-8 所示），单击"下一步"按钮。

（4）在"请阅读许可条款"中选中"我接受许可条款"复选框后（如图 5-9 所示），单击"下一步"按钮。

（5）选择"自定义（高级）"类型的安装，如图 5-10 所示。

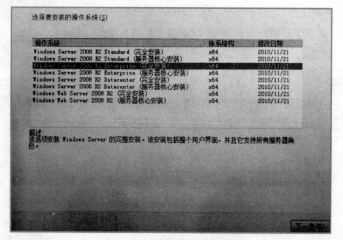

图 5-8　选择要安装的版本

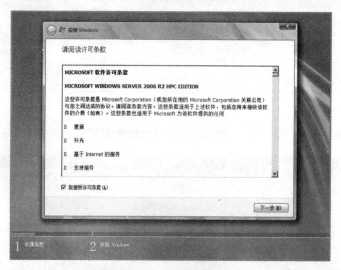

图 5-9　许可条款

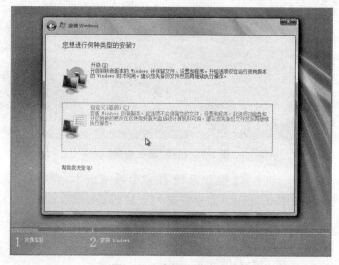

图 5-10　选择安装类型

（6）在"您想将 Windows 安装在何处？"中选择"驱动器选项（高级）"，如图 5-11 所示。

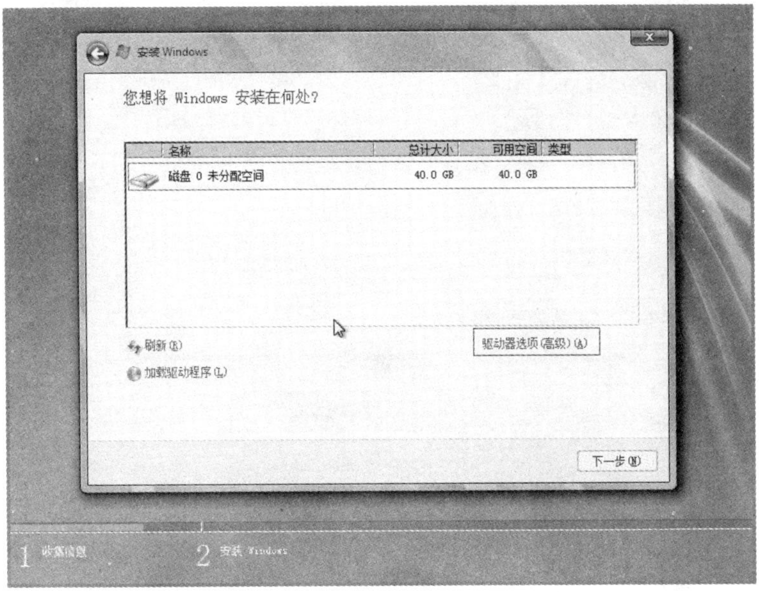

**图 5-11　"您想将 Windows 安装在何处？"对话框**

（7）单击"新建"按钮以便创建分区，如图 5-12 所示。

**图 5-12　单击"新建"**

（8）输入分区大小的值，单击"确定"按钮后，再单击"下一步"按钮，如图 5-13 所示。

（9）显示"正在安装 Windows …"对话框，开始复制文件并安装 Windows，如图 5-14 所示。

（10）安装完成后，第一次登录会要求用户更改密码（如图 5-15 所示），密码要求满足复杂性要求，即包含大写字母、小写字母、数字和标点符号，要求满足其中 3 个条件。

图 5-13　新建分区

图 5-14　"正在安装 Windows…"对话框

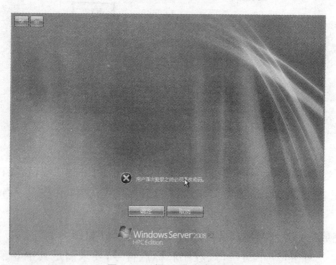

图 5-15　提示更改密码

（11）按要求输入密码后即可登录到 Windows Server 2008 R2 系统，如图 5-16 所示，至此，Windows Server 2008 R2 系统安装完成。

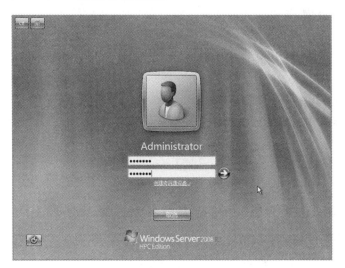

图 5-16　修改密码

**任务小结：**

以上介绍了服务器 Windows Server 2008 R2 操作系统的安装过程。当安装过程完成后，接下来我们将使用系统安装完成后的初始环境，搭建各种不同的应用服务器。

# 任务 2　搭建 Web 服务器

**任务目标：**

（1）掌握 Web 服务器的安装与配置过程。

（2）掌握在 Web 服务器上创建 Web 站点的方法。

**技能要求：**

（1）能够在 Windows Server 2008 R2 操作系统环境安装 IIS 服务。

（2）能够测试 IIS 服务是否正常启动。

（3）能够在 Web 服务器上创建 Web 站点，并完成测试。

**操作过程：**

▶ 1. 材料及工具准备。

装有 Windows Server 2008 R2 操作系统的服务器 1 台，交换机 1 台，客户机 1 台。网络拓扑结构如图 5-17 所示。

Web服务器　　　　　　交换机　　　　　　客户机

**图 5-17　搭建 Web 服务器网络拓扑结构图**

▶ 2. 配置网络参数。

把服务器和客户机设置为同一个网段，设置如下：

服务器 IP:192.168.0.11,子网掩码:255.255.255.0

客户机 IP:192.168.0.10,子网掩码:255.255.255.0

如果需要连接外网,就设置相同的默认网关和 DNS 地址。

▶ 3. 安装 IIS

Windows 操作系统都内置有 IIS 服务,只是版本会各不相同,其中 Windows Server 2008 R2 内置的是 IIS 7.0,操作系统安装好了之后,没有默认安装 IIS 服务,需要用户根据自己的需要手动安装,其安装步骤如下:

(1) 在服务器操作系统的任务栏中启动服务器管理器,如图 5-18 所示。

**图 5-18　启动服务器管理器**

(2) 在对话框中,选择"角色",再选择"添加角色"命令,如图 5-19 所示。

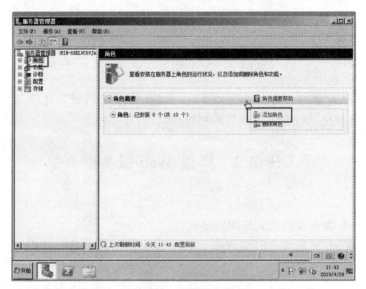

**图 5-19　服务器管理**

(3) 在"添加角色向导"的对话框中,选择"Web 服务器(IIS)"复选框,如图 5-20 所示。

(4) 在"选择角色服务"对话框,选择"常见 HTTP 功能""应用程序开发"及"健康和诊断"复选框,然后单击"下一步"按钮,如图 5-21 所示。按照默认步骤即可完成 IIS 的安装。

▶ 4. 测试 IIS

在客户机或者服务器中打开浏览器,输入服务器的 IP 地址(http://192.168.0.11),如果能够看到图 5-22 所示的页面,说明 IIS 服务安装成功。

▶ 5. 新建 Web 网站

(1) 将 IIS 服务安装好了之后,会默认安装好 IIS 管理器,并默认创建了一个站点"Default Web site";选择"开始"→"管理工具"→"Internet 信息服务(IIS)管理器"(见图 5-23),打开 IIS 管理器操作窗口,如图 5-24 所示。

(2) 右击任务窗格中的"网站"(图 5-25),在其下拉菜单中选择"添加网站",弹出"添加网站"对话框。设置"网站名称"为"myweb"、"内容目录"为"物理路径"(此示例把网站放在

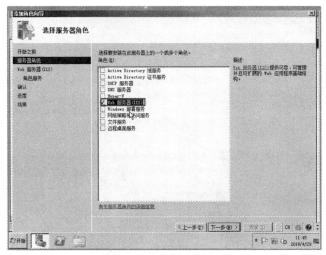

图 5-20 选择服务器角色

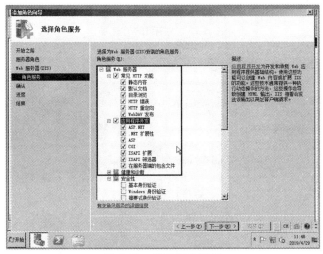

图 5-21 选择角色服务

图 5-22 测试 IIS 的安装

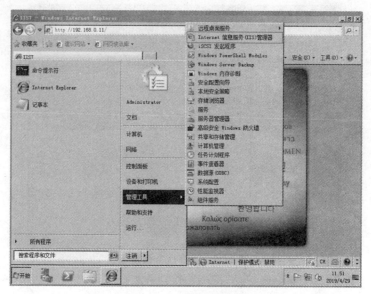

图 5-23  打开 IIS 管理器

图 5-24  "Internet 信息服务(IIS)管理器"窗口

E 盘的 myweb 文件夹中，网站首页命名为 index. html）、网站的"IP 地址"为 192. 168. 0. 11，"端口号"（默认的端口号是 80，因此端口已被"Default Web Site"这个网站绑定）为"8080"，最后单击"确定"按钮，如图 5-25 所示。

建好后的 myweb 网站如图 5-26 所示。

▶ 6. 客户机测试

Web 网站测试新建网站是否可以访问的步骤是：在客户机中打开浏览器，输入网址 http://192.168.0.11：8080/（即服务器的 IP 地址，因为此网站端口号不是默认的 80，所以需要在网址后面加上端口号 8080），测试结果如图 5-27 所示。

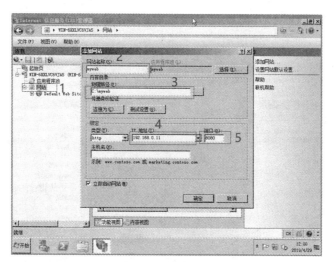

图 5-25　新建网站

图 5-26　建好的 myweb 网站

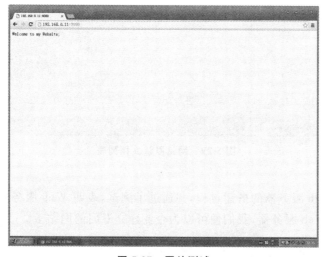

图 5-27　网站测试

如果无法打开新建的网站，需要检查网站的配置，通常需要查看此网页的名称是否在"默认文档"的列表中，如图 5-28 所示。

图 5-28　选择网站默认文档

单击"默认文档"图标，查看默认文档列表，根据网页类型把网站首页的名称改为"名称"列表中的某一个名称即可，图 5-29 所示为默认文档列表。

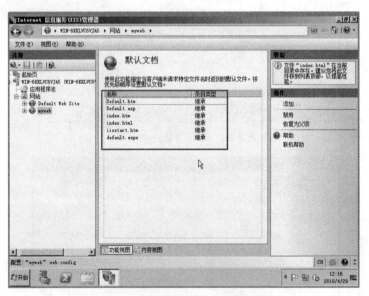

图 5-29　网站默认文档列表

**任务小结：**

以上完成了 Web 服务器的搭建过程，并通过了测试，表明 Web 服务器的安装过程是正确的，有了专用的 Web 服务器，我们便可以为企业建立专门的网站了。

# 任务3  搭建 FTP 服务器

**任务目标:**

(1) 掌握 FTP 服务器的主要参数的设置及作用。

(2) 掌握 FTP 服务器的配置和管理。

**技能要求:**

(1) 学会用 IIS 配置 FTP 服务器。

(2) 能正确测试 FTP 服务器功能。

**操作过程:**

▶ 1. 材料及工具准备。

装有 Windows Server 2008 R2 操作系统的服务器 1 台,交换机 1 台,客户机 1 台。网络拓扑结构如图 5-30 所示。

图 5-30  搭建 FTP 服务器网络拓扑结构图

▶ 2. 配置网络参数。

把服务器和客户机设置为同一个网段,设置如下:

服务器 IP:192.168.0.11,子网掩码:255.255.255.0

客户机 IP:192.168.0.10,子网掩码:255.255.255.0

如果需要连接外网,就设置相同的默认网关和 DNS 地址。

▶ 3. 安装 FTP 服务。

(1) Windows Server 2008 R2 中的 IIS 服务有内置的 FTP 服务模块,由于 FTP 服务不是默认安装的组件,需要用户根据需要手动安装。在"服务器管理器"对话框中选择"角色"→"Web 服务器(IIS)"→"添加角色服务",如图 5-31 所示。

(2) 在弹出的"添加角色服务"对话框中,选中"FTP 服务器"及其下面的"FTP Service"和"FTP 扩展"复选框后单击"下一步"按钮即可,如图 5-32 所示。

▶ 4. 配置 FTP 服务

(1) 安装好了 FTP 服务器后,需要创建 FTP 站点。选择"开始"→"管理工具"→"Internet 信息服务(IIS)管理器",在打开的"Internet 信息服务(IIS)管理器"对话框中右击"网站",选择"添加 FTP 站点",如图 5-33 所示。

(2) 设置 FTP 站点名称,并选择 FTP 站点的物理路径,即 FTP 服务器资源存放的文件夹位置,如图 5-34 所示。

(3) 设置 FTP 站点的地址和端口,一般都是绑定服务器的 IP,默认"端口"为"21","SSL"中选中"无"单选按钮,如图 5-35 所示。

(4) 设置身份验证和授权信息。选择"身份验证"为"匿名"或者是"基本"。如果选择"匿名"则允许任何用户访问 FTP 服务器,若使用"基本"身份验证,则需要输入有效的用户

图 5-31 "服务器管理器"对话框

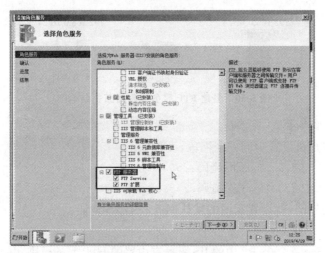

图 5-32 添加角色服务

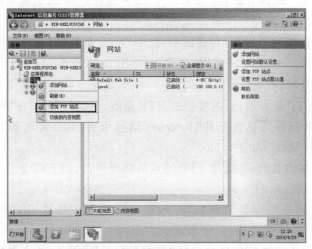

图 5-33 选择"添加 FTP 站点…"

图 5-34 设置站点信息

图 5-35 绑定和 SSL 设置

名和密码并且通过服务器验证后才有权限访问 FTP 服务器。本任务选择"基本"身份验证，"指定用户 user"才能访问 FTP 站点，并具有"读取"和"写入"的权限（即可以下载和上传资源），单击"完成"按钮即可，如图 5-36 所示。

（5）添加用户。FTP 服务器中设置了"基本"身份验证，只允许用户 user 访问，因此需要在服务器中添加用户。在"服务器管理器"窗口中，选择"配置"→"本地用户和组"，右击"用户"并选择"新用户"命令，如图 5-37 所示。

在弹出的"新用户"的对话框中，输入用户名和密码，并确认密码。单击"创建"按钮即可，如图 5-38 所示。

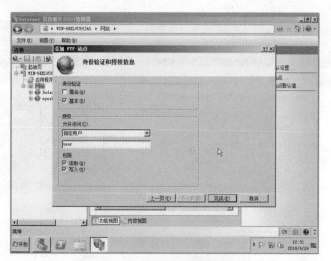

图 5-36　设置身份验证和授权信息

图 5-37　添加新用户

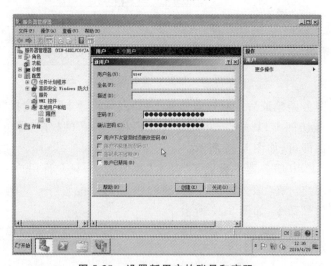

图 5-38　设置新用户的账号和密码

▶ 5. 测试 FTP 服务

添加了 FTP 站点和创建了新的用户之后，在客户机的资源管理器地址栏中输入 ftp://192.168.0.11 以访问 FTP 站点，在弹出的"登录身份"对话框中，输入用户名和密码，然后单击"登录"按钮，如图 5-39 所示。

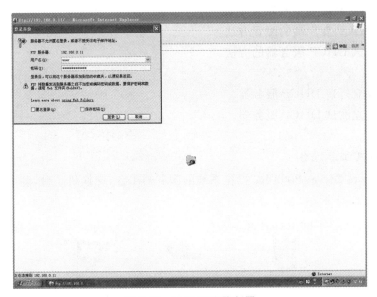

**图 5-39　登录 FTP 服务器**

如果能够进入图 5-40 所示的页面，即能访问到 FTP 服务器，证明已成功搭建了 FTP 服务器。

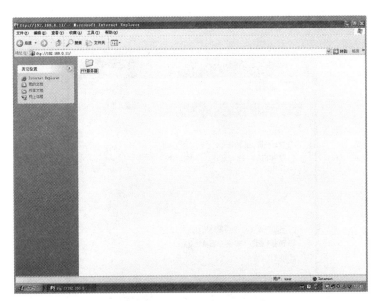

**图 5-40　FTP 服务器登录成功**

**任务小结：**

本任务让我们亲身体验了 FTP 服务器的搭建过程，该并且通过测试验证了 FTP 服务器的功能是否正常，这有助于我们加深对 FTP 服务器工作原理的理解。

## 任务 4　搭建 DHCP 服务器

**任务目标：**

（1）掌握 DHCP 服务器的配置方法。

（2）掌握 DHCP 客户端的配置方法。

（3）掌握测试 DHCP 服务器的方法。

**技能要求：**

（1）能够独立搭建 DHCP 服务器。

（2）能够独立测试 DHCP 服务器。

**操作过程：**

▶ 1. 材料及工具准备

装有 Windows Server 2008 R2 操作系统的服务器 1 台，交换机 1 台，客户机 1 台。网络拓扑结构图如图 5-41 所示。

192.168.0.11/24

DHCP服务器　　　　交换机　　　　客户机

**图 5-41　搭建 DHCP 服务器网络拓扑结构图**

▶ 2. 配置网络参数

DHCP 服务器：IP 地址为 192.168.0.11，子网掩码为 255.255.255.0，不用设置网关。

DHCP 客户机：设置为"自动获取 IP 地址"和"自动获取 DNS 服务器地址"，如图 5-42 所示。

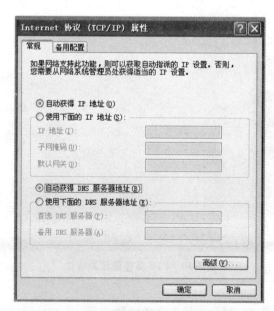

**图 5-42　客户机设置自动获取网络参数**

▶ 3. 在服务器中安装 DHCP 服务

(1) Windows Server 2008 R2 系统中，默认是没有安装 DHCP 服务的，用户需要手动安装。打开"服务器管理器"对话框，选择"角色"→"添加角色"，如图 5-43 所示。

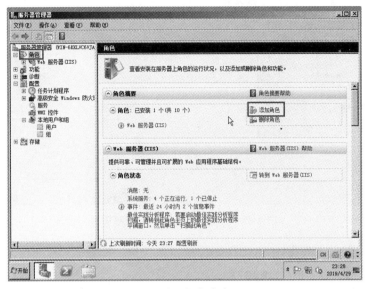

图 5-43　添加角色

(2) 在弹出的"选择服务器角色"对话框中选择"DHCP 服务器"选项，如图 5-44 所示。

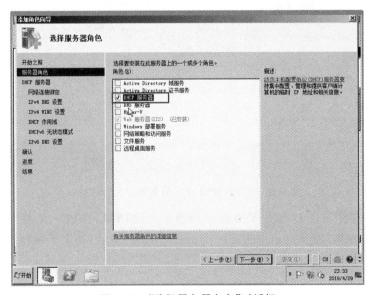

图 5-44　"选择服务器角色"对话框

(3) 在"选择网络连接绑定"对话框中，按照默认选项即可，选择的 IP 地址即为服务器设置的 IP 地址，如图 5-45 所示。

(4) 在"指定 IPv4 DNS 服务器设置"对话框中，设置父域的名称、首选 DNS 服务器的 IPv4 地址和备用 DNS 服务器 IPv4 地址，如图 5-46 所示。

(5) 在"添加或编辑 DHCP 作用域"对话框中，先单击"添加"按钮，弹出"添加作用域"对

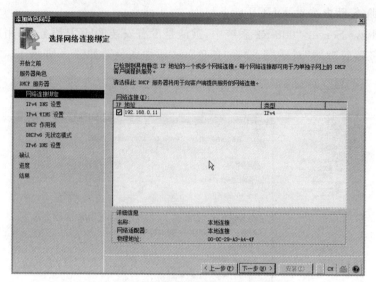

图 5-45 "选择网络连接绑定"对话框

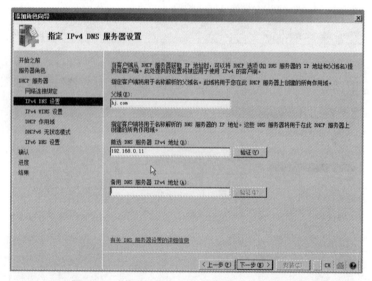

图 5-46 "指定 IPv4 DNS 服务器设置"对话框

话框，此对话框主要是在 DHCP 服务器中创建一个作用域，存放一定范围的 IP 地址；当 DHCP 客户端请求时，就从此范围指定一个未租用的 IP 地址，加上子网掩码和默认网关等一起分配给客户端。最后依次单击"确定"和"下一步"按钮，即可完成 DHCP 服务的安装，如图 5-47 所示。

▶ 4. 在客户端中测试 DHCP 服务

在网络参数配置的时候，已把 DHCP 客户端（即物理主机）的 TCP/IP 参数设置为"自动获取 IP 地址"和"自动获取 DNS 服务器地址"，因此，只需要查看客户端是否能从 DHCP 服务器正确获取 IP 地址等参数，就可以判断 DHCP 服务是否正常。

（1）选择"开始"→"运行"，打开"运行"对话框，输入命令"cmd"，单击"确定"按钮，如图 5-48 所示。

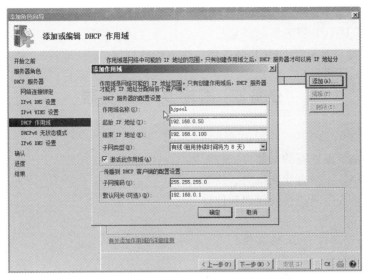

图 5-47　"添加或编辑 DHCP 作用域"对话框

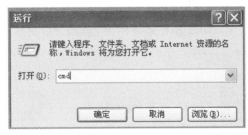

图 5-48　"运行"对话框

（2）在 DOS 界面中输入命令"ipconfig/all"查看网络参数，如图 5-49 所示。结果显示 DHCP 客户端成功从 DHCP 服务器中获取了 IP 地址、子网掩码和默认网关等参数，说明 DHCP 服务器已配置成功。

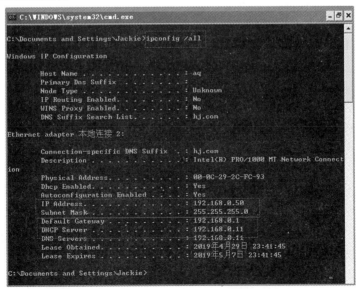

图 5-49　验证 DHCP 服务

任务小结：

以上完成了 DHCP 服务器的搭建过程,并且通过测试验证了 DHCP 服务器的功能是否正常,这有助于我们加深对 DHCP 服务器工作原理的理解。

# 任务5　搭建 DNS 服务器

**任务目标：**

(1) 掌握 DNS 服务器的安装方法与配置。

(2) 了解 DNS 正向查找和反向查找的功能。

(3) 掌握 DNS 资源记录的规划和创建方法。

**技能要求：**

(1) 能够独立搭建 DNS 服务器。

(2) 能够测试 DNS 服务器的工作状态。

**操作过程：**

▶ 1. 材料及工具准备

装有 Windows Server 2008 R2 操作系统的服务器 1 台,交换机 1 台,客户机 1 台。网络拓扑结构如图 5-50 所示。

图 5-50　搭建 DNS 服务器网络拓扑结构

▶ 2. 配置网络参数

把服务器和客户机设置为同一个网段,设置如下：

服务器 IP：192.168.0.11,子网掩码：255.255.255.0

客户机 IP：192.168.0.10,子网掩码：255.255.255.0

▶ 3. 安装 DNS 服务器

Windows Server 2008 R2 系统中,默认是没有安装 DNS 服务的,需要用户手动安装,具体的安装步骤如下：

(1) 选择"开始"→"管理工具"→"服务器管理器",在弹出的"服务器管理器"对话框中,单击"角色"→"添加角色",打开"添加角色向导"对话框,如图 5-51 所示。

(2) 单击"下一步"按钮,然后在"选择服务器角色"对话框中,选择"DNS 服务器"选项,如图 5-52 所示。

(3) 继续按照默认的选项进行操作,即可完成"DNS 服务器"的安装。

▶ 4. 创建区域

DNS 区域分为两类：正向查找区域和反向查找区域,其中正向查找区域用于从域名到 IP 地址的映射,当 DNS 服务器收到 DNS 客户端请求以解析某个域名时,就会在正向查询区域中查找,并把查找到的域名对应的 IP 地址返回给 DNS 客户端；反向查找区域用于从 IP 地址到域名的映,即可以通过 IP 地址查找到相应的域名,并将其返回给 DNS 客户端。本实

图 5-51　添加角色

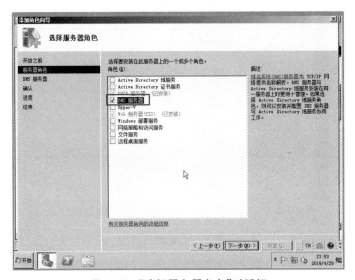

图 5-52　"选择服务器角色"对话框

训任务主要是创建正向查找区域,即把域名解析成 IP 地址后将其返回给 DNS 客户端。

创建正向查找区域步骤如下:

(1)执行"开始"→"管理工具"→"DNS",打开 DNS 管理器,按照图 5-53 所示。

(2)在"DNS 管理器"对话框中,右击"正向查找区域",选择"新建区域"命令,如图 5-54
所示。

(3)在弹出的"新建区域向导"对话框中,选择区域类型为"主要区域",单击"下一步"按
钮,如图 5-55 所示。

(4)设置区域名称,在"区域名称"中输入"cjzyxy.com",如图 5-56 所示。

(5)设置区域文件。本任务创建一个新文件,文件名为"cjzyxy.com.dns"。如果需要从
其他的 DNS 服务器中复制信息到本服务器,则选择"使用此现存文件"单选按钮,单击"下一
步"按钮,如图 5-57 所示。

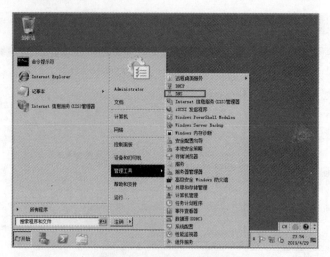

图 5-53　打开 DNS 管理器

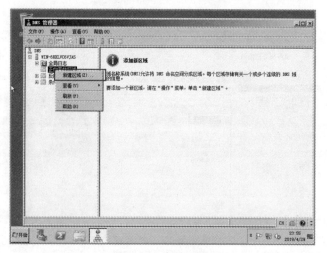

图 5-54　新建区域

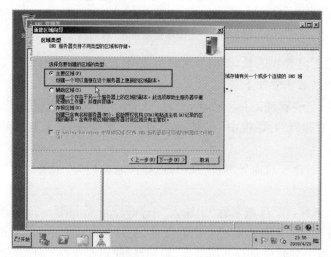

图 5-55　设置区域类型

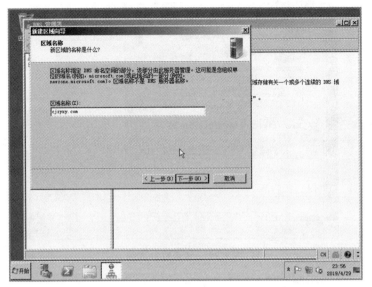

图 5-56　设置区域名称

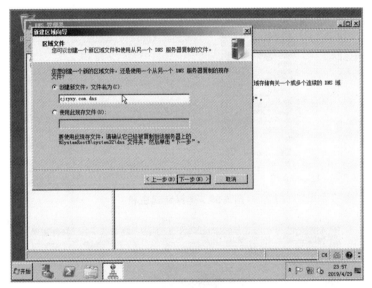

图 5-57　设置区域文件

（6）设置"动态更新"。本任务选中"不允许动态更新"单选按钮（见图 5-58），单击"下一步"按钮，完成正向查找区域的创建。

▶ 5. 添加资源记录

成功创建区域之后，在正向查找区域中就有一个"cjzyxy.com"的区域，但是此区域中还没有资源记录，可以添加资源记录。

（1）右击"cjzyxy.com"，选择"新建主机（A 或 AAAA）（S）…"命令，如图 5-59 所示。

（2）在新建主机的对话框中，输入一个主机名称（此主机名称与创建的区域名称组成一个域名，即一个完整的网址），再输入这个域名所映射的 IP 地址，单击"添加主机"按钮，如图 5-60 所示。即可在 DNS 服务器的正向查找区域中添加一条域名与 IP 地址的映射资源的记录。

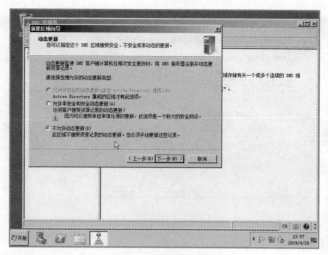

图 5-58　设置动态更新

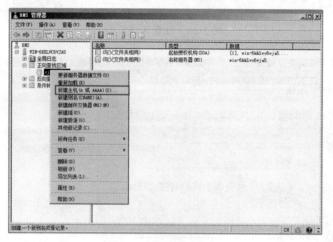

图 5-59　选择新建主机

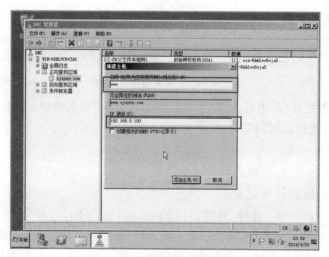

图 5-60　新建主机

▶ 6. 配置 DNS 客户端并测试 DNS 服务

DNS 服务器创建和配置好了之后,需要在 DNS 客户端进行测试。

(1) 在客户端中打开"Internet 协议版本(TCP/IPv4)属性"对话框,将"首选 DNS 服务器"设置为刚才配置的 DNS 服务器的 IP 地址(192.168.0.11),如图 5-61 所示。DNS 客户端每次需要把域名解析成 IP 地址的时候,就会把域名发给该首选 DNS 服务器。

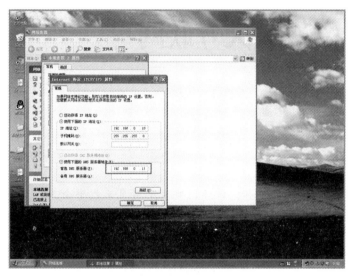

图 5-61　设置测试客户端的 TCP/IP 属性

(2) 在客户端对 DNS 服务器进行测试。在 DOS 窗口中输入:nslookupwww.cjzyxy.com,如果返回的结果能够正确地把域名解析成 IP 地址,证明 DNS 服务器已架设成功,如图 5-62 所示。

图 5-62　DNS 服务器进行测试

**任务小结:**

以上完成了 DNS 服务器的搭建过程,并且通过测试验证了 DNS 服务器的功能是否正常,这有助于我们加深对 DNS 服务器工作原理的理解。

# 项目6
# 接入互联网

## 项目描述

公司最近新成立了劳动监察部。该部门要求所有员工能够全天候上网,以方便处理相关业务。为配合该部门工作,网络中心主管将此项工作交给网络管理员处理。

## 项目分析

Internet 是世界上最大、覆盖面最广的计算机互连网络,中文译名为"国际互联网"。它将全球数以万计的计算机网络和计算机连接在一起,以达到资源共享的目的。Internet 是一个巨大的信息资源库,从 Internet 上我们可以获得各种各样的资源,做许多我们想做的事情。它可以帮助我们快速地完成工作、学习,还可以进行购物、打电话、娱乐与休闲等。

局域网接入 Internet 网有几种不同方法和途径,我们需要根据公司的具体情况,作出合理选择,以保证业务工作能够正常开展的情况下,为公司节省经费。

## 项目知识

# 6.1 Internet 的发展和现状

在使用 Internet 之前,需要了解 Internet 的基础知识,以加深对 Internet 的认识和理解。

### 6.1.1 Internet 的形成

Internet 的前身是 1969 年美国国防部高等研究计划局(ARPA)的一个试验性的网络 ARPAnet。这个网络最初由 4 台分布在不同州的计算机连接而成,是美国国防部为完善其通信指挥系统而开发的一个军用网络。1972 年后,全美相继有 40 多个不同的网络连接到 ARPAnet。1973 年,英国和挪威加入了 ARPAnet。20 世纪 80 年代,随着个人计算机的出现和计算机价格的大幅度下降,加上局域网的快速发展,各学术机构和大学纷纷把自己的计算机连接到 ARPAnet,从而推动了 ARPAnet 的发展。可以说,20 世纪 70 年代是 Internet 的孕育期,而 80 年代则是 Internet 的发展期。

▶ 1. 广域网技术

20 世纪六七十年代,科学工作者设计了多种在大的地理范围内将计算机互相连接起来组成计算机网络的广域网技术。这种技术虽然解决了计算机网络系统有关地理范围小的问题,但其存在的一个主要问题就是广域网与广域网之间互不兼容,即不能将两个不同的网络通过通信线路相互连接起来形成一个可用的大网络。

▶ 2. Internet 的创建

20 世纪 60 年代,美国国防部已拥有大量各种各样的网络系统,在 ARPAnet 的研究中,其主要指导思想就是寻求一种可行的方法将各种不同的网络系统连接起来,形成网际网。

ARPAnet 项目对解决不兼容网络互连问题进行了深入细致的研究,其项目及研究人员建立的原型系统都被称为 Internet。

▶ 3. 局域网发展

局域网的产生和发展极大地促进了 Internet 的发展。在 20 世纪 70 年代末期,计算机价格大幅度下跌,计算机成了各个组织和部门工作中的主要工具,而将这些计算机互相连接起来,并且在它们之间快速传递信息的需求推动了计算机网络技术的迅速发展。一段时间内,许多大的组织内部都使用了局域网,局域网的数量急剧增加。

各计算机研究生产部门的研究人员,研究和设计了多种局域网技术,它们互不兼容。某种特定的局域网技术只能在某些特定的计算机上使用。解决它们之间的互连,成了局域网发展的主要问题,也是 Internet 发展的关键问题。

▶ 4. TCP/IP 诞生

为了保证采用各种不同局域网技术的网络之间、计算机之间能够互相连接,经过研究人员的不断努力,TCP/IP 诞生了。在第一届国际计算机通信会议上,成立了一个 Internet 网络工作组,专门负责研究不同计算机网络之间通信的规则,负责制定网络通信协议。

1978 年,美国军方将 Internet 的管理权转让给了大学和社会组织,并将计算机网络通信的核心技术 TCP/IP 公布于世,让任何组织或个人都可以无偿地使用该技术,这一举措极大地促进了 Internet 在全球范围内的推广和发展。经过短短几十年的发展,连接到 Internet 上的国家和地区已超过 180 个,我国 1994 年正式接入 Internet,成为第 71 个国家级 Internet 成员。

## 6.1.2　Internet 的发展

▶ 1. 国际 Internet 发展状况

20 世纪 90 年代中期,Internet 的发展速度是非常惊人的,据说平均每隔半个小时就有一个新的网络与 Internet 连接,平均每月有 100 万人成为 Internet 的新"网民"。到 1997 年底,全球已经有 186 个国家和地区连入了 Internet,上网用户数量超过 7 000 万,连接的网络数量达到 134 365 个,连接的主机数量约有 1 600 万台。

1977 年,Internet 中的主机数量仅有 111 台。1981 年,Internet 中的主机数量有 213 台。1984 年,Internet 中的主机数量有 1 000 台。1987 年,Internet 中的主机数量有 10 000 台。1989 年,Internet 中主机数量有 100 000 台。1992 年,Internet 中的主机数量达到1 000 000

台。1997 年,Internet 中的主机数量达到 16 000 000 台。2001 年,Internet 中主机数量超过 150 000 000 台。2002 年,Internet 中的主机数量超过 200 000 000 台。Internet 的主机数量增长曲线如图 6-1 所示。

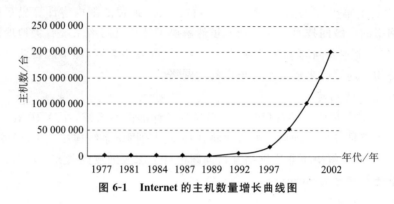

图 6-1　Internet 的主机数量增长曲线图

▶ 2. 国内 Internet 发展状况

中国是第 71 个加入互联网的国家级网络成员,1994 年 5 月,以"中科院—北大—清华"为核心的"中国国家计算机网络设施"(The National Computing and Network Facility Of China,NCFC,也称中关村网)与 Internet 连通。随后,我国陆续建造了基于 TCP/IP 技术的并可以和 Internet 互连的四个全国范围的公用计算机网络,它们分别是中国公用计算机互联网 CHINANET、中国金桥信息网 CHINAGBN、中国教育科研计算机网 CERNET、中国科技网 CSTNET,其中前两个是经营性网络,而后两个是公益性网络。最近两年又陆续建成了中国联通互联网、中国网通公用互联网、宽带中国、中国国际经济贸易互联网、中国移动互联网等。

CHINANET 始建于 1995 年,由中国电信负责运营,是上述网络中最大的一个,是我国最主要的互联网骨干网。它通过国际出口接入互联网,从而使 CHINANET 成为互联网的一部分。CHINANET 是具有灵活的接入方式和遍布全国的接入点,可以方便用户接入互联网,享用互联网上丰富的资源和各种服务。CHINANET 由核心层、接入层和网管中心 3 部分组成。核心层主要提供国内高速中继通道和连接"接入层",同时负责与互联网的连接,核心层构成 CHINANET 骨干网。接入层主要负责提供用户端口以及各种资源服务器。

2003 年底,中国互联网络信息中心(China Network Information Center,CNNIC)公布:我国上网计算机数约 3 089 万台,我国上网用户人数约 7 950 万人,CN 下域名数量为 340 040 个,WWW 站点为 595 550 个。经营性骨干网有:中国电信集团公司、中国联通公司、中国网通公司、中国吉通公司、中国移动通信公司、中国通信广播卫星公司。中国有四只".com"网络概念股在 NASDAQ 上市,分别是新浪、搜狐、网易、中华网。

我国国际出口带宽的总容量为 27 216 Mb/s,连接的国家有美国、加拿大、澳大利亚、英国、德国、法国、日本、韩国等,具体分布情况如下:

中国科技网(CSTNET):155 Mb/s。

中国公用计算机互联网(CHINANET):16 500 Mb/s。

中国教育和科研计算机网(CERNET):447 Mb/s。

中国联通互联网(UNINET):1 490 Mb/s。

中国网通公用互联网(网通控股)(CNCNET):3 592 Mb/s。

宽带中国 CHINA169 网(网通集团):4 475 Mb/s。

中国国际经济贸易互联网(CIETNET):2 Mb/s。

中国移动互联网(CMNET):555 Mb/s。

宽带上网的用户人数为 4 280 万人(其中有些用户使用不止一种上网方式)。

# 6.2 Internet 基本工作原理

## 6.2.1 Internet 的物理结构与工作模式

▶ 1. 物理结构

Internet 的物理结构是指与连接 Internet 相关的网络通信设备之间的物理连接方式,即网络拓扑结构。网络通信设备包括网间设备和传输媒体(数据通信线路),常见的网间设备有多协议路由器、交换机、中继器、调制解调器,常见的传输媒体有双绞线、同轴电缆、光缆、无线媒体。

如图 6-2 所示,Internet 是由校园网、企业网等相互连接而成的,网络中嵌着网络。校园网或企业网主要由网络交换机(如图中的 Cisco Catalyst 4000 网络交换机和三层交换校园主干)、服务器组(如图中的服务器群)、园区通信光纤及铜缆等组成,这些网络都是局域网。在局域网边界使用路由器(如图中的广域网连接)和调制解调器,并租用数据通信专用线路(网络主干线)与广域网相连,即连入 Internet,成为 Internet 的一分子。

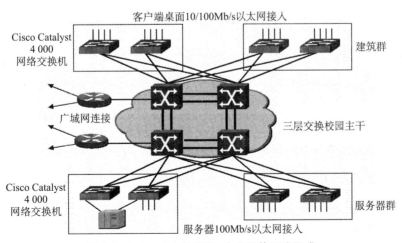

图 6-2 Internet 由校园网、企业网等互连而成

Internet 上的网络速度是分等级的。某些计算机之间建立了高速的网络连接,它们形成了 Internet 的主干,这些主干的网络连接速度大大快于 Internet 的平均网络速度。其他一些计算机以较低的速度连接到这些主干计算机上,而更多的计算机再连接到它们上面。

▶ 2. 工作模式

如图 6-3 所示，Internet 采用客户/服务器模式（Client/Server 模式，简称 C/S 模式）。理解客户、服务器及它们之间的关系对掌握 Internet 的工作原理至关重要。客户软件运行在客户机（或本地机）上，而服务器软件则运行在 Internet 的某台服务器上。只有客户软件与服务器软件同时工作才能使用户获得所需的信息。

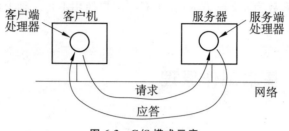

图 6-3　C/S 模式示意

服务器的主要功能是接收从客户计算机传来的连接请求（称为 TCP/IP 连接），解释客户的请求，完成客户请求并形成结果，再将结果传送给客户。

客户机（本地计算机及客户软件）的主要功能是接受用户输入的请求，与服务器建立连接，将请求传递给服务器，接收服务器送来的结果，以可读的形式显示在本地桌面机的显示屏上。

## 6.2.2　Internet 地址

为了实现 Internet 上不同计算机之间的通信，除使用相同的通信协议 TCP/IP 之外，每台计算机都必须有一个与其他计算机不同的地址，它相当于通信时每个计算机的名字。就像对应于同一个人有中文名字和一个英文名字一样，Internet 地址包括域名地址和 IP 地址，它们是 Internet 地址的两种表示方式。

▶ 1. IP 地址

前面讲过，IP 地址就是给每个连接在互联网上的主机（或路由器）分配一个全世界范围内唯一的标识符。其长度共有 32 位，由两部分组成：其中一个部分是网络 ID，网络 ID 标识一个网络，其中的某些信息代表网络的种类；另一部分是主机 ID，主机 ID 标识这个网络中的一台主机。IP 地址的格式设计如图 6-4 所示。

| 网络 ID | 主机 ID |
| --- | --- |

图 6-4　IP 地址的格式图

通过一个 IP 地址及子网掩码就可以确定一台主机在网络中的位置。此部分内容在项目 2 中已有描述，在此不再赘述。

▶ 2. 域名地址

由于作为数字的 IP 地址不便于记忆，从 1985 年起，在 IP 地址的基础上开始向用户提供域名系统（Domain Name System，DNS）服务，即用字符来识别网上的计算机，用字符为计算机命名。

DNS 域名系统就是一种帮助人们在 Internet 上用名字来唯一标识自己的计算机，并保证主机名（域名）和 IP 地址一一对应的网络服务。

DNS 域名系统是一个以分级的、基于域的命名机制为核心的分布式命名数据库系统。DNS 将整个 Internet 视为一个域名空间,域名空间是由不同层次的域组成的集合。在 DNS 中,一个域代表该网络中要命名资源的管理集合。这些资源通常代表工作站、PC 机、路由器等,但理论上可以标识任何东西。不同的域由不同的域名服务器来管理,域名服务器来负责管理存放主机名和 IP 地址的数据库文件,以及域中的主机名和 IP 地址映射。每个域名服务器只负责整个域名数据库中的一部分信息,而所有域名服务器中的数据库文件中的主机和 IP 地址集合组成 DNS 域名空间。域名服务器分布在不同的地方,它们之间通过特定的方式进行联络,这样可以保证用户通过本地的域名服务器查找到 Internet 上的所有域名信息。

DNS 的域名空间是由树状结构组织的分层域名组成的集合,如图 6-5 所示。

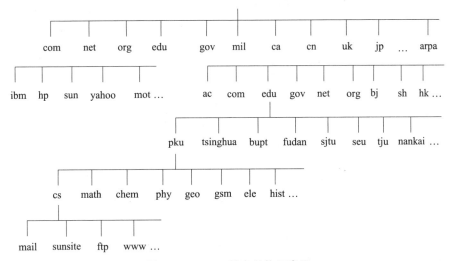

**图 6-5　Internet 域名结构示意图**

DNS 域名空间树的最上面是一个无名根域,用".",表示。这个域只是用来定位的,并不包含任何信息。在根域之下就是顶级域名。目前包括下列域名:com、edu、gov、org、mil、net、arpa 等。所有的顶级域名都由 Internet 网络信息中心(Internet Network Information Center)控制。顶级域名一般分成组织上的和地理上的两类。

除美国以外的国家或地区都采用代表国家或地区的顶级域名,它们一般是相应国家或地区的英文名的前两个字母或相关字母,如常用的有 au(Australia,澳大利亚)、ca(Canada,加拿大)、cn(China,中国)、jp(Japan,日本)、de(Germany,德国)、fr(France,法国)、gb(Great Britain,英国)、hk(Hong Kong,中国香港)、it(Italy,意大利)、kr(Korea-south,韩国)、ru(Russian,俄罗斯)、tw(Taiwan,中国台湾)等。美国的顶级域名(其他国家作为次顶级域名)是由代表机构性质的英文单词的三个缩写字母组成,常用的最高层次域名如 edu(educational institutions,美国教育部门)、gov(governmental entities,美国政府部门)、mil(military,美国军事部门)、org(other organizations,美国事业机构)、com(commercial organization,美国工商界)、int(international and organizations,国际组织)、net(network operations and service centers,网络服务商)等。

部分组织上的顶级域名如表 6-1 所示。

表 6-1　组织上的顶级域名表

| 域　　名 | 表　　示 | 域　　名 | 表　　示 |
| --- | --- | --- | --- |
| com | 通信组织 | mil | 美国军事部门 |
| edu | 教育机构 | net | 网间连接组织 |
| gov | 政府部门 | org | 非营利性组织 |
| int | 国际组织 | | |

部分地理上的顶级域名如表 6-2 所示。

表 6-2　地理上的顶级域名表

| 域　　名 | 表　　示 | 域　　名 | 表　　示 |
| --- | --- | --- | --- |
| au | 澳大利亚 | at | 奥地利 |
| ca | 加拿大 | cn | 中国 |
| de | 德国 | dk | 丹麦 |
| fr | 法国 | hk | 中国香港 |
| it | 意大利 | in | 印度 |
| jp | 日本 | kr | 韩国 |
| tw | 中国台湾 | ru | 俄罗斯 |

按照这些规律，可以猜出某些站点域名，如美国迈阿密大学（University of Miami）网站域名为 www.miami.edu，美国 Intel 公司网站域名为 www.intel.com。这显然比 IP 地址好记得多。

顶级域名之下是二级域名。二级域名通常是由 NIC 授权其他单位或组织自己管理的。举例来说，berkeley.edu 是伯克利大学的域名，是由伯克利大学自己管理，而不是由 NIC 管理。一个拥有二级域名的单位可以根据自己的情况再将二级域名分为更低级的域名授权给单位下面的部门管理。DNS 域名树的最下面的叶节点为单个的计算机。域名的级数通常不多于 5 个。

在 DNS 树中，每个节点都用一个简单的字符串（不带点）标识。这样，在 DNS 域名空间的任何一台计算机都可以用从叶节点到根节点标识，中间用点"."相连的字符串来标识：

叶节点名.三级域名.二级域名.顶级域名

节点标识可以是由英文字母和数字组成（按规定不超过 63 个字符，大小写不区分），级别最低的写在左边，而级别最高的顶级域名则写在最右边。高一级域包含低一级域。完全的域名不超过 255 个字符。比如，mail.cs.pku.edu.cn 这个域名中"mail"是一台主机名，这台计算机是由"cs"域管理的；"cs"表示计算机系，它是属于北京大学"pku"的一部分；"pku"又是中国教育域"edu"的一部分；"edu"又是中国"cn"的一部分；"cn"是中国的域名。这种表示域名的方法可以保证主机域名在整个域名空间的唯一性。因为即使两个主机的标识是一样的，只要它们的上一级域名不同，那么它们的主机域名就是不同的。比如 mail.math.pku.edu.cn 和 mail.cs.pku.edu.cn 就是两台不同的计算机，一台是北京大学数学系的邮件服务器，另一台是计算机系的邮件服务器。

# 6.3 Internet 的接入方式

如果用户要使用 Internet 提供的服务,首先要将自己的计算机接入 Internet,这时需要了解 Internet 的接入方式。接入 Internet 有两种基本的方式,即拨号上网和专线入网。一般来说,对于个人与家庭用户来说,采用拨号上网;而对于单位工作人员,则通过局域网采用专线入网(有时局域网也以拨号的方式入网)。

## 6.3.1 拨号接入

个人在家里或单位使用一台计算机,利用电话线连接 Internet,通常采用的方法是 PPP (Point-to-Point Protocol,点对点协议)拨号接入。采用这种连接方式的好处是终端有独立的 IP 地址,因而发给用户的电子邮件和文件可以直接传送到用户的计算机上。主机拨号接入有普通电话拨号接入和 ISDN 拨号接入两种。

对于普通电话拨号接入,连接原理示意图如图 6-6 所示。在 ISP 虚框内的调制解调器池(Modem Pool)和路由器(用于支持远程通信,也可理解为远程通信服务器)是提供连接的设备。其中:调制解调器池是一组调制解调器,接有电话线,和用户方的调制解调器作用相同,它们通过 PSTN(Public Switched Telephone Network,公用电话交换网)进行连接;路由器用来验证拨号用户的身份、分配拨号用户的 IP 地址和进行协议转换,并负责将用户计算机连入网络,为访问网络资源提供底层准备。

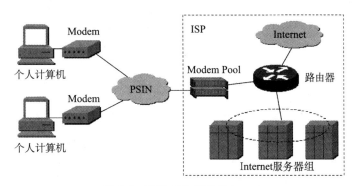

**图 6-6 采用 PPP 连接 Internet**

对于 ISDN 接入,其设备的连接与普通用户电话拨号接入有所不同,如图 6-7 所示,在电话线与计算机(或电话机、传真机)之间需要加装 ISDN 终端设备;同时,在计算机与 ISDN 终端设备之间需要安装 ISDN 适配器。

## 6.3.2 局域网专线接入

目前,各种局域网(如 Novell 网、Windows NT 网络等)在国内已经应用得比较普遍。局域网接入是指局域网中的用户计算机使用路由器通过数据通信网与 ISP 相连接,再通过 ISP 的线路接入 Internet。数据通信网有很多类型,例如 DDN、X.25 与帧中继等,它们都是由电信运营商运行与管理的。目前,国内数据通信网的经营者主要有中国电信、中国网通与

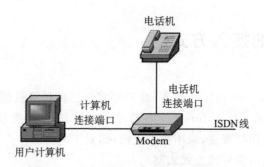

图 6-7　ISDN 设备连接示意图

中国联通等。对于用户系统来说，通过局域网与 Internet 主机之间专线连接是一种行之有效的方法。

单机通过局域网访问 Internet，其原理和过程比较简单。用户在计算机内安装好专用的网络适配器（以太网卡，如 NE2000、3Com），使用专用的网线（如光缆、双绞线等）连接到集线器或网络交换机上，如图 6-8 所示（这里以 DDN 专线为例），就能访问 Internet。

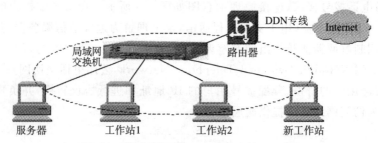

图 6-8　局域网通过 DDN 专线连接 Internet

单机在硬件连接好之后，再根据计算机操作系统平台安装网络适配器及相应的软件驱动程序，并进行正确的配置，即可访问网络资源。但是最终访问什么样的网络资源，这与所使用的工具（即网络应用软件）有关。

用户访问网络的基本过程是：用户启动 Internet 应用程序（如浏览器），激活 TCP/IP 驱动程序与网络层和物理层设备进行通信。由于网络适配器是通过电缆与集线器（本地局域网）相连的，而本地局域网又和 Internet 是相连的，因此，用户的请求信息就会沿着连接线一直送到远程服务器（如 Web 服务器）上。服务器对请求做出应答，并将请求结果返回到用户的本地机。相比于拨号接入，通过局域网访问 Internet，速度快、响应时间短、稳定可靠。

# 6.4　拨号上网的操作

拨号接入是指使用调制解调器和电话线，以拨号的方式将计算机连入 Internet。如果是 ISDN 拨号接入，则使用 ISDN 终端设备、ISDN 适配器和电话线。在建立与 Internet 连接之前，需要先向 Internet 服务商 ISP 提出申请，安装和配置调制解调器（ISDN 适配器）。

创建拨号接入的基本步骤如下：

（1）向 ISP(Internet 服务提供商)提供请求,并获取接入的相关信息,如拨入电话、用户名、密码等。向 ISP 提出申请的基本方式有三种,即公开拨号(公开地拨入电话号码、用户名和密码)、上网卡(卡上有拨入电话号码、用户名和密码)和注册用户(到 ISP 处进行注册并获得拨入电话号码、用户名和密码)。

（2）安装和配置调制解调器(包括普通调制解调器或 ISDN 适配器)。

（3）安装拨号适配器和 TCP/IP 协议、创建和配置拨号连接。

### 6.4.1 安装调制解调器

▶ 1. 连接调制解调器

下面以外置调制解调器为例介绍如何将调制解调器与计算机连接。图 6-9 给出了外置调制解调器与计算机的连接示意图。

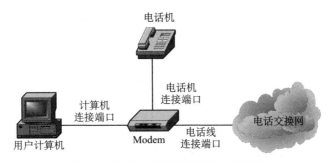

**图 6-9 连接外置调制解调器的示意图**

外置调制解调器通常都有以下四个端口:

（1）数字终端设备连接端口(DTE):用来连接计算机的串行通信端口。

（2）电源线连接端口(Power):用来连接电源。

（3）电话线连接端口(Line):用来连接电话线。

（4）电话机连接端口(Phone):用来连接电话机。

▶ 2. 安装调制解调器驱动程序

在将调制解调器连接到计算机后,要为它安装相应的驱动程序。如果调制解调器支持即插即用功能,那么在完成硬件安装并重启计算机后,操作系统就会检测到该硬件,并提示安装相应的驱动程序。

如果要为调制解调器安装驱动程序,可以按以下步骤进行操作。

（1）首先,在"控制面板"窗口中,双击"调制解调器"图标,将会弹出"调制解调器属性"对话框。这时单击"添加"按钮,将会弹出"安装新调制解调器"对话框(如图 6-10 所示)。如果不想让系统检测调制解调器的型号,选中"不检测我的调制解调器,我将从列表中选择"复选框;否则,系统会查找合适的调制解调器型号。完成选择后,单击"下一步"按钮。

（2）这时,需要选择调制解调器的生产商与型号(见图 6-11)。首先,在"生产商"列表中选择生产商,例如"LEGEND TECHNOLOGY LIMITED COMPANY";然后,在"型号"列表中选择相应型号,例如"Legend 56K USB Modem"。如果要使用厂商提供的驱动程序,单击"从磁盘安装 …"按钮,然后将厂商提供的软盘或光盘插入软驱或光驱。完成选择后,单击"下一步"按钮。

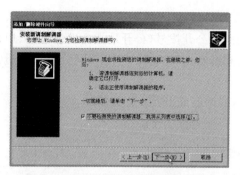 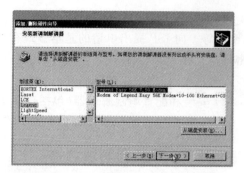

图 6-10　"安装新调制解调器"对话框　　　　图 6-11　选择调制解调器的制造商与型号

（3）选择调制解调器使用的端口"选择你想安装调制解调器的端口"。如果要将调制解调器连接到计算机的 COM1 端口，则在如图 6-12 所示的列表中选择通信端口（"COM1"）。完成选择后，单击"下一步"按钮。

（4）这时，系统显示"已完成调制解调器的安装"，如图 6-13 所示。单击"完成"按钮，将会完成安装调制解调器。

图 6-12　选择调制解调器所使用的端口　　　　图 6-13　已完成调制解调器的安装

## 6.4.2　网络设置

安装调制解调器后，需要对调制解调器属性进行设置，以使调制解调器能更好地工作。要设置调制解调器属性，可以按以下步骤进行操作。

（1）在"控制面板"窗口中，双击"调制解调器"图标，将会打开"电话和调制解调器选项"对话框，如图 6-14 所示。在"调制解调器"选项卡中，将会列出已安装好的调制解调器。这时，可以添加或删除调制解调器，以及设置调制解调器的属性。

（2）在"本机上安装了下面的调制解调器"列表中，选中要设置的调制解调器，单击"属性"按钮，将会弹出"Legend Easy 56K USB V. 90 Modem 属性"对话框（见图 6-15）。在"常规"选项卡中，可以设置调制解调器的端口、扬声器音量、最快速度等属性。

## 6.4.3　设置拨号连接

拨号网络是 Windows 操作系统提供的拨号程序，它是通过拨号上网所必需的程序。通过拨号网络连接 Internet，实际上是使自己的计算机通过拨号，登录到 ISP 的远程连接服务器上。

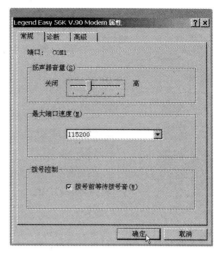

图 6-14 "电话和调制解调器选项"对话框　　　图 6-15 "Legend Easy……属性"对话框

对于通过拨号上网的用户来说,首先要用拨号连接与 Internet 建立连接。在每个拨号连接中,都保存了 ISP 的拨入号码、用户名与密码等信息。因此,要掌握如何创建新的拨号连接。

如果要创建新的拨号连接,可以按以下步骤进行操作:

(1)在"我的电脑"窗口中,双击"网络和拨号连接",将会打开"网络和拨号连接"窗口(见图 6-16)。其中,列出了已创建的所有拨号连接。

(2)双击"新建连接",打开"网络连接向导"对话框。单击"下一步"按钮,选择网络连接类型,这里选中"拨号到专用网络"(见图 6-17)。

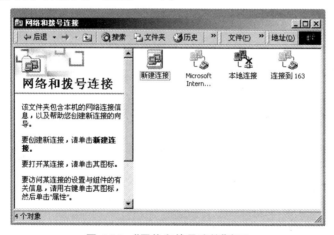

图 6-16 "网络和拨号连接"窗口

(3)单击"下一步"按钮,至"选择设备"对话框中,选择用来拨号的设备,这里选中"所有可用 ISDN 线路都是多重链接的"(见图 6-18)。

(4)单击"下一步"按钮,在"电话号码"框中输入对方(ISP 方)的电话号码,这里拨的电话号码为 263 的拨入号码 95963(见图 6-19);如果拨入号码为长途,则选中复选框"使用拨号规则",然后在"区号"框中输入区号,如 010。

(5)单击"下一步"按钮,选择是否允许所有使用该计算机的用户使用本地连接。单击

图 6-17　选择网络连接类型

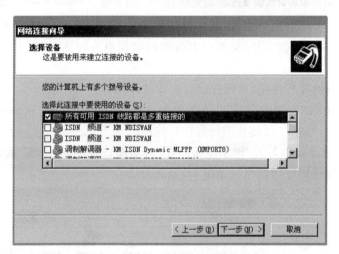

图 6-18　选择与 ISP 建立连接的设备

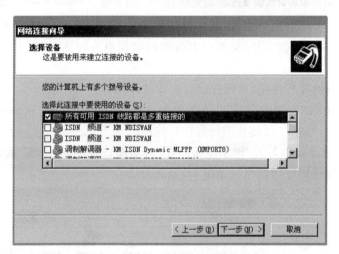

图 6-19　键入 ISP 方的拨入电话号码

"下一步"按钮,输入网络连接名称,例如"连接到 263"(见图 6-20);如果要在桌面上为该网络连接创建快捷方式,选中"在我的桌面上添加一快捷方式"。

(6)单击"完成"按钮,这里屏幕上弹出"拨号"对话框;在"用户名"框中,输入用户名"263",在"密码"框中,输入密码"263"(见图 6-21)。

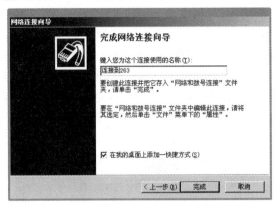

图 6-20 命名网络连接

图 6-21 "拨号"对话框

(7)单击"拨号"按钮,屏幕上出现"拨号"对话框,在该对话框中显示正在拨入的电话号码(见图 6-22);连入 Internet 之后,在桌面任务栏的右边将显示已连入网络图标,同时显示连入网络的速度(见图 6-23)。

图 6-22 "正在连接"对话框

图 6-23 连入网络图标

### 6.4.4 安装并设置 TCP/IP

在创建新的拨号连接之后，还要根据 ISP 提供的信息来设置拨号连接，以使拨号连接能够更好地工作。

如果要设置拨号连接属性，可以按以下步骤进行：

（1）在"拨号网络"窗口中，用鼠标右键单击新创建的拨号连接，在弹出菜单中选择"属性"选项，将会弹出拨号连接属性对话框（见图 6-24）。在"常规"选项卡中，可以修改电话号码、区号与国家代码。如果要设置调制解调器属性，可以单击"设置"按钮。

（2）单击"网络"标签，弹出"网络"选项卡窗口（见图 6-25）。在"我正在呼叫的拨号服务器的类型"下拉框中，选择"PPP：Windows 95/98/NT4/2000，Internet"选项；在"此连接使用下列选定的组件"中，选中"Internet 协议（TCP/IP）"，然后单击"属性"按钮。

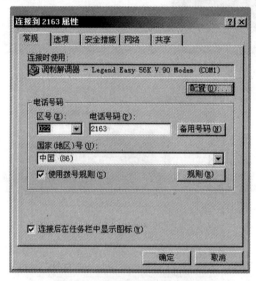

图 6-24　拨号连接属性的设置

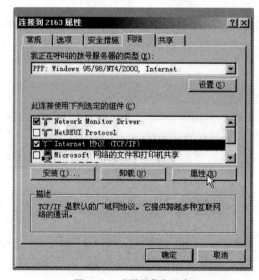

图 6-25　"网络"选项卡

（3）弹出"Internet 协议（TCP/IP）属性"对话框（见图 6-26）。选中"自动获得 IP 地址"单选钮，由 ISP 的拨号服务器自动分配 IP 地址；然后选中"自动获得 DNS 服务器地址"单选钮（大多数 ISP 不需要用户指定名称服务器地址）。完成设置后，单击"确定"按钮。

图 6-26　TCP/IP 属性设置图

# 6.5　宽带接入

用户计算机宽带接入 Internet 的方式有很多种，接入方式包括电话拨号接入、通过局域网接入与无线接入，甚至通过有线电视电缆接入。

## 6.5.1　ISDN 接入

综合业务数字网（ISDN）是以电话综合数字网（Integrated Digital Network，IDN）为基础发展而成的通信网，它以公用电话交换网作为通信网络，即利用电话线进行数据传输。它提供端到端的数字连接承载，包括语音和非语音在内的多种电信业务。它的基本特性是在各用户之间实现以 64 kb/s 或 128 kb/s 速率为基础的端到端的透明传输。ISDN 的速率和接口标准有两种：一种为基本速率接口，即 2B+D，其中 B 为 64 kb/s 的数字信道，D 为 16 kb/s 的控制数字信道；另一种为机群速率接口，即 30B+D 或 23B+D，其中 B 和 D 均为 64 kb/s 的数字信道。B 信道主要用于传送用户信息流，D 信道主要用于传送交换的信息或传送分组交换的数据信息。目前，电信部门采用的接口标准是 2B+D，即两个数字信道。由于 ISDN 完全采用数字信道，因而能获得较高的通信质量与可靠性。同时 ISDN 为今后可能出现的新的通信业务提供了可扩展性。

## 6.5.2　ADSL 接入

ADSL（Asymmetric Digital Subscriber Line）意为非对称数字用户线，它是运行在普通电话线上的一种新的高速、宽带技术，它可以被认为是专线接入方式的一种。所谓非对称主要体现在上行速率（目前最高 768 kb/s）和下行速率（目前最高 8Mb/s）的非对称性上。AD-SL 是目前接入 Internet 最常用的方式之一。

ADSL 有两种基本的接入方式：专线方式与虚拟拨号方式。

（1）虚拟拨号入网方式。并非是真正的电话拨号，如 163 或 169，而是用户在计算机上运行的一个专用客户端软件，当通过身份验证时，获得一个动态的 IP，即可联通网络，也可以随时断开与网络的连接，费用也与电话服务无关。由于无须拨号，因而不会有接入等待。ADSL 接入 Internet 时，同样需要输入用户名与密码（与原有的 Modem 拨号和 ISDN 拨号接入相同）。

（2）专线入网方式。用户获得分配固定的 1 个 IP 地址，且可以应用户的需求而不定量地增加，用户 24 小时在线。

虚拟拨号用户与专线用户的物理连接结构都是一样的，不同之处在于虚拟拨号用户每次上网前需要通过账号和密码验证；专线用户则只需一次设好 IP 地址、子网掩码、DNS 与网关后即可一直在线。

专线方式即用户 24 小时在线，用户具有静态 IP 地址，可将用户局域网接入，主要面对的是中小型公司用户。虚拟拨号方式主要面对上网时间短、数据量不大的用户，如个人用户及中小型公司等。但与传统拨号不同，这里的"虚拟拨号"是指根据用户名与口令认证，接入相应的网络，并没有真正地拨电话号码，费用也与电话服务无关。

ADSL 接入方式具有如下优点。

（1）ADSL 是在一条电话线上同时提供了电话和高速数据服务，即可以同时打电话和上网，且互不影响。

（2）ADSL 提供高速数据通信能力，为交互式多媒体应用提供了载体。ADSL 的速率远高于拨号上网。

（3）ADSL 提供灵活的接入方式，支持专线方式与虚拟拨号方式。

（4）ADSL 可供多种服务。ADSL 用户可以选择 VOD 服务。ADSL 专线可以选择不同的接入速率，如 256 kb/s、512 kb/s 和 2 Mb/s。ADSL 接入网与 ATM 网配合，可为公司用户提供组建 VPN 专网及远程 LAN 互连的能力。

## 6.5.3　数字数据网 DDN 接入

DDN 实际上是我们常说的数据租用专线，有时简称专线。它也是近年来广泛使用的数据通信服务，我国的 DDN 网叫做 ChinaDDN。ChinaDDN 一般提供 N×64 kb/s 的数据速率，目前最高为 2Mb/s，它由 DDN 交换机和传输线路（如光缆和双绞线）组成。现在，中国教育与科学计算机网（CERNET）的许多用户就是通过 ChinaDDN 实现跨省市连接的。

DDN 除了不提供虚拟租用线路外，在传输技术上与帧中继十分类似。它也是数字式的，传输介质可以是光纤、铜缆或微波等。它主要用于点到点的局域网连接。DDN 几乎不使用差错控制、流量控制等，性能价格比较好。

## 6.5.4　有线电视网络接入

电缆调制解调器（Cable Modem）是近来发展起来的又一种家庭电脑入网的新技术，它是一种以有线电视使用的宽带同轴电缆作为传输介质，利用有线电视网（CATV）提供高速的数据传输的广域网连接技术。电缆调制解调器除了提供视频信号业务处，还能提供语音、数据等宽带多媒体信息业务。

电缆调制解调器是适用于电缆传输体系的调制解调器,其主要功能是将数字信号调制到射频信号,以及将射频信号中的数字信息解调出来,此外,电缆调制解调器还提供标准的以太网接口,可完成网桥、路由器、网卡和集线器的部分功能。因此,它的结构比传统 Modem 复杂得多。

电缆调制解调器与传统调制解调器在原理上基本相同,都是将数字信号调制成模拟信号在电缆的一个频率范围内传输,接收时再解调为数字信号。不同之处在于,电缆调制解调器是通过有线电视的某个传输频带而不是经过电话线进行解调。另外,普通调制解调器所使用的介质由用户独享,而电缆调制解调器属于共享介质系统,其余空闲频段仍可用于传输有线电视信号。

电缆调制解调器也类似于 ADSL,提供非对称的双向信道。上行信道采用的载波频率范围在 5MHz～42MHz 之间,可实现 128kb/s～10Mb/s 的传输速率。下行通道的载波频率范围在 42MHz～750MHz 之间,可实现 27Mb/s～36Mb/s 的传输速率。

电缆调制解调器具有性能价格比高、非对称专线连接、不受连接距离限制、平时不占用带宽(只在下载和发送数据瞬间占用带宽)、上网看电视两不误等特点。

电缆调制解调器在一个频道的传输速率达 27Mb/s～36Mb/s。每个有线电视频道的频宽为 8 MHz,HFC 网络的频宽为 750MHz,所以整个频宽可支持近 90 个频道。在 HFC 网络中,目前有大约 33 个频道(550MHz～750MHz 范围)留给数据传输,整个频宽相当可观。

## 6.5.5　无线接入

无线接入技术是基于 MPEG(运动图像压缩标准)技术,从 MUDS(微波视像分布系统)发展而来的,是为适应交互式多媒体业务和 IP 应用的一种双向宽带介入技术。无线接入网是由部分或全部采用无线电波传输介质连接业务接入节点和用户终端构成。

无线接入的方式有很多,如微波传输技术(包括一点多址微波)、卫星通信技术、蜂窝移动技术(包括 FDMA、TDMA、CDMA 和 S-CDMA)、CTZ、DECT、PHS 集群通信技术、无线局域网(WLAN)、无线异步转移模式(WATMA)等,尤其是 WLAN 以及刚刚兴起的 WATMA 将成为宽带无线本地接入(WWLL)的主要方式,与有宽带接入方式相比,虽然无线接入技术的应用还面临着开发新频段、完善调制和多址技术、防止信元丢失、时延等方面的问题,但它以其特有的无须铺设线路、建设速度快、初期投资小、受环境制约不大、安装灵活、维护方便等特点将成为接入网领域的新生力量。

## 项目实施

# 任务 1　局域网接入 Internet

**任务目标:**

(1) 掌握将局域网中的计算机接入 Internet 的方法。

(2) 理解 IP 地址、域名地址、网关、子网掩码等基本概念。

**技能要求：**

（1）安装 Windows 2003 的网络通信组件程序。

（2）设置 TCP/IP 属性，接入 Internet。

**操作过程：**

本任务需要已安装 Windows 2003 的电脑、网卡和网线。

▶ 1. 安装 Microsoft 网络客户

打开 Windows 2003 的"控制面板"，在"控制面板"中双击"网络和拨号连接"中的"本地连接"图标，得到如图 6-27 所示的"本地连接属性"对话框。在该对话框中单击"安装"按钮，得到如图 6-28 所示的对话框。

在图 6-28 中选定组件类型为"客户"，单击"添加"按钮，得到"选择网络客户端"对话框，选择"Microsoft 网络用户"，单击"确定"按钮后，屏幕此时出现的对话框栏中列出了"Microsoft 网络客户端"，如图 6-29 所示，这表明该网络组件已经安装成功。

▶ 2. 安装 Internet 协议、文件和打印机共享

在图 6-28 所示的对话框中分别选中"服务"和"协议"，单击"添加"按钮。在相应的对话框中的厂商中分别选中"Microsoft"所对应的相关选项，如实验图 6-30 所示。

**图 6-27 "本地连接属性"对话框**

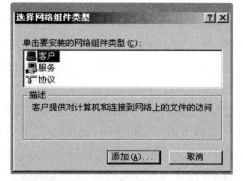

**图 6-28 "选择网络组件类型"对话框**

▶ 3. 设置 TCP/IP 协议的属性

在 TCP/IP 协议安装完成后，在图 6-30 所示对话框中选择"Internet 协议（TCP/IP)"，单击"属性"按钮，得到如图 6-31 所示对话框，选中"使用下面的 DNS 服务器地址"选择项，设置与域名服务有关的信息。在"首选 DNS 服务器"中的输入栏中输入202.114.64.2。在图 6-31 所示的对话框中选择"默认网关"，设置与网关有关的信息。输入一个新网关，地址为 10.0.1.1，已安装的网关中将出现 10.0.1.1，如图 6-32 所示。

在实验图 6-31 所示的对话框中选择"使用下面的 IP 地址"，设置与 IP 地址有关的信息，如输入"IP 地址"为 10.0.4.100，"子网掩码"为 255.255.0.0，如图 6-33 所示。

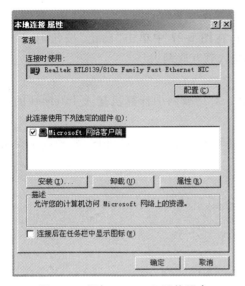

图 6-29  添加 Microsoft 网络用户

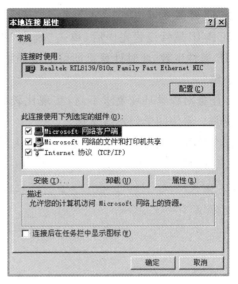

图 6-30  添加服务和协议

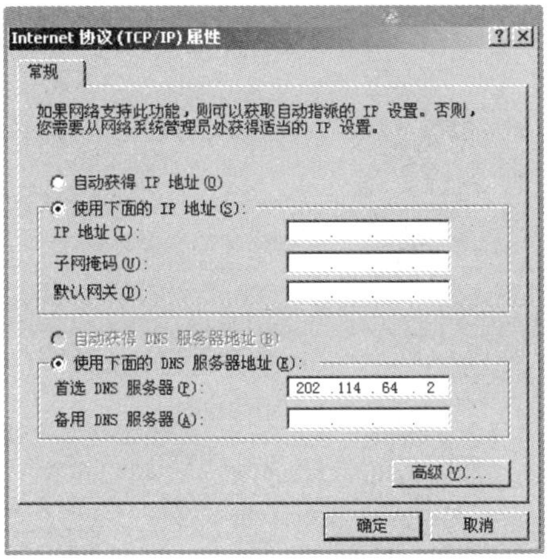

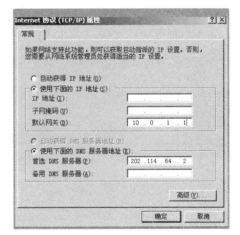

图 6-31  "Internet 协议（TCP/IP）"对话框

图 6-32  设置网关

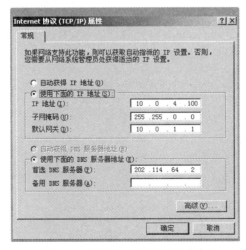

图 6-33  设置 IP 地址和子网掩码

▶ 4. 设置生效

TCP/IP 属性设置完毕后，单击"确定"按钮，在图 6-27 中单击"确定"按钮退出，新的 TCP/IP 属性生效，此时计算机即可通过局域网接入到互联网上。

**任务小结：**

本任务对教学环境要求不高，实现比较容易。对局域网中计算机接入 Internet 的方法做了说明。希望同学们熟练掌握。

在本任务完成的过程中，要求同学们认真做好笔记。画出网络拓扑图、各种网络设备的型号、主要参数及连接方式。

# 项目7 不同网络之间的互连

## 项目描述

公司网络中心最近接到一项新的任务,要求将公司几个不同部门的局域网连接起来,构成更大规模的网络,以方便部门之间的业务协作和资源共享。

## 项目分析

公司作为网络管理员,仅仅凭借交换机和路由器等网络互联设备的默认状态组建小型局域网是远远不够的。要组建更大规模的网络,就必须掌握交换机和路由器等网络互连设备的配置方法,实现网络之间的互连。

## 项目知识

## 7.1 交换机的基本配置

### 7.1.1 局域网交换机 IOS 简介

Cisco Catalyst 系列交换机所使用的操作系统是 IOS 或 COS(Catalyst Operating System)。其中,以 IOS 使用最为广泛,该操作系统和路由器所使用的操作系统都基于相同的内核和 Shell。COS 的优点在于命令体系比较易用。利用操作系统所提供的命令,实现网络之间的互连。

Cisco IOS 操作系统具有以下特点:

(1) 支持通过命令行(CLI)或 Web 界面,来对交换机进行配置。

(2) 支持通过交换机的控制端口或 Telnet 会话来登录连接访问交换机。

(3) 提供用户模式和特权模式两种命令执行级别,并提供全局配置、接口配置、子接口配置和 VLAN 数据库配置等多种级别的配置模式,以允许用户对交换机的资源进行配置。

Cisco Catalyst 系列交换机所使用的操作系统 IOS 与 Cisco 路由器使用的操作系统 IOS 大同小异。

## 7.1.2 交换机的配置模式

一般来说，Cisco 交换机可以通过以下 4 种方式来进行配置。

▶ 1. 通过 Console 口访问交换机

交换机在进行第一次配置时必须通过 Console 口访问交换机。计算机的串口和交换机的 Console 口是通过反转线进行连接的，将反转线的一端接在交换机的 Console 口上，而另一端接到一个 DB9-RJ-45 的转接头上，DB9 则接到计算机的串口上，如图 7-1 所示。

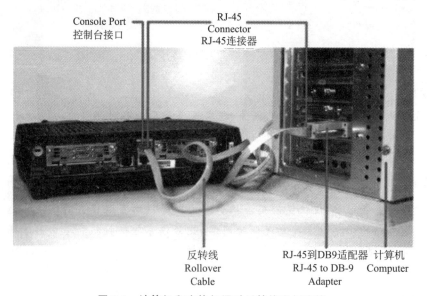

图 7-1　计算机和交换机通过反转线进行连接

所谓的反转线就是线两端的 RJ-45 接头上的线序是反的。计算机和交换机连接完成后，即可使用各种各样的终端软件配置交换机。

▶ 2. 通过 Telnet 访问交换机

如果管理员不在交换机旁，可以通过 Telnet 远程配置交换机，如图 7-2 所示，当然这需要预先在交换机上配置了 IP 地址和密码，并保证管理员的计算机和交换机之间是 IP 可达的（简单讲就是能"Ping"通）。

▶ 3. 通过 Web 对交换机进行远程管理

这种管理方式的前提是，交换机必须已经配置了管理 IP 地址、密码等，并开启了 HTTP。

具体登录和管理界面如图 7-3 和图 7-4 所示。

▶ 4. 通过 Ethernet 上的 SNMP 网管工作站进行管理

通过网管工作站进行配置，这就需要在网络中有至少一台运行 Cisco Works 等的网管工作站，还需要另外购买网管软件。

在以上 4 种管理交换机的方式中，后 3 种方式都要连接网络，都会占用网络带宽，又称带内管理。交换机第一次使用时，必须采用第 1 种方式对交换机进行配置，这种方式并不占用网络的带宽，通过控制线连接交换机和计算机，又称带外管理。

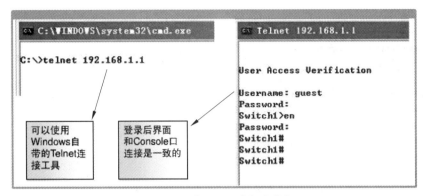

图 7-2 通过 Telnet 访问交换机

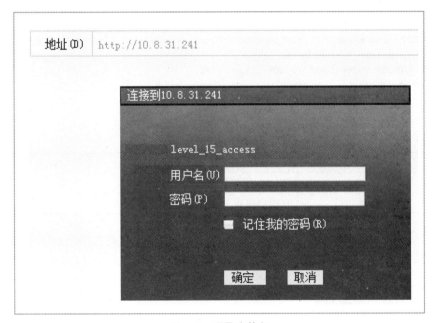

图 7-3 登录交换机

## 7.1.3 Cisco IOS CLI 操作

交换机的用户接口被称为命令行接口(CLI),CLI 不是图形化的,是基于文本格式的,CLI 让用户通过键盘输入命令,交换机在用户的屏幕上返回系列文本信息。

交换机没有显示器和键盘,所以 IOS CLI 需要借助计算机的显示器和键盘,在计算机上安装终端仿真器(如超级终端)并且将计算机和交换机物理连接以保证通信。

▶ 1. 交换机的工作模式

在 Cisco 交换机中,命令解释器称为 EXEC,EXEC 解释用户输入的命令并执行相应的操作,在执行 EXEC 命令前必须先登录到交换机。基于安全原因,EXEC 设置了两层保护模式,第一层为普通用户模式,第二层为特权模式[也习惯性称为使能(Enable)模式]。

这两种模式的主要区别是特权模式可以影响交换机的操作,而普通用户模式不允许使用这些"破坏"命令。例如,特权模式可以使用 Reload 命令,这个命令让交换机重新启动,而用户模式下不允许用这个命令。表 7-1 列出这两种模式的关键特性及区别。

```
Cisco    System
Accessing Cisco WS-C2950t-24 "Switch"
Web Console – Manage the Switch through the web interface.

Telnet – to the router

Show interface – display the status of the interfaces.
Show diagnostic log – display the diagnostic log.
Monitor the router – HTML access to the command line interface at level 0,1,2,3,4,5,6,7,8,9,10,11
Connectivity test    - unavailable,no valid nameserverdefined.
Extended Ping – Send extended ping commands.

Show tech-support – display information commonly needed by tech support.

Help resources

1.CCO    at www.cisco.com – Cisco Connection Online,including the Technical Assistance Center(TAC).
2.tac@cisco.com    – e-mail the TAC.
3.1-800-553-2447 or +1-408-526-7209 – phone the TAC.
4.cs-html@cisco.com – e-mail the HTML interface development group.
```

图 7-4    管理界面

表 7-1    用户及特权模式比较

| 模　式 | 命令提示符的结束符号 | 访 问 方 式 | 命令是否改变路由器的运行 |
|---|---|---|---|
| 用户模式 | ＞ | Telnet、控制台或辅助端口 | 否 |
| 特权模式 | ♯ | 在用户模式下通过 Enable 命令进入 | 是 |

　　用户在从用户模式进入特权模式必须使用 Enable 命令，只有在用户提供正确的 Enable 命令之后，IOS 才让用户进入特权模式。特权模式用户也可以通过 Disable、Exit 等命令退回到用户模式。

　▶ 2. 交换机的配置模式

　　只有进入到交换机的特权模式下才能对交换机进行配置，才可以进入全局配置模式 (Global Configuration Mode)和各种特定配置模式(Specific Configuration Mode)。

　　图 7-5 列出了一些特定配置模式。不同的配置模式有不同的提示符，假设交换机名字为 Switch，不同配置模式的提示符如表 7-2 所示。

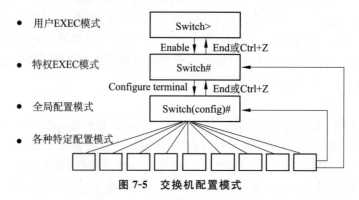

图 7-5    交换机配置模式

提示：在任何配置模式或配置子模式下输入 Exit 命令，则返回上一级模式。在用户模式下输入 Exit 会完全退出路由器。若按 Ctrl＋Z 组合键或输入 End 命令，就可以马上回到特权模式提示符（Switch＃）。

表 7-2　配置模式和提示符

| 提　示　符 | 配　置　模　式 | 描　　述 |
|---|---|---|
| Switch＞ | 用户 EXEC 模式 | 查看有限的路由器信息 |
| Switch＃ | 特权 EXEC 模式 | 详细地查看、测试、调试和配置命令 |
| Switch(config)＃ | 全局配置模式 | 修改高级配置和全局变量 |
| Switch(config-if)＃ | 接口配置模式(Interface) | 执行用于接口的命令 |
| Switch(config-line)＃ | 线路配置模式(line) | 执行线路配置的命令 |

1）全局配置模式

全局配置模式中可以配置一些全局性的参数。要进入全局配置模式，必须首先进入特权模式，在进入特权模式前，必须指定是通过终端、NVRAM 或是网络服务器进行配置。如果通过终端进行配置，在特权模式下输入 Configure Terminal 命令，进入全局配置模式，全局配置模式的提示符为：Switch(config)＃。

如果配置了交换机的名字，则提示符为：交换机的名字(config)＃。

退出方法：用 Exit 命令或 End 命令或 Ctrl＋Z 组合键退到特权模式。

2）全局配置模式下的配置子模式

在全局配置模式下可进入各种配置子模式（如路由、接口配置子模式），要进入配置子模式，首先必须进入全局配置模式。

（1）接口配置模式(Interface Configuration)进入方式：在全局模式下用 Interface 命令进入具体的接口："Switch(config)＃interface interface-type interface-number"提示符为："Switch(config-if)＃"。

例如配置接口 fastethernet0/0：

Switch(config)＃interface fastethernet0/0

（2）子接口配置模式(Subinterface Configuration)进入方式：在接口配置模式下用 interface 命令进入指定子接口："Switch(conrig-if)＃interface interface-type interface-number. number"，提示符为："Switch(config-subif)＃"。

（3）线路配置子模式(Line Configuration)进入方式：在全局配置模式下，用 line 命令指定具体的 line 接口："Switch(config)＃line number 或|vty|aux lcon|number"，提示符为："Switch(config-line)＃"。

## 7.1.4　路由器的口令基础

每台路由器都应该设置它所需要的口令。IOS 可以配置控制台口令（用户从控制台进入用户模式所需的口令）、AUX 口令（从辅助端口进入用户模式的口令）、Telnet 或 VTY 口令（用户远程登录的口令）。此外，还有 Enable 口令（从用户模式进入特权模式的口令）。图 7-6 显示了登录过程及不同口令的名称。

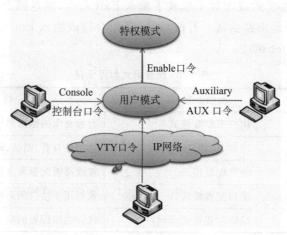

**图 7-6　控制台、AUX、VTY 及 Enable 口令**

IOS 提供了两个命令来配置 Enable 口令，即全局配置命令 Enable Password 和 Enable Secret Password。这两个配置命令，都会在用户输入 Enable 命令之后，让路由器提示用户输入口令，但 Enable Password 只提供了很弱的口令加密的方法（Service Password-Encryption），而 Enable Secret 采用更安全的加密方法。

如果只设置了其中一个口令（Enable Password 或 Enable Secret）。路由器 IOS 期待用户输入的就是相应的口令；如果两个命令都设置了，路由器 IOS 期待用户输入的是在 Enable Secret 命令中设置的口令，也就是说路由器将忽略 Enable Password 中设置的命令；如果这两个命令 Enable Password 和 Enable Secret 都没有设置，情况会有所不同，如果用户是在控制台端口，路由器自动允许进入特权模式；如果不是在控制台端口，路由器拒绝用户进入特权模式。

注意：Cisco 路由器所有的口令都是区分大小写的。

# 7.2　路由器的基本配置

## 7.2.1　路由器的硬件构成

在 Cisco 路由器上，接口指路由器上的物理连接器，用来接收和发送数据包。这些接口由插座或插孔构成，使电缆很容易地连接。接口在路由器外部，一般都位于路由器的背面，图 7-7 为 Cisco 2800 系列路由器背面的图片。

由图 7-11 可以看出，路由器的外部接口包括以太网接口、串行接口、AUX 接口（辅助接口）、Console 接口（控制口 RJ-45）、BRI 接口等。

根据接口的配置情况，路由器可以分为固定式路由器和模块化路由器（如图 7-10 所示）两大类。每种固定式路由器采用不同的接口组合，这些接口不能升级，也不能进行局部变动。模块化路由器上有若干插槽，可插入不同的接口卡，可根据实际需要灵活地进行升级或变动。

图 7-7　Cisco 2800 系列路由器

## 7.2.2　路由器的软件

如同 PC 机一样,路由器也需要操作系统才能运行。Cisco 公司将所有重要的软件性能都集合到一个大的操作系统中,被称为网络互连操作系统 IOS(Internetwork Operation System)。IOS 提供路由器所有的核心功能,主要包括以下方面:

(1) 控制路由器物理接口发送/接收数据包。

(2) 出口转发数据包前在 RAM 中存储该数据包。

(3) 路由(发送)数据包。

(4) 使用路由协议动态学习路由。

## 7.2.3　路由器的基本配置模式

一般来说,Cisco 路由器可以通过以下 5 种方式来进行配置。

▶ 1. 通过 Console 口访问路由器

与交换机配置类似,新路由器在进行第一次配置时必须通过 Console 口访问路由器。

▶ 2. 通过 Telnet 访问路由器

如果管理员不在路由器跟前,可以通过 Telnet 远程配置路由器,当然这需要预先在路由器上配置了 IP 地址和密码,并保证管理员的计算机和路由器之间是 IP 可达的(简单讲就是能"Ping"通)。Cisco 路由器通常支持多人同时 Telnet,每一个用户称为一个虚拟终端(VTY)。第一个用户为 vty 0。第二个用户为 vty 1,依次命名,路由器通常达 vty 4。

▶ 3. 终端访问服务器

稍微复杂一点的实验就会用到多台路由器或者交换机,如果通过计算机的串口和它们连接,就需要经常性拔插 Console 线。终端访问服务器可以解决这个问题,如图 7-8 所示。终端访问控制器实际上就是有 8 个或者 16 个异步口的路由器。从它引出多条连接线到各个路由器的 Console 口。使用时,首先登录到终端访问服务器,然后从终端访问服务器再登录到各个路由器。

▶ 4. 通过 AUX 接口接调制解调器进行远程配置

AUX 接口接调制解调器,通过电话线与远程的终端或运行终端仿真软件的计算机连接。

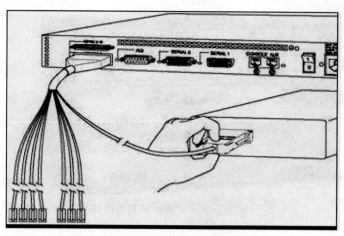

图 7-8 终端访问服务器

▶ 5. 通过 Ethernet 上的 SNMP 网管工作站进行管理

通过网管工作站进行配置，这就需要在网络中至少一台运行 Ciscoworks 及 CiscoView 等的网管工作站，还需要另外购买网管软件。

### 7.2.4 利用 Setup 模式建立初始配置

Cisco 公司提供一种 Setup 模式，采用一种答问的方式，路由器将一系列问题送到控制台窗口，用户回答，建立初始的配置文件，复制到 NVRAM（Startup-config 文件）中，也可复制到 RAM（running-config）中。

进入 Setup 模式有两种方式：一种方式是在特权模式下输入 setup 命令；另一种方式是 NVRAM 为空时启动路由器。NVRAM 为空时，路由器没有任何配件文件可用，它会询问控制台用户是否进入 Setup 模式建立一个初始配置。

如果路由器完成了初始化而没有加载配置文件，它不能路由任何数据包，路由器会给工程师一个机会进入 Setup 模式，轻松地完成路由器的配置工作。

注意：Cisco IOS CLI 操作与前面所述的交换机的配置操作类似。

## 项目实施

## 任务 1　交换机的基本配置

**任务目标：**

（1）了解交换机的作用和工作原理。

（2）熟悉交换机的基本配置方法。

**技能要求：**

（1）能够通过控制台端口对交换机进行初始配置。

（2）能够配置变换机的各种口令。

（3）能够利用 Show 命令查看交换机的各种状态。

**操作过程：**

本任务需要 Cisco2950 交换机 1 台，PC 机 1 台，双绞线（若干根），以及反转电缆 1 根。

按照图 7-9 所示连接硬件，即通过反转线将交换机的 Console 口和 PC 机的 COM 口连接起来，然后采用直通线将交换机的 fa0/1 和 PC 机的网卡接口连接起来，PC 是配置交换机所使用的计算机并作为 TFTP 服务器使用。

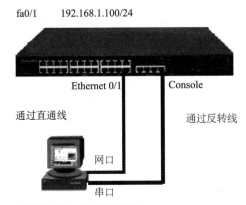

图 7-9  交换机配置拓扑图

▶ 1. 使用系统配置对话

1）硬件连接

通过反转线将交换机的 Console 口和计算机的 COM 口连接起来，路由器开机。

2）打开超级终端

如准备用来进行 IOS 配置的终端就是一台 PC，那么必须运行终端仿真软件，以便输入 IOS 命令，并观看 IOS 信息。终端仿真软件包括 HyperTerminal、Procomm Plus 以及 Tera Term。

下面就以 Microsoft 操作系统中自带的终端应用程序"超级终端"来连接到终端服务器的控制台接口。

首先执行"开始"→"程序"→"附件"→"通信"→"超级终端"命令，弹出如图 7-10 所示的对话框，设置新连接的名称，如 cisco。

单击"确定"按钮，弹出如图 7-11 所示的对话框。在"连接时使用"列表框中，选择终端 PC 的连接接口，单击"确定"按钮。

3）设置通信参数

通常交换机出厂时，波特率为 9 600b/s，因此在图 7-12 对话框中，单击"还原为默认值"按钮，设置超级终端的通信参数，再单击"确定"按钮。

看看超级终端窗口上是否出现路由器提示符或其他字符，如果出现提示符或者其他字符则说明计算机已经连接到交换机了，这时就可以开始配置交换机了。

4）交换机开机

关闭交换机电源，稍后重新打开电源，观察交换机的开机过程，显示如下：

图 7-10　新建连接名称

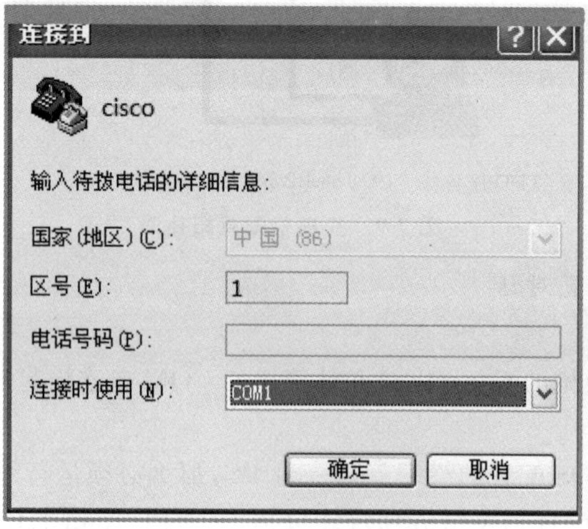

图 7-11　设置连接端口

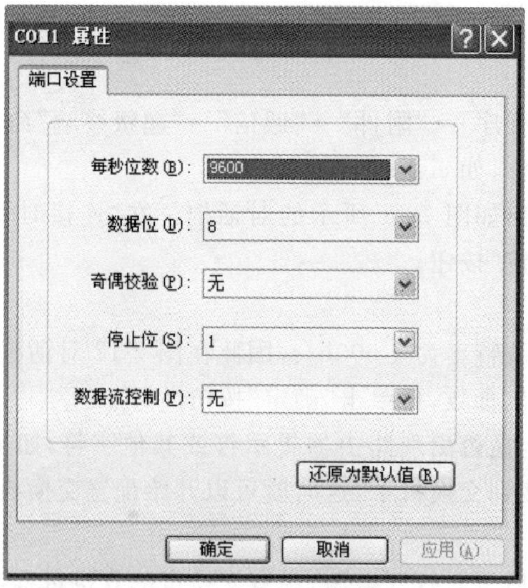

图 7-12　连接端口属性设置

```
flashfs[0]:Total        bytes:64016384
flashfs[0]:Bbytes       used:3058048
flashfs[0]:Bytes        available:60958336
flashfs[0]:flashfs      fsck took 1 seconds.
…done Initializing Flash
Boot  Sector  Filesystem(bs:)installed,fsid:3
Parameter Block Filesystem(pb:)installed,fsid:4
Loading "flash:/c2950-i6q412-mz.121-22.EA4.bin"…
###################################################[OK]
```

Setup 模式所提供的配置过程是：交换机在控制台输出信息，提出问题，用户用键盘回答这些问题。交换机提出的问题都是有关路由器的一些基本配置参数，回答这些问题后，路由器产生相应的命令。路由器通常也会提供默认的选项，显示在括号中。在 Setup 模式中，用户可以随时按 Ctrl+C 组合键退出这个过程。

如果完成了 Setup 的过程，交换机就搜集到了它启动一些基本功能（包括路由器数据包）所需的参数，用户也可以在最后选择是否使用这些在 Setup 模式中获得的信息。在 Setup 模式最后给出 3 个选项。如下所示：

```
[0] Go to the IOS command prompt without saving this config.
[1] Return back to the setup without saving this config
[2] Save this configuration to nvram and exit. enter your selection[2]:
```

每个选项都有很明确的意义，解释如下（默认选择选项[2]）：

[0]：忽略在 Setup 模式中做出的所有回答，并回到用户模式（这个选项的结果就是交换机依然没有任何配置）。

[1]：用户的回答有一些错误，所以忽略在 Setup 模式中做出的所有回答（重新启动 Setup 模式）。

[2]：使用 Setup 模式中的回答，在 NVRAM 中建立启动配置文件，在内存中建立运行配置文件（用户也可以看到用户模式的提示符）。

▶ 2. 用户模式、特权模式、全局配置模式的转换

用户模式、特权模式、全局配置模式的转换如下：

```
Switch>
Switch>enable
Switch#
Switch#disable
Switch>
```

▶ 3. 使用交换机的 CLI

1）CLI 命令帮助

（1）在任何模式下，输入一个"？"，即可以显示在该模式下的所有命令。

例如，在特权模式下输入"？"，即可显示在特权模式下可执行的命令列表。

```
Switch # ?
Exec commands：
    access-enable      Create a temporary Access-List entry
    access-profile     Apply user-profile to interface
    ……
    dot1x              Dot1x Exec Commands
    -More-
```

如果交换机有很多行的内容要输出到屏幕上，它只能填满整个屏幕，然后等待用户要求输出更多内容。交换机利用输出的最下面的一行"-more-"来通知用户还有更多的内容等待输出，有三种选择：①按空格键，获得下一屏的信息。②按回车键，获得下一行的信息。③按其他键，终止这个命令的输出。

（2）在输入命令后面加上"?"，即可显示该命令的帮助说明，如下所示：

```
Switch # traceroute ?
WORD          Trace route to destination address or hostname
appletalk     AppleTalk Trace
clns          ISO CLNS Trace
ip            IP Trace
ipv6          IPv6 Trace
ipx           IPX Trace
<cr>
```

（3）如果不会正确拼写某个命令，可以输入开始的几个字母，在其后紧跟一个问号，路由器即提示有什么样的命令与其匹配，如下所示：

```
Switch # t?
telnet terminal test traceroute tunnel
```

（4）如果不知道命令行后面的参数是什么，可以在该命令的关键字后面空一格，输入"?"，路由器即会提示用户与"?"对应位置的参数应是什么，如下所示：

```
Switch # show ip cache ?
A. B. C. D    prefix of entries to show
flow          flow cache entries
verbose       display extra information
|             Output modifiers
<cr>
```

2）命令的快速输入

Cisco 交换机的用户界面比较简单，只需在相应的提示符下输入命令即可，它与 PC 上使用 DOS 命令有点相似。但是在输入时，不必像在输入 DOS 命令那样，为交换机输入完整的命令。在任何模式下，只要输入命令行的关键字从左至右所包含的字母便能将该命令与其他同一模式下的命令完全区别开来，交换机就能够接收该命令。例如，命令"Hostname #wri t"，这是命令"write terminal"的缩写。字符串"wri t"就足以使交换机正确地解释这个命令，在屏幕上显示交换机的配置。又如"interface Fastethernet 0/0"可以写成"int fa 0/0"。

3）配置命令的删除

要去掉某条配置命令，在原配置命令前加一个"no"并空一个格，例如要去掉已经输入的"boot system flash"命令，在相同模式下，可以输入"no boot system flash"。

4）使用 IOS 编辑命令

Cisco 操作系统 IOS 用户界面包括一种增强的编辑模式，用来对输入的命令行提供一系列的编辑功能。

使用表 7-3 中的按键组合来移动光标在命令行中的位置，以便改错或变更编辑增强功能。可以通过在特权模式提示符 F 输入"kminal noedib"来禁用这一功能。

表 7-3　编 辑 命 令

| 命　　令 | 描　　述 |
| --- | --- |
| Ctrl+A | 使光标直接移到当前显示命令的第一个字符上 |
| Ctrl+E | 使光标直接移到当前显示命令的最后一个字符 |
| Ctrl+B | 使光标在当前显示的命令上后移一个字符 |
| Ctrl+F | 使光标在当前显示的命令上前移一个字符 |
| Ctrl+B 或左箭头 | 使光标在当前显示的命令上向后移动而不删除字符 |
| Ctrl+F 或右箭头 | 使光标在当前显示的命令上向前移动而不删除字符 |
| Ctrl+R | 生成一个新命令提示符，自上一条命令提示符输入以来输入的所有字符紧随其后 |
| 空格 | 使光标在当前显示的命令上向后移动，但删除字符 |

对于长度超过屏幕上单行长度的命令，编辑命令提供自动滚行的功能。当光标移动到边界时，命令行向左移出 10 个空格。美元符号（$）表明命令行进行了左移。每次光标移动到边界时，命令行就会向左移出 10 个空格。

5）IOS 的命令历史功能

用户界面提供所输入命令的历史或者记录。这一功能对于再次使用很长或者很复杂的命令是很有用的。利用历史命令功能，可以完成设置历史缓存的大小、使用缓存中的命令、禁止命令历史等功能，如表 7-4 所示。

表 7-4　命令历史的命令

| 命　　令 | 描　　述 |
| --- | --- |
| Ctrl+P 或向上箭头 | 显示最后使用的命令 |
| Ctrl+N 或向下箭头 | 如果已远历史缓冲区，要回来，将依次显示最近输入的命令 |
| Show history | 显示历史缓冲区的内容 |
| Terminal history[size number-if line] | 设置历史缓冲区的大小 |
| terminal no editing | 仅用高级编辑特性 |
| Terminal editing | 重新启用高级编辑特性 |
| TAB | 完成命令行 |

默认情况下，命令历史功能是启动的，系统会在历史缓冲区中记录 10 条命令。要改变系统在一个终端会话中记录的命令行数，可以用"terminal history size"或"history size"命令。可以设定的最大命令数是 256。

历史缓冲区中开头的命令是最近使用过的，不断按下 Ctrl＋P 组合键或者向上的箭头来逐条显示已经使用过的命令。

为了简化，在输入命令时，可以输入只属于该命令的起始字符串，然后按一下 Tab 键，这样 EXEC 就会自动完成命令行。

▶ 4. 配置交换机的主机名

交换机的名字被称作主机名（Hostname），会在系统提示符中显示，如果没有给交换机命名，系统默认的名字是 Switch。命名需要在全局配置模式下完成。

配置主机名的步骤如下：

```
switch＞en
switch＃config terminal
switch(config)＃hostname cernet
cernet(config)＃
```

5. 配置交换机的口令

1) 设置控制台登录交换机的口令

通过控制台登录交换机的口令即进入用户模式的口令。如果不需要对操作员的身份进行验证，简单配置如下。

```
switch＃config terminal
switch(config)＃line console 0
switch(config-line)＃login
cernet(config-line)＃password cisco
```

这种配置不进行身份验证，只要知道口令就可以登录交换机。如果网络管理员有多人，并且操作时需要进行身份验证，可采用如下的配置：

```
switch＃config terminal
switch(config)＃username user1 password password1
switch(config)＃username user2 password password2
switch(config)＃username user3 password password3
……
switch(config)＃line console 0
cernet(config-line)＃login local
```

这样，当用户试图对交换机操作，进入用户模式时系统就会提示输入用户名和密码。如果不再需要身份验证登录，应该先删除"login local"，再删除"username"语句。只删除"username"语句而不删除"login local"将造成没有用户能够登录交换机，只能采用与恢复口令相同的办法把"login local"删掉即可登录。

2) 建立 Telnet 会话访问时使用的密码保护

只有配置了 vty 线路的密码后，才能利用 Telnet 远程登录交换机，老版本的 IOS 支持 vty line 0～4，即同时允许 5 个 Telnet 连接。新 IOS 支持 vty line 0～15，即同时允许 16 个 Telnet 连接。假设要设置 vty 0～4 条线路的密码为 Cisco，则配置命令为：

```
switch(config)＃line 04
switch(config-line)＃password cisco
```

将 vty 线路 0～4 的 exec-timeout 值设置为 15 分钟 0 秒:

```
switch(config-line)#exec-timeout 15 0
switch#copy running-config startup-config
switch#wr
```

也可以通过 session-limit number 来限制远程登录的用户数:

```
switch(config-line)#session-limit 1
```

3) 特权模式的口令

特权模式是进入路由器交换机的第二个模式,比用户模式拥有更大的操作权限,也是进入全局模式的必经之路,设置特权模式的口令的命令有两个:Enable Secret 和 Enable Password。

(1) Enable Secret。通过 Enable Secret 设置的口令在配置文件中以密文显示,是不可逆的。Enable Secret 语法格式为:

```
switch(config)#enable secret[level level]{password|[encryption-type] encrypted-password}
```

可以设置 1～15 个特权访问等级,如果未声明访问等级,则默认使用等级 15,即最高级别。不同等级有不同的可以使用的指令集,有些指令是无权使用的。如:

```
switch(config)#enable secret Cisco! @#
switch(config)#enable secret level 10 Cisco! @#//操作等级为 10 的口令
```

(2) Enable Password。该命令用来限制对特权 EXEC 模式的访问,语法格式为:

```
switch(config)#enable password [level level]{password|[encryption-type] encrypted-password}
```

该命令的优先级没有 Enable Secret 高,只要 Enable Secret 命令存在,用该命令设置的口令就不生效,并且该命令设置的口令在配置列表中是明文显示的。

```
switch(config)#enable password Cisco! @#
```

对于其他的口令,为了避免直接显示,可以使用 Service password-encryption 命令。

```
switch(config)#service password-encryption
(set password here)
switch(config)#no service password-encryption
```

▶ 6. 查看交换机信息

无论任何时候,能监视交换机的状态和运转状况都是很重要的。Cisco 交换机有一系列的命令,使得你能确定交换机是否正常工作,并判断哪里出了问题。常用的交换机状态命令及其描述和路由器类似,在用户模式或特权模式输入"show?"可以显示所有的 Show 命令。

1) 查看 IOS 版本

可以使用以下命令查看 IOS 版本。

```
switch#show version
```

2）查看配置信息

```
switch#show running-config//显示当前正在运行的配置
switch#show startup-config//显示保存在NVRAM中的启动配置
```

3）查看端口信息

若要查看某一端口的工作状态和配置参数，可使用 Show Interface 命令来实现，其配置命令为"show int type mod/port"，其中，type 表示端口类型，这些端口通常有 Ethernet(以太网端口，通信速度为 10Mb/s)、FastEthernet(快速以太网端口，通信速度为 100Mb/s)、Gigabit Ethernet(吉比特以太网端口，通信速度为 1 000Mb/s)和 Ten Gigabit Ethernet(万兆位以太网端口)，类型通常可简化为 e、fa、gi 和 tengi；Mod/port 表示端口所在的模块和在该模块中的编号。例如，若要查看 Cisco Catalyst 2950 交换机 0 号模块的 12 号端口的信息，则查看命令为"Swiich#show interface fa0/12"，在实际配置中，该命令通常可简化为"Switch#show int fa0/12"。

4）显示交换表信息

（1）查看交换机的 MAC 地址表的命令为：

```
Switch#show mac-address-table[dynamic|static][vlan vlan-id]
```

该命令用于显示交换机的 MAC 地址表，若指定 dynamic，则显示动态学习到的 MAC 地址；若指定 Static，则显示静态指定的 MAC 地址表；若未指定，则显示全部。vlan vlan-id 用于查看指定 VLAN 学习到的 MAC 地址。

例如，若要显示交换机从各个端口学习到的 MAC 地址，则查看命令为：

```
Switch#Show mac-address-table dynamic
```

（2）若要查看交换机的某个端口学习到的 MAC 地址表，则查看命令为：

```
Switch#Show mac-address-table dynamic|static interface type mod/port
```

例如，若要显示 Cisco 2950 交换机 0 号端口动态学习到的 MAC 地址，则查看命令及结果为：

```
Switch#show mac-address-table dynamic int fa0/1
Switch#show mac-address-table dynamic interface fa0/1
Mac Address Table
_____

Vlan        Mac Address         Type            Port
_____

1           000f.e200.b749      DYNAMIC         fa0/1
1           000f.e201.4975      DYNAMIC         fa0/1
24          000f.e207.484d      DYNAMIC         fa0/1
24          000f.e226.c3ac      DYNAMIC         fa0/1
32          000f.e207.484d      DYNAMIC         fa0/1
32          000f.e226.c3ac      DYNAMIC         fa0/1
999         000d.8716.c908      DYNAMIC         fa0/1
999         000f.e200.b749      DYNAMIC         fa0/1
999         00e0.fc09.bcf9      DYNAMIC         fa0/1
999         00e0.fc31.7406      DYNAMIC         fa0/1
Total Mac Address for this criterion:25
```

（3）显示和某个 MAC 地址相关联的端口和 VLAN 信息的命令：

Switch♯ Show mac-address-table address mac-address

例如，若要显示 000f.e226.c3ac MAC 地址对应的端口及所属 VLAN 的相关信息，则查看命令及结果为：

```
Switch♯ show mac-address-table address 000f.e226.c3ac
Mac Address Table
──────────────────────────────────────────────────────
Vlan        Mac Address         Type            Port
1           00e0.fc31.7406      DYNAMIC         fa0/1
999         00e0.fc31.7406      DYNAMIC         fa0/1
Total Mac Address for this criterion:2
```

（4）查看交换表老化时间命令为：

Switch♯ Show mac-address-table aging-time[vlan vlan-id]

其中，vlan vlan-id 用于查看指定 VLAN 的交换机表老化时间。

（5）查看交换表中的地址数量和交换表的大小命令为：

Switch♯ Show mac-address-table count[vlan vlan-id]

例如，查看 Cisco 3550 交换机的 VLAN1l 的交换表的地址数量和交换表大小的查看命令及结果为：

```
Switch♯ show mac-address-table count vlan 1
Mac Entries for Vlan 1:
──────────────────────────────────────────────────────
Dynamic Address Count:9
Static Address Count:0
Total Mac Addresses:9
Total Mac Address Space Available:5049
```

▶ 7. 配置 2 层交换机端口

1）端口选择

（1）选择一个端口。在对端口进行配置之前，应先选择所要配置的端口，端口选择命令为：

```
Switch(config)♯ interface type mod/port
Switch(config-if)♯
```

例如，若要 Cisco 3550 第 12 号端口，则配置命令为：

```
Switch(config)♯ interface fa0/12
Switch(config-if)♯
```

（2）选择多个端口。对于交换机来讲，大都支持使用 Range 关键字，来指定一个端口范围，从而实现选择多个端口，并对这些端口进行统一的配置。同时选择多个交换机端口的配置命令为：

```
Switch(config)#interface range type mod/startport-endport
Switch(config-if-range)#
```

其中，startport代表要选择的起始端口号，endport代表结尾的端口号，用于连接 start-port和endport连字符"-"的两端，应注意留个空格，否则命令将无法识别。

2）配置以太网端口

对端口的配置命令，均在接口配置模式下进行。

（1）为端口指定一个描述性文字。在实际配置中，可对端口指定一个描述性的说明文字，对端口的功能和用途等进行说明，起备忘作用，其配置命令为：

```
Switch( config-if)    #description port-description
```

说明：如果描述文字中包含有空格，则要用引号将描述文字引起来。

若 Cisco 3550 交换机的快速以太网端口 2 连接家属区，需要给该端口添加一个备注说明文字，则配置命令为：

```
switch(config)#int fa0/2
switch(config-if)#description "link to jiashuqu"
```

（2）设置端口的通信速度，配置命令为：

```
Switch( config-if)#speed [10|100|1000|auto]
```

默认情况下，交换机的端口速度设置为auto（自动协商），此时链路的两个端点将交流有关各自能力的信息，从而选择一个双方都支持的最大速度和单工或双工通信模式，若链路一端的端口禁用了自动协商功能，则另一端就只能通过电气信号来探测链路的速度，此时无法确定单工或双工通信模式，此时将使用默认的通信模式。

若交换机设置为 auto 以外的具体速度，此时应注意保证通信双方也要有相同的设置值。若交换机连接到服务器、路由器或防火墙等设备上，通常应设置具体的通信速度和半双工工作模式，一般不设置为自动协商，以防止因自动协商而降低通信速度。

例如，若 Cisco 3550 交换机的快速以太网端口 2 的通信速度设置为 100Mb/s，则配置命令为：

```
Switch(config)#int fa0/2
Switch(config-if)speed 100
```

（3）设置端口的单双工模式配置命令为：

```
Switch(config-if)#duplex [half|full|auto]
```

在配置交换机时，要注意交换机端口的单双工模式的匹配，如果链路一端设置的是全双，而另一端是半双工，则会造成响应差和高出错率，丢包现象会很严重。通常可设置为自动协商或设置为相同的单双工模式。

例如，若 Cisco 3550 交换机的快速以太网端口 2 设置为全双工通信模式，则配置命令为：

```
Switch(config)#int fa0/2
Switch(config-if)#duplex full
```

（4）控制端口协商，启动链路协商的配置命令为：

```
Switch (config-if) #negotiation auto
```

禁用链路协商的配置命令为：

```
Switch( config-if)  #no negotiation auto
```

当 Cisco 交换机与华为交换机进行级联时，应关闭端口的自动协商功能，否则端口将无法激活。

（5）启用或禁用端口。对于没有连接的端口，其状态始终是处于 shutdown 状态。对于正在工作的端口，可根据管理的需要，进行启用或禁用。

禁用端口的配置命令为：

```
Switch(config-if) #shutdown
```

启用端口的配置命令为：

```
Switch(config-if) #no shutdown
```

▶ 8. 通过 Telnet 连接交换机

Telnet 协议是一种远程访问协议，可以用它登录到远程计算机、网络设备或专用 TCP/IP 网络。Windows 系统、UNIX/Linux 等系统中都内置有 Telnet 客户端程序，就可以用它来实现与远程交换机的通信。

在使用 Telnet 连接至交换机前，应当确认已经做好以下准备工作：

（1）在用于管理的计算机中安装有 TCP/IP 协议，并配置好了 IP 地址信息。

（2）在被管理的交换机上已经配置好 IP 地址信息，如果尚未配置 IP 地址信息，则必须通过 Console 端口进行设置。

（3）在交换机上建立了具有管理权限的用户账户，如果没有建立新的账户，则 Cisco 变换机默认的管理员账户为"Admin"。

Telnet 命令的一般格式如下：

```
telnet [Hostname/port]
```

这里要注意：Hostname 包括了交换机的名称，但更多的是指交换机的 IP 地址格式后面的"Port"一般是不需要输入的，它是用来设定 Telnet 通信所用的端口的，一般来说 Telnet 通信端口在 TCP/IP 协议中有规定为 23 号端口，最好不要改动，即可以不管这个参数。

1）配置交换机的可管理 IP 地址

在 2 层交换机中 IP 地址仅用于远程登录管理交换机，对于交换机的运行不是必需的。若没有配置管理 IP 地址，则交换机只能采用控制端口进行本地配置和管理。

默认情况下，一个交换机的所有端口均属于 VLAN 1，VLAN 1 是交换机自动创建和管理的。每个 VLAN 只有一个活动的管理地址，因此对 2 层交换机设置管理地址之前，首先应选择 VLAN1 接口，然后再利用 IP address 配置命令设置管理 IP 地址。

```
Switch(config)#Interface vlan vlan-id
Switch(config-if)Ip address address netmask
```

其中,vlan-id 代表要选择配置的 VLAN 号,address 为要设置的管理 IP 地址,netmask 为子网掩码。

若要设置或修改交换机的管理 IP 地址为 192.168.1.100,默认网关为 192.168.1.1。首先在 PC 机上通过反转电缆登录到交换机上,配置 PC 的 IP 地址为 192.168.1.2。

```
Switch>
Switch>en
Password:
Switch#config t
Enter configuration commands,one per line. End with CNTL/Z.
Switch(config)#vlan 1
Switch(config-vlan)#exit
Switch(config)#interface vlan 1
Switch(config-if)#Ip address 192.168.1.100 255.255.255.0
Switch(config-if)#no shutdown
Switch(config-if)exit
Switch(config)#ip default-gateway 192.168.1.1
Switch(config)#int fa0/1
Switch(config-if)#switchport access vlan 1
Switch(config-if)#no shutdown
Switch(config-if)#exit
```

若要取消管理 IP 地址,可执行 no ip address 配置命令。

在 PC 计算机的 MS-DOS 状态下,输入 Telnet 192.168.1.100,进行测试。

2) 显示交换机的管理 lP 地址

显示交换机的管理 lP 地址命令格式为:

```
Switch#show int vlan 1
```

3) 配置交换机远程登录口令和超级密码口令

配置交换机远程登录口令和超级密码口令具体过程如下:

```
Switch#conf t
Switch(config)#line vty 0 4
Switch(config-line)#password CISCO
Switch(config-line)#login
Switch(config-line)#exit
Switch(config-line)#enable password CISCO
Switch(config)#end
```

**任务小结:**

通过本任务,我们已经掌握了交换机的几种配置方法,这对提升自己的专业技能有很大帮助,也对自己从事网络管理工作有一定的促进作用。

# 任务2  路由器的基本配置

**任务目标：**

（1）了解路由器配置的三大视图模式。

（2）了解路由器的基本配置方式。

（3）了解基于查表转发的机制。

**技能要求：**

（1）能够进行路由器的连通测试和网络连通测试。

（2）实现路由器设备命名、IP 查表等网络功能。

（3）通过路由器实现 IP 组网的基本功能。

**操作过程：**

本任务需要 1 台路由器机、制作完成的网线（这里使用的是直通线）和 2 台 PC 机。

▶ 1. 路由网络设备的连接

路由器设备的连接和远程网络拓扑图如图 7-13 所示。

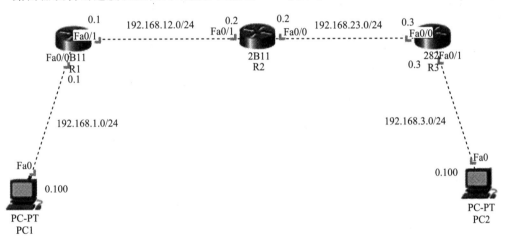

图 7-13  远程网络拓扑图

▶ 2. IP 的配置

在 PC1、PC2 上分别点击右键进入"本地连接"属性对话框，选中"Internet 协议（TCP/IP）"选项，单击"属性"按钮，弹出"Internet 协议（TCP/IP）属性"对话框，如图 7-14 和图 7-15 所示。

在"Internet 协议（TCP/IP）属性"对话框中设置对等网络中划分好的相应 IP 地址、子网掩码。以上配置完成后，单击"确定"按钮。

▶ 3. 进入"CLI"命令行配置设备名称

在 R1、R2、R3 的"CLI"选项卡中，经过三大视图，在全局配置模式配置设备名称，如图 7-16、图 7-17 和图 7-18 所示。

▶ 4. 配置路由器 IP 地址

在 R1 进入对应的接口，配置 IP 地址，如图 7-19 所示。

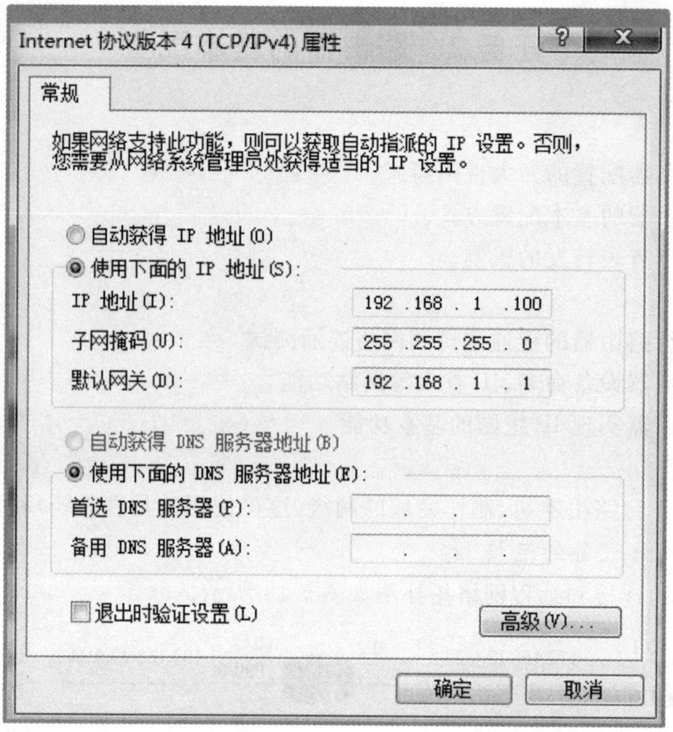

图 7-14 设置 PC1 的 Internet 协议（TCP/IP）属性

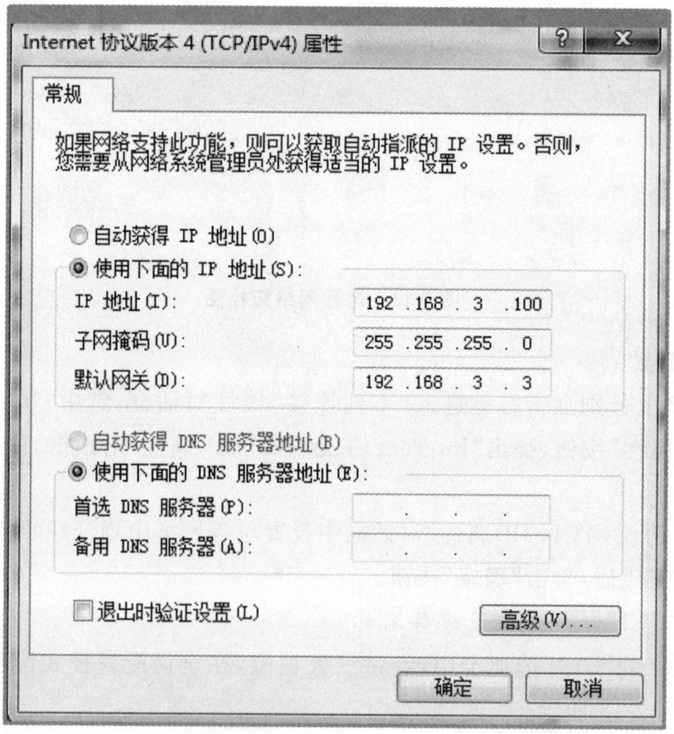

图 7-15 设置 PC2 的 Internet 协议（TCP/IP）属性

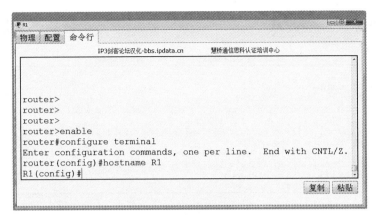

图 7-16 配置 R1 的设备名称

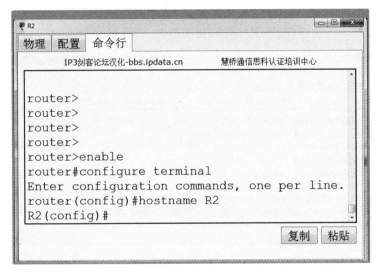

图 7-17 配置 R2 的设备名称

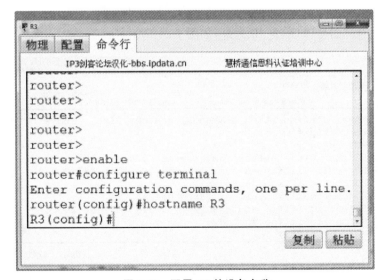

图 7-18 配置 R3 的设备名称

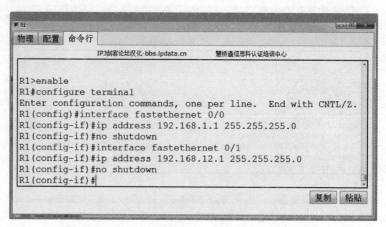

**图 7-19 配置 R1 两个接口的 IP 地址**

在 R2 进入对应的接口，配置 IP 地址，如图 7-20 所示。

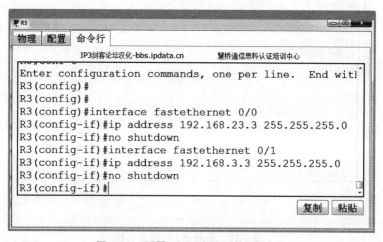

**图 7-20 配置 R2 两个接口的 IP 地址**

在 R3 进入对应的接口，配置 IP 地址，如图 7-21 所示。

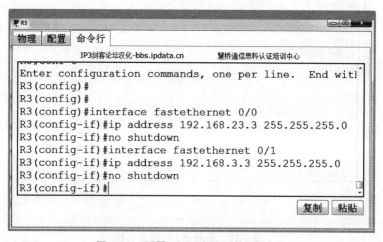

**图 7-21 配置 R3 两个接口的 IP 地址**

▶ 5. 配置路由器静态路由

在 R1 配置静态路由,测试 PC 之间的可达性,如图 7-22 所示。

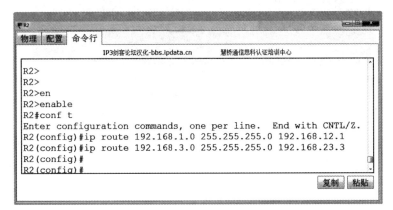

**图 7-22　配置 R1 到达 192.168.3.0/24 网络的静态路由**

在 R2 配置静态路由,测试 PC 之间的可达性,如图 7-23 所示。

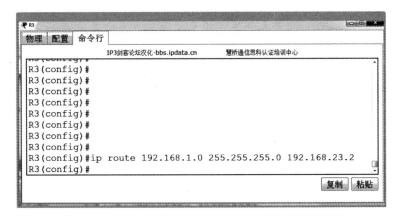

**图 7-23　配置 R2 到达 192.168.1.0/24 和 192.168.3.0/24 网络的静态路由**

在 R3 配置静态路由,测试 PC 之间的可达性,如图 7-24 所示。

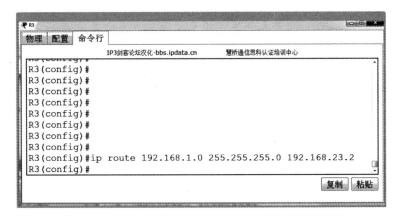

**图 7-24　配置 R3 到达 192.168.1.0/24 网络的静态路由**

▶ 6. 远端连通测试

最后用户可以利用基本的网络命令对整个远端进行连通测试，来检查网络是否通畅。方法如下：在"开始"菜单的"运行"命令中输入"cmd"命令，进入到命令行状态，然后利用"ping"命令对目标地址进行检测。图 7-25 所示情况表明本机与目标电脑之间的网络是通畅的，可实现网络资源共享。

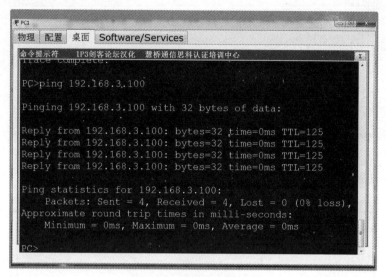

图 7-25　网络连通测试

**任务小结：**

通过本任务，我们已经能够深刻地认识到了路由器配置的重要性，了解到路由器的基本知识和配置方法。希望同学们能够活学活用，把所学知识应用到网络工程的实践中。

# 项目8 感受网络世界的精彩

## 项目描述

在完成了企业局域网组建及通过局域网接入 Internet 以后，作为网络管理员，应该指导其他部门员工，正确合理利用网上资源，引导大家正确上网，让大家感受网络世界的精彩。

## 项目分析

通过前面的项目，我们已经完成了网络工程的搭建，并选择我们认为比较合适的方式接入 Internet 网络，让自己的计算机成为 Internet 大家族中的一员，接下来，我们该做些什么呢？理所当然是感受 Internet 网络世界给我们带来的精彩。

本项目将首先引导大家在 Internet 网络中掘金，获取自己想要的各种资源；其次是利用各种不同的手段与身处 Internet 网络中任何一个角落的好友进行沟通和交流，打破空间的限制，缩短人与人之间的距离；另外，在电子商务普及的时代，利用 Internet 网络进行各种电子商务活动也是一部分网友追求的目标，在本项目中也将会涉及。

## 项目知识

# 8.1 Internet Explorer 8.0 和搜索引擎

## 8.1.1 认识浏览器

上网浏览、搜索和获取 Internet 丰富信息的软件称为"浏览器"，它是用户登录 Internet 浏览信息必不可少的软件。浏览器典型的产品有 Microsoft 公司推出 Internet Explorer、网景公司推出的 Natscape Navigator，还有国内几家公司推出的如 360 安全浏览器、搜狗浏览器、百度浏览器等产品。不过，由于 Microsoft 公司推出 Internet Explorer 采用"捆绑式"销售策略，最终成为市场的主流。

Internet Explorer 8.0 是 Microsoft 公司于 2009 年正式推出的基于超文本技术的 Web 浏览器，它是 Internet Explorer 7.0 的升级版，和其他的 Web 浏览器一样，可以使用户从 Web 服务器上寻找信息并显示 Web 网页。目前，Internet Explorer 8.0 已在 Windows 7 操作系统中集成，其功能强大，操作简单，是目前使用最多的 Web 浏览器。

Internet Explorer 8.0 比以前的版本增加了新的功能特性，其中包括 Activities（活动内容服务）、WebSlices（网站订阅）、Favorites Bar（收藏夹栏）、Automatic Crash Recovery（自动崩溃恢复）和 Improved Phishing Filter（改进型反钓鱼过滤器）。

Internet Explorer 8.0 在界面设计上更加注重组织化和结构化，使用户操作起来更加方便。

Internet Explorer 8.0 窗口由标题栏、地址栏、搜索栏、选项卡标签、工具栏、网页窗口和状态栏 7 部分组成，如图 8-1 所示。

图 8-1　Internet Explorer 8.0 的窗口

Internet Explorer 8.0 的标题栏位于页面的最上方，包括网页名称和控制窗口按钮；地址栏用于显示当前网页的地址，在此输入网址可以打开相应的网页。搜索栏用于在网站中查找相关内容，在此输入要搜索的内容或者关键字，单击"查找"按钮即可进行搜索；选项卡标签打开某个网页后会显示出相应的选项卡，若打开多个网页，可以通过单击选项卡来进行不同网页之间的切换。工具栏提供了 Internet Explorer 8.0 中常用命令的快捷方式，单击某一按钮就可以完成此单中相应的命令；网页浏览窗口显示当前网页的内容，将鼠标指针指向网页上的一个对象时，如果鼠标指针变成手的形状，单击该对象可以打开新的网页。状态栏则位于窗口的最下方，用于显示浏览其当前网页或正在进行操作的相关信息。

## 8.1.2　浏览器的设置及其使用

▶ 1. Internet Explorer 8.0 的设置

可以通过鼠标右击桌面上的"Internet Explorer"图标，在弹出的快捷菜单中单击"属性"命令来设置 Internet Explorer 8.0 的属性；也可以启动浏览器，单击"工具"菜单中的"Internet 选项"命令，打开"Internet 选项"对话框来设置浏览器的属性，如图 8-2 所示。

图 8-2　选择 Internet Explorer 8.0 的 Internet 选项

1)"常规"选项卡的设置

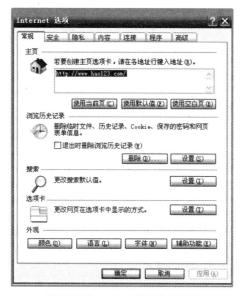

图 8-3　"Internet 选项"对话框

如图 8-3 所示,在"Internet 选项"对话框中,默认打开的是常规选项卡,其中包括主页、浏览历史记录、搜索、选项卡和外观等选项。我们关注经常要用到的几个选项。

(1) 主页。主页是指启动 Internet Explorer 8.0 时系统自动连接的 Web 网页,有以下 4 种形式。

使用当前页:例如,打开的网页地址为 www.baidu.com,设置"使用当前页"后,启动 Internet Explorer 8.0 直接打开该页。

使用默认页:默认页是微软(中国)公司主页,设置"使用默认页"后,启动 Internet Explorer 8.0 时打开微软(中国)公司主页。

使用空白页：设置"使用空白页"后，启动 Internet Explorer 8.0 时，只能打开空白页，不访问任何站点，在地址栏输入网址后才可打开该网站的网页。

设置任意网页：将主页设置成自己感兴趣的网站，在地址栏中输入该站点的网址，如 www.hao123.com，单击"确定"按钮，当启动 Internet Explorer 8.0 时将直接进入该网页。

在进行该选项设置时，一般带有个性化的色彩，可以根据用户习惯和喜好进行设置。

（2）浏览历史记录。Internet 临时文件是指打开网页时，Internet Explorer 8.0 自动将该网页上的图片及内容以文件的形式保存在当地硬盘上的"Internet 临时文件"文件夹中。这样可以加快显示用户经常访问或已经查看过的网页的速度，因为 IE 可以从硬盘而不是从 Internet 上打开这些网页。

查看临时 Internet 文件的步骤在"浏览历史记录"下单击"设置"；在"Internet 临时文件和历史记录设置"对话框中，单击"查看文件"，即可查看 Internet 临时文件，如图 8-4 和图 8-5 所示。

图 8-4　"Internet 选项"对话框　　　　图 8-5　临时文件和历史记录设置对话框

删除临时 Internet 文件的步骤。在使用 Internet Explorer 8.0 上网过程中，我们建议用户定期删除临时 Internet 文件，这样可以释放 Internet 临时文件占用的硬盘空间。具体方法为：在"浏览历史记录"下单击"删除"按钮，在出现的"删除浏览的历史记录"对话框中，选中要删除的信息的复选框，然后单击"删除"按钮，最后单击"确定"按钮即可。如图 8-6 和图 8-7 所示。

2）"安全"选项卡的设置

Internet 是开放的，为防止不道德的人通过网络对计算机进行恶意攻击，我们可以采取不同的措施加以防护，例如，我们可以在"Internet 选项"对话框中选择"安全"选项卡进行相应设置，如图 8-8 所示。

Internet Explorer 8.0 中的"安全"选项允许对不同的站点设置不同的安全级别，这样可以有效地保护用户的计算机。单击"默认级别"按钮，Internet Explorer 8.0 将自动为用户设置一个安全级别。如图 8-9 和图 8-10 所示。

如果在"安全"选项卡中单击"自定义级别"按钮，弹出如图 8-11 所示的对话框。在"安全设置"对话框中，用户可根据自己的需要，选择相应的安全设置。

图 8-6 "Internet 选项"对话框

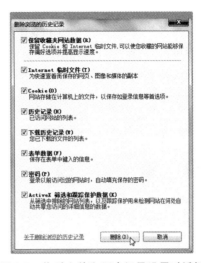

图 8-7 临时文件和历史记录设置对话框

图 8-8 "安全"选项卡

图 8-9 "安全"选项卡

图 8-10 选择默认级别后的界面

图 8-11 安全设置对话框

如图 8-12 所示，Internet Explorer 8.0 中的站点分成 4 类：Internet、本地 Internet、可信站点和受限站点。其中，可信站点和受限站点需要用户自己添加。添加的方法是选择"可信站点"，然后单击"站点"按钮，弹出"可信站点"对话框，在"将该网站添加到区域"文本框中添加自己信任的站点，单击"添加"，如图 8-13 所示。

图 8-12　添加可信任站点

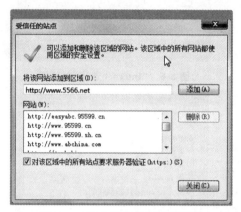

图 8-13　受信任站点设置对话框

如果要添加的站点不是安全站（https），则应清除"对该区域中的所有站点要求服务器验证（https：）"复选框。

站点的安全级别通过移动滑块来设置。安全级别分别为高级、中级、中低级和低级 4 种。"高级"能自动排除可能对本机危害的内容；"中级"对运行具有潜在危险的内容发出警告；"低级"可运行所有的内容，不发出任何警告提示。单击"安全"选项卡中的"自定义级别"按钮可对安全的具体内容进行设置。

3）"隐私"选项卡的设置

"隐私"选项卡如图 8-14 所示。一般网站使用 Cookie 向用户提供个性化体验以及收集有关网站使用的信息。很多网站也使用 Cookie 存储提供站点部分之间的一致体验的信息，如购物车或自定义的页面。对于受信任的网站，Cookie 可通过使站点学习用户的首选项或允许用户跳过每次转到网站必须的登录操作来丰富用户的体验。但是，有些 Cookie，如标题广告保存的 Cookie，可能通过跟踪用户访问的站点使得用户的隐私存在风险。

4）"内容"选项卡的设置

"内容"选项卡界面如图 8-15 所示，它由"家长控制""内容审查程序""证书""自动完成""源和网页快讯"5 个选项区域组成。

内容审查程序得根据站点内容分级来阻止或允许特定网站的一种工具，它可对不同站点设置不同的访问权限；证书提供网站标识和加密，用于安全连接。这些设置允许用户删除在使用智能卡或公用计算机展台时存储的个人安全信息（也就是清除 SSL 状态）。用户还可以查看或管理安装在自己的计算机上的证书。自动完成是 Internet Explorer 中的一种功能，

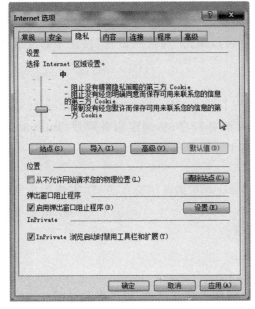

图 8-14 "隐私"选项卡

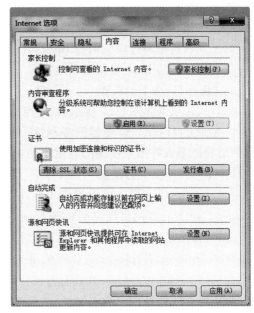

图 8-15 "内容"选项卡

它可以记住用户曾经在地址栏、Web 窗体或密码字段中键入的信息,并在用户以后开始再次键入同一内容时提供该信息。这可以使用户无须重复键入同一信息。源也称为 RSS 源,包含网站发布的经常更新的内容。通常将其用于新闻和博客网站,但是也可用于分发其他类型的数字内容,包括图片、音频和视频。

5)"连接"选项卡的设置

"连接"选项卡如图 8-16 所示。该选项卡主要是用于设置网络连接的方式。

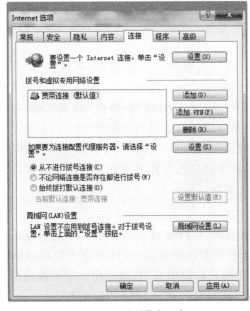

图 8-16 "连接"选项卡

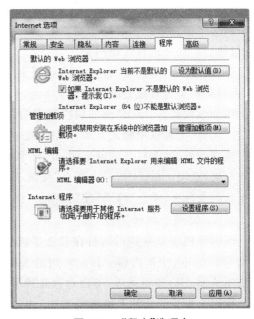

图 8-17 "程序"选项卡

如果计算机采用的是单机连接方式，也就是单独用一台计算机拨号或者是宽带连接，单击"设置"按钮，可以启动连接向导，建立一个新的连接。

如果计算机是通过局域网与 Internet 连接，则可以单击"局域网设置"按钮来修改或者设定代理服务器的 IP 地址及端口地址等。

6）"程序"选项卡的设置

"程序"选项卡如图 8-17 所示，从中可以设置与 Internet Explorer 相关的 Internet 服务程序。如指定 HTML 编辑器服务程序、电子邮件服务程序、新闻组服务程序、Internet 呼叫、日历和联系人等服务使用的应用程序。不过这里一般都取默认值。

7）"高级"选项卡的设置

在"高级"选项卡界面可以设置 Internet Explorer 8.0 浏览信息的方式，主要用于完成 Internet Explorer 对网页浏览的特殊控制。Internet Explorer 8.0 提供了很多控制选项供用户选择，修改这些选项，可以改变浏览网页的选项。

▶ **2. Internet Explorer 8.0 的使用**

1）用 Internet Explorer 8.0 打开网页

用户可以在地址栏中输入网址，然后按 Enter 键即可打开网页，也可以通过网页中的链接来打开对应的网页。

利用 Internet Explorer 的"搜索"功能，在 IE 浏览器的地址栏中输入 URL 的第一个字母，如"s"，IE 将自动搜索并打开下拉式列表框，显示所有以"s"字母开头的 URL。

如果想查看浏览器近期访问过的网页，单击下拉式列表框按钮，再单击所需的 URL，就可以打开相应的网页。

有时候需要打开第 2 个（或者第 3 个、第 4 个）网页，而不关闭第 1 个网页。Internet Explorer 8.0 允许用户为每一个新网页创建一个选项卡，单击不同的选项卡可在两个网页中进行切换。

2）使用收藏夹

网络中信息资源非常的丰富，当用户看到自己喜欢的网页时，可以通过收藏夹将其收藏，以便日后快速地打开该网页。

打开收藏夹：单击工具栏中的"收藏夹"按钮，在网页编辑区左侧打开"收藏夹"任务窗格，此时即可查看收藏夹的内容。

添加到收藏夹：单击"添加到收藏夹"按钮（或者 Alt＋Z）组合键，弹出"添加收藏"对话框，在"名称"文本框中输入文本，单击"添加"按钮就可以将这个网页收藏。

整理收藏夹：在打开的网页中，单击"添加到收藏夹"按钮，在弹出的下拉菜单中选择"整理收藏夹"选项。单击"新建文件夹"按钮，在文本框中创建新文件夹并命名。也可以移动网页至新的文件夹，单击"移动"按钮，弹出"浏览文件夹对话框"。

▶ **3. 使用手机浏览器**

所谓手机浏览器是指运行在智能手机上的浏览器，可以通过 GPRS 或无线上网方式上网浏览 Internet 上的内容。目前常用的手机浏览器有 UC 浏览器、手机 QQ 浏览器、Opera 手机浏览器、GO 浏览器等，下面对这几种手机浏览器进行简单介绍，以方便大家按需选用。

在以上提及的几种手机浏览器中，知名度较高且拥有的用户数较多的是 UCmobile，它是以 Webkit 引擎为蓝本，针对智能手机量身打造，兼容各种网络标准、性能强劲，使手机上显示的网页的效果与计算机上一样。

继 UC 浏览器之后,腾讯公司自主研发了适用于智能手机的 QQ 浏览器,它以更快速、更便捷的特性受到很多手机用户的青睐,它不仅体积小、上网速度快,并且一直致力于优化和提升手机上网体验。通过多项领先技术,让手机上网的浏览效果更佳,流量费用更少,在手机获得最佳的上网体验。QQ 浏览器目前支持 GPRS、WLAN(Wi-Fi)、WCDMA 方式接入网络。

Opera 手机浏览器支持多种操作系统的手机浏览器,支持多种语言。Opera 还提供很多方便的特性,包括 Wand 密码管理、会话管理、鼠标手势、键盘快捷键、内置搜索引擎、智能弹出式广告拦截、网址的过滤、浏览器识别伪装和超过 400 种可以方便下载更换的皮肤,界面可以在定制模式下通过拖放随意更改。

Go 浏览器是 3G 门户独立开发的一款手机浏览器软件,可以在手机上实现浏览 WAP、WWW 网页。GO 浏览器具有绚丽的界面、时尚简约的风格、飞速稳定的下载速度,同时通过特有的页面压缩技术,大大降低了网络流量,在提高手机访问互联网速度的同时,极大地节省了用户的流量费用。

## 8.1.3　搜索引擎的功能及使用

搜索引擎是指根据一定的策略、运用特定的计算机程序从互联网上搜集信息,在对信息进行组织和处理后,为用户提供检索服务,将用户检索到相关的信息展示给用户的系统。

▶ 1. 搜索引擎的分类

1) 全文索引

全文索引引擎是名副其实的搜索引擎,国内知名的有百度搜索。它们从互联网提取各个网站的信息(以网页文字为主),建立起数据库,并能检索与用户查询条件相匹配的记录,按一定的排列顺序返回结果。

根据搜索结果来源的不同,全文搜索引擎可分为两类:一类拥有自己的网页抓取、索引、检索系统,有独立的"蜘蛛"(Spider)程序[或爬虫(Crawler)程序、"机器人"(Robot)程序(这3 种称法意义相同)],能自建网页数据库,搜索结果直接从自身的数据库中调用,上面提到的 Google 和百度就属于此类;另一类则是租用其他搜索引擎的数据库,并按自己的格式排列搜索结果,如 Lycos 搜索引擎。

2) 目录索引

目录索引虽然有搜索功能,但严格意义上不能称为真正的搜索引擎,只是按目录分类的网站链接列表而已。用户完全可以按照分类目录找到所需要的信息,不依靠关键词(Key-words)进行查询。目录索引中最具代表性的有 Yahoo!、新浪分类目录搜索。

3) 元搜索引擎

元搜索引擎接收用户查询请求后,同时在多个搜索引擎上搜索,并将结果返回给用户。著名的元搜索引擎有 InfoSpace、Dogpile、Vivisimo 等,中文元搜索引擎中具有代表性的是搜星搜索引擎。在搜索结果排列方面,有的直接按来源排列搜索结果,如 Dogpile;有的则按自定的规则将结果重新排列组合,如 Vivisimo。

4) 垂直搜索引擎

垂直搜索引擎为 2006 年后逐步兴起的一类搜索引擎。不同于通用的网页搜索引擎,垂直搜索引擎专注于特定的搜索领域和搜索需求(如机票搜索、旅游搜索、生活搜索、小说搜索、视频搜索等),在其特定的搜索领域有更好的用户体验。相比通用搜索动辄数千台检索服务器，垂直搜索需要的硬件成本低、用户需求特定、查询的方式多样。

5）其他非主流搜索引擎形式

（1）集合式搜索引擎。类似元搜索引擎，区别在于它并非同时调用多个搜索引擎进行搜索，而是由用户从提供的若干搜索引擎中选择，如 HotBot 在 2002 年底推出的搜索引擎。

（2）门户搜索引擎。AOL Search、MSN Search 等虽然提供搜索服务，但自身既没有分类目录，也没有网页数据库，其搜索结果完全来自其他搜索引擎。

（3）免费链接列表（Free For All Links，FFA）。一般只简单地滚动链接条目，少部分有简单的分类目录，不过规模要比 Yahoo! 等目录索引小很多。

▶ 2. 搜索引擎的功能

目前 Internet 上的搜索引擎众多，它们各有其特色。作为一个受欢迎的搜索引擎，一般有以下几个功能。

（1）有丰富的索引数据库。一个丰富的索引数据库是确保用户找到所需信息的必要保证。

（2）具有全文搜索的功能。目前搜索引擎的一个发展方向就是全文搜索引擎，它是针对全部文本进行检查，这表明用户可以搜索到每一个页面中的每一个词。

（3）具有目录式分类结构。

（4）查询速度快，性能稳定可靠、可维护性好。

▶ 3. 搜索引擎的使用

1）使用 Google 搜索引擎

Google 搜索引擎以精度高、速度快成为最受欢迎的搜索引擎，不但能搜索网站消息，还能搜索图像、论坛等信息，例如：启动 Google 搜索引擎，并在 Internet 上搜索计算机图书信息。

（1）打开 Internet Explorer 浏览器，在地址栏中输入网址，打开 Google 搜索界面，如图 8-18 所示。

图 8-18  Google 搜索引擎

（2）在输入栏中输入"计算机图书"，按回车键或者是单击"Google 搜索"。

（3）出现搜索结果，找到 16 500 000 个搜索结果。这些搜索结果来自不同的地区。

2）使用百度搜索引擎

百度搜索引擎是全球最大的中文搜索引擎，2000 年 1 月由李彦宏、徐勇两人创立于北京中关村。百度以自身的核心技术"超链分析"为基础,提供的搜索服务体验赢得了广大用户的喜爱。百度除网页搜索外,还提供新闻、贴吧、MP3、知道、地图、文库、视频等多样化的搜索服务,率先创造了以贴吧、知道为代表的搜索社区,将无数网民头脑中的智慧融入了搜索。

(1) 打开 Internet Explorer 浏览器,在浏览器的地址栏输入百度的网址 www.baidu.com,打开百度搜索界面,如图 8-19 所示。

**图 8-19　百度搜索引擎**

(2) 在输入栏中输入"计算机网络",按回车键或者是单击"百度一下"按钮。

(3) 出现如图 8-20 所示的搜索结果,从图中的相关类目中可以看出,这些搜索结果来自不同的地区。

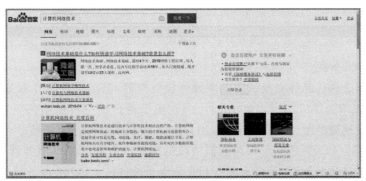

**图 8-20　百度搜索结果**

## 8.2　互联网背景下人与人之间的沟通

在计算机网络技术飞速发展的今天,上网冲浪已成为人们工作和生活中的一项重要内容,除了通过浏览器和搜索引擎查阅和搜索我们感兴趣的资源外,广大网民间的相互交流也是必不可少,写信、打电话等传统的沟通方式已经被新的交流和沟通的方式所取代,电子邮件、即时通信软件、博客、微博、微信、BBS 和社交网站等方式。

### 8.2.1 电子邮件的应用

电子邮件又被称为 E-mail,它是用户或用户组之间通过计算机网络收发信息的一种服务。电子邮件已成为网络用户之间快捷、简便、可靠且成本低廉的现代化通信手段,是 Internet 上使用最为广泛、最受欢迎的服务之一。

▶ 1. 电子邮件系统

电子邮件系统通过计算机网络来管理、发送和接收电子邮件。局域网、广域网都有自己的电子邮件系统,Internet 能够支持各种网络的邮件系统,使电子邮件在 Internet 上畅通无阻。电子邮件系统的工作模式是一种客户机/服务器的方式。客户机负责的是邮件的编写、阅读、管理等工作;服务器负责的是邮件的传送工作。

一个完整的电子邮件系统应该具有 3 个主要的组成部分:邮件客户端程序、邮件服务器程序,以及收发电子邮件使用的协议。电子邮件系统的工作原理如图 8-21 所示。

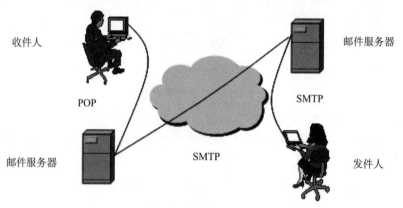

图 8-21 邮件系统的工作原理

▶ 2. 邮件服务器

邮件服务器是进行邮件交换所需的软硬件设施总称,包括发送邮件服务器 SMTP 和接收邮件服务器 POP3。SMTP 是 Internet 上发送电子邮件的一种通信协议,而 SMTP 服务器就是遵循这种规则的邮件发送服务器,用户的邮件必须经过它的中转才可以发送到收件人的 E-mail 邮箱。POP3 是电子邮局通信协议的第 3 个版本,POP3 服务器就是遵循 POP3 协议规则的邮件接收服务器,是用来接收和存储电子邮件的。POP3 服务器允许用户将电子邮件下载到自己的本地计算机中。

▶ 3. 电子邮件系统有关协议

1) RFC822 邮件格式

RFC822 定义了电子邮件报文的格式,即 RFC822 定义了 SMTP、POP3、IMAP 以及其他电子邮件传输协议所提交、传输的内容。RFC822 定义的邮件由两部分组成:信封和邮件内容。信封包括与传输、投递邮件有关的信息;邮件内容包括标题和正文。

2) 简单邮件传输协议

简单邮件传输协议 SMTP 是一组用于由源地址到目的地址传送邮件的协议,由它来控制信件的中转方式。SMTP 属于 TCP/IP 协议簇,它帮助每台计算机在发送或中转信件时找到下一个目的地。通过 SMTP 所指定的服务器,可以把 E-mail 寄到收信人的服务器上,整个过程只需要几分钟。SMTP 服务器是遵循 SMTP 协议的发送邮件服务器,用来发送或中转用户发送的电子邮件。但是 SMTP 协议支持的功能比较简单,并且有安全方面的缺陷。这是因为所有经过基于该协议的软件收发的电子邮件,都是以普通正文形式明码传输的,不能传输诸如图像等非文本信息,任何人都可以在途中截读这些邮件,复制这些邮件,甚至对邮件内容进行篡改。邮件在传输过程中可能丢失,别有用心的人也很容易以冒名顶替方法伪造邮件。

3) 邮局协议

邮局协议 POP3 是规定怎样将个人计算机连接到 Internet 的邮件服务器和下载电子邮件的协议。它是 Internet 电子邮件的第一个离线协议标准,POP3 允许用户从服务器上把邮件存储到本地主机(即自己的计算机),同时也可以删除保存在邮件服务器上的邮件。POP3 服务器是遵循 POP3 协议的接收邮件服务器,用来接收电子邮件。

4) 网际消息访问协议

网际消息访问协议 IMAP4 主要提供的是通过 Internet 获取信息的一种协议。IMAP 像 POP 那样提供了方便的邮件下载服务,让用户能进行离线阅读,但 IMAP 能完成的却远远不止这些。IMAP 提供的摘要浏览功能可以让用户在阅读完所有的邮件信息后才作出是否下载的决定(如邮件到达时间、主题、发件人、大小等)。

5) 多用途的网际邮件扩展协议

Internet 上的 SMTP 传输机制是以 7 位二进制编码的 ASCII 码为基础的,适合传送文本邮件。而声音、图像、中文等使用 8 位二进制编码的电子邮件需要进行 ASCII 转换(编码)才能够在 Internet 上正确传输。MIME 增强了在 RFC822 中定义的电子邮件报文的能力,允许传输二进制数据。MIME 编码技术用于将数据从 8 位格式转换成使用 7 位的 ASCII 格式。

▶ 4. 电子邮件系统的特点

电子邮件系统主要有以下 6 个方面的特点:

1) 方便性

电子邮件系统可以像使用留言电话一样,在自己方便的时候处理记录下来的请求,通过电子邮件可以方便地传送文本信息、图像文件、报表和计算机程序。

2) 广域性

电子邮件系统具有开放性,许多非互联网络上的用户可以通过网关与互联网络上的用户交换电子邮件。

3) 快捷性

邮件在传递过程中,若某个通信站点发现用户给出的收信人的电子邮件地址有错误而无法继续传递时,电子邮件会迅速地将原信件逐站退回,并通知不能送达的原因。当信件送到目的地的计算机后,该计算机的电子邮件系统就立即将它放入收信人的电子邮箱中,等候用户自行读取。用户只要随时以计算机联机方式打开自己的电子邮箱,便可以查阅自己的邮件。

4) 透明性

电子邮件系统采用"存储转发"的方式为用户传递电子邮件,通过在互联网络的一些通信结点计算机上运行相应的软件,使这些计算机充当"邮局"的角色。当用户希望通过互联网络给某人发送信件时，首先要与为自己提供电子邮件的计算机联机，然后把要发送的信件与收信人的电子邮件地址发给电子邮件系统。电子邮件系统会自动地把用户的信件通过网络一站一站地送到目的地，整个过程对用户来说是透明的。

5）廉价性

互联网络的空间几乎是无限的，公司可以将不同详细程度的有关产品、服务的信息放在网络站点上，这时顾客不仅可以随时从网上获得这些信息，而且在网上存储、发送信息的费用都低于印刷、邮寄或电话的费用。在公司与顾客"一对一"关系的电子邮件服务中，费用低廉，从而节约大量费用。

6）全天候

对顾客而言，电子邮件的优点之一是没有任何时间上的限制。一天 24 小时，一年 365 天内，任何时间都可以发送电子邮件。电子邮件的全天候服务，大大改善了公司与顾客的关系，改善了公司对顾客的服务。

▶ 5. 电子邮件地址

电子邮箱地址又称为电子邮件地址。电子邮箱是由提供电子邮件服务的机构为用户建立的，实际上是电子邮件服务机构在邮件服务器上为用户分配的一个专门用于存放往来邮件的磁盘存储区域，这个区域由电子邮件系统管理。用户需要拥有一个电子邮件地址才能发送和接收电子邮件，但一定不要把电子邮件地址和口令相混淆，前者是公开的，便于用户之间、用户与公司之间通信；后者是保密的，不能让他人知道。

▶ 6. 电子邮件的结构

一封电子邮件由邮件头和邮件体两部分组成。邮件头包括发信者与接收者有关的信息，如发出地点和接收地点的网络地址、计算机系统中的用户名、信件的发出时间与接收时间，以及邮件传送过程中经过的路径等。邮件体是信件本身的具体内容，一般是用 ASCII 表达的邮件正文。邮件头就像普通信件的信封一样，但是邮件头不是由发信人书写，而是在电子邮件传送过程中由系统形成的。邮件体像普通邮件的信笺，是发信人输入的信件内容，通常用编辑器预先写成文件，或者在发电子邮件时用电子邮件编辑器编辑或联机输入。

一个网络用户可以向本地网络和 Internet 上的用户发送邮件，也能对连接于 Internet 的其他网络用户发送邮件，但要使用相应的邮件地址格式。正确使用电子邮件地址，对于顺利发送邮件是至关重要的。

例如，test@163.com 就是一个电子邮箱地址。符号"@"就是一个电子邮箱地址的专用标识符，"@"的含义为"在"（at sign），它前面的部分是对方的邮件名称，后面的部分是表示此邮箱是建立在符号"@"后说明的计算机上，该计算机就是向用户提供电子邮件服务的邮件服务器。这就好比此邮箱 test 放在"邮局"163.com 里。当然这里的邮局是 Internet 上的一台用来收信的计算机，当收信人取信时，就把自己的计算机连接到这个"邮局"，打开自己的邮箱，取走自己的信件。

## 8.2.2 即时通信

即时通信软件是一种基于互联网的即时交流软件。使用即时通信软件使得连上 Internet 的计算机用户可以随时跟另外一个在线网民交谈，甚至可以通过视频看到对方的实时图像。

▶ **1. QQ 即时通信软件**

为了让广大网友能够在上网的同时,保持与其他网友间即时通信,深圳市腾讯计算机系统有限公司开发出了一款基于 Internet 的即时通信软件,即腾讯 QQ。它支持在线聊天、视频电话、点对点断点续传文件、共享文件、网络硬盘、自定义面板、QQ 邮箱等多种功能,从它的问世至今,虽然只有近 20 年的时间,但它已经成为一个家喻户晓的软件,国内很多网民因它的问世而改变了自己的生活方式和工作方式。

1) QQ 下载与安装

获取腾讯 QQ 软件,我们建议最好到腾讯公司的官网下载最新版,该软件的安装过程很简单,我们只需通过其友好的中文界面,按安装向导的提示,逐步完成安装过程即可。

当然,如果您的机器上已经在较早时间安装过腾讯 QQ 的较低版本,也可以通过网络进行及时更新。

2) QQ 的使用

腾讯 QQ 对于我们来讲,已经不算是一个陌生的软件。平时大多数用户都在使用它,甚至有的网友已经离不开它。所以,对于腾讯 QQ 的使用,我们在此不再赘述。

▶ **2. 手机即时通信软件——微信**

图 8-22　微　信

微信(WeChat)是腾讯公司(Tencent)于 2011 年初推出的一款快速发送文字和照片,支持多人语音对讲的手机聊天软件。图标如图 8-22 所示,利用这款软件,用户可以通过智能手机、平板电脑、网页快速发送语音、视频、图片和文字。

微信提供公众平台、朋友圈、消息推送等功能,用户可以通过摇一摇、搜索号码、附近的人、扫二维码方式添加好友和关注公众平台,同时也可以将内容分享给好友以及将用户看到的精彩内容分享到微信朋友圈。

2012 年 3 月底,微信用户破 1 亿,耗时 433 天;2012 年 9 月 17 日,微信用户破 2 亿,耗时缩短至不到 6 个月;截至 2013 年 1 月 15 日,微信用户达 3 亿;2013 年 8 月 5 日,微信 5.0 版本上线,其游戏中心内置经典游戏《飞机大战》。

微信是一款手机通信软件,支持通过手机网络发送语音短信、视频、图片和文字,可以单聊及群聊,还能根据地理位置找到附近的人,带给朋友们全新的移动沟通体验。支持 IOS、Android 等多种平台手机。

作为一种更快速的即时通讯工具,微信具有零资费、跨平台沟通、显示实时输入状态等功能,与传统的短信沟通方式相比,更灵活、智能,且节省资费。

1) 微信商业化

微信作为时下最热门的社交信息平台,也是移动端的一大入口,正在演变成为一大商业交易平台,其对营销行业带来的颠覆性变化开始显现。微信商城的开发也随之兴起,微信商城是基于微信而研发的一款社会化电子商务系统,消费者只要通过微信平台,就可以实现商品查询、选购、体验、互动、订购与支付的线上线下一体化服务模式。

2) 关于微信支付

微信支付是集成在微信客户端的支付功能,用户可以通过手机完成快速的支付流程。微信支付以绑定银行卡的快捷支付为基础,向用户提供安全、快捷、高效的支付服务。

微信支持的支付场景包括微信公众平台支付、APP（第三方应用商城）支付、二维码扫描支付。

3）微信支付规则

微信的支付规则如下：

（1）绑定银行卡时，需要验证持卡人本人的实名信息，即姓名，身份证号的信息。

（2）一个微信号只能绑定一个实名信息，绑定后实名信息不能更改，解卡不删除实名绑定关系。

（3）同一身份证件号码只能注册最多 10 个（包含 10 个）微信支付。

（4）一张银行卡（含信用卡）最多可绑定 3 个微信号。

（5）一个微信号最多可绑定 10 张银行卡（含信用卡）。

（6）一个微信账号中的支付密码只能设置一个。

（7）银行卡无须开通网银（中国银行、工商银行除外），只要在银行中有预留手机号码，即可绑定微信支付。

注：一旦绑定成功，该微信号无法绑定其他姓名的银行卡/信用卡，请谨慎操作。

4）微信注册

微信推荐使用手机号注册，并支持 100 余个国家的手机号，不可以通过 QQ 号直接登录注册或者通过邮箱账号注册。第一次使用 QQ 号登录时，是登录不了的，只能用手机注册绑定 QQ 号才能登录，微信会要求设置微信号和昵称。微信号是用户在微信中的唯一识别号，必须大于或等于六位，注册成功后允许修改一次。昵称是微信号的别名，允许多次更改。

5）密码找回

微信的密码找回有以下几种方法：

（1）通过手机号找回。用手机注册或已绑定手机号的微信账号，可用手机找回密码，在微信软件登录页面点击"忘记密码"→"通过手机号找回密码"→"输入注册的手机号"，系统会下发一条短信验证码至手机，打开手机短信中的地址链接（也可以在电脑端打开），输入验证码重设密码即可。

（2）通过邮箱找回。通过邮箱注册或绑定邮箱、并已验证邮箱的微信账号，可用邮箱找回密码，在微信软件登录页面点击"忘记密码"→"通过 Email 找回密码"→"填写绑定的邮箱地址"，系统会下发重设密码邮件至注册邮箱，点击邮件的网页链接地址，根据提示重设密码即可。

（3）通过注册 QQ 号找回。用 QQ 号注册的微信，微信密码同 QQ 密码是相同的，请在微信软件登录页面点击"忘记密码"→"通过 QQ 号找回密码"→"根据提示找回密码"即可，也可以点击这里进入 QQ 安全中心找回 QQ 密码。

6）使用二维码

（1）微信二维码操作。通过扫描微信二维码可以扫描微信账号，添加好友等。

（2）微信二维码登录。微信推出网页版后，在网页版中，不再使用传统的用户名密码登录，而是使用手机扫描二维码登录的方式。

▶ 3. 其他即时通信软件

除了腾讯 QQ，还有一些其他的即时通信软件，如 MSN、UC、阿里旺旺等。MSN 的全球用户量居前，国内用户量应该算得上是第二。

MSN 操控简便,使我们能够在短时间能掌握它的使用要诀。UC 具有一些 QQ 会员才拥有的功能,其免费网络硬盘服务提供了文件上传、下载服务,功能简单实用。阿里旺旺是淘宝网和阿里巴巴为商人定做的免费网上商务沟通软件,可以轻松找到客户,发布、管理商业信息,可以使卖家和买家在网上轻松地交易。

即时通信软件最初是由 AOL、微软、腾讯等独立于电信运营商的即时通信服务提供的。但随着其功能日益丰富、应用日益广泛,特别是即时通信增强软件的某些功能如 IP 电话等,已经在分流和替代传统的电信业务,使得电信运营商不得不采取措施应对这种挑战。中国移动已经推出了自己的即时通信工具——飞信。

### 8.2.3　微博

微博,即微型博客的简称,是一个基于用户关系的信息分享、传播以及获取平台,用户可以通过 Web、WAP 以及各种客户端组件个人社区,以 140 字以内的文字更新信息,并且实现即时分享。2009 年 8 月,我国最大的门户网站新浪网推出"新浪微博",成为门户网中第一家提供微博服务的网站。

下列就以新浪微博为例,介绍微博的使用方法。新浪微博 Logo 如图 8-23 所示。

**图 8-23　新浪微博 Logo**

▶ 1. 微博的作用

微博中的消息可以是一句话一个图片,可以通过微博分享你的所见所闻所感;可以关注你喜欢的明星或好友,第一时间知道他们的动态;可以了解社会学校热点话题,随时参与讨论。

▶ 2. 常用字符的含义

(1) @表示"对某人说话"或者"引起某人注意"。

格式:@＋昵称＋空格,例如"@3G 翼路同行"。

(2) 表示"话题"就是关键字或标签。

格式:♯＋话题＋♯,例如"♯中国电信服务好♯"。

▶ 3. 微博的注册方法

访问新浪微博官网 http://weibo.com/,选择注册方式并作好相应准备,即可完成微博的注册,如图 8-24 所示。

(1) 通过邮箱注册。例如,使用 189,163 邮箱等。使用邮箱注册后到邮箱里激活,激活新浪微博的链接地址,如图 8-25 所示。

图 8-24　新浪官网微博注册

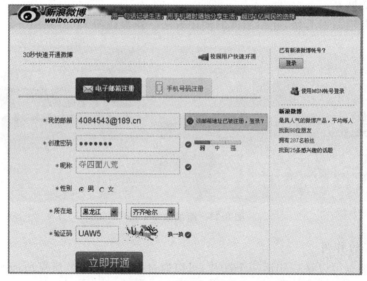

图 8-25　使用邮箱注册

（2）通过手机号码注册。输入本人手机号码也可进行新浪微博的注册，如图 8-26 所示。

▶ 4. 微博的使用方法

当成功注册后，可以使用自己的账号和密码登录新浪微博，看到如图 8-27 所示界面。

登录成功后，只需要根据界面的提示发表个人微博，注意，每条信息一般不超过 140 个字符。

5. 手机微博

1）新浪微博手机端下载

新浪微博也提供手机 APP 端下载，可根据手机操作系统的类型在新浪官网下载。

2）新浪微博手机端启动

新浪微博手机端 APP 下载到手机后，直接安装该软件。安装完成后，可以直接运行该软件，如图 8-28 所示。

图 8-26　使用手机号码注册

图 8-27　微博登录后的界面

图 8-28　手机新浪微博的启动

### 3）手机端新浪微博的使用

手机端新浪微博登录后，我们可以看到如图 8-29 所示的界面，根据屏幕提示进行操作。

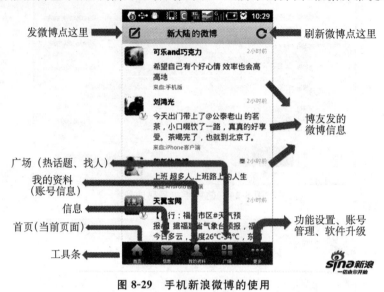

图 8-29　手机新浪微博的使用

要在网络上通过微博发表自己的观点，可以选择发表新微博功能，然后根据界面提示进行操作即可，如图 8-30 所示。

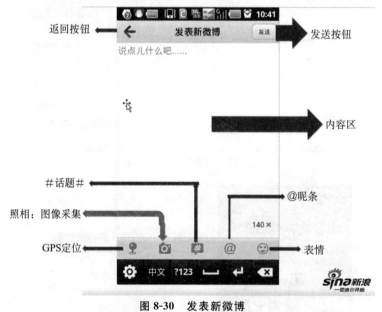

图 8-30　发表新微博

以上只是简单介绍了手机端微博的功能和基本使用方法，事实上，微博远不止这些功能，我们可以在手机上下载新浪微博的手机端程序，好好体验一下。

## 8.2.4　社交网站

社交网站，其英文全称为 Social Network Site。以人人网（校内网）、白社会 SNS 平台为代表。国内社交网站的主要代表如下：

基于各类生活爱好：豆瓣。

基于职业人士的社交网站：环球人脉网。

基于企业用户交流、分享的社交网站：用友企业社区。

基于资源下载、论文检索、概念调研、活动事件：天玑学术网。

基于大众化的社交：QQ空间。

基于生活化、实用化的社交网站：众众网。

基于白领用户的娱乐：开心网。

基于白领和学生用户的交流：人人网。

基于未婚男女的婚介：世纪佳缘、百合网、珍爱网。

基于原创性文章：新浪博客。

基于信息的快速分享：新浪微博。

国外社交网站的主要代表有Friendster、Facebook等。Facebook是全球性社交网站中覆盖最广的。有些国家也有自己本土的社交网站，一般是年轻人使用。

# 8.3　电子商务

自20世纪90年代以来，计算机网络技术及其应用得到了飞速发展，社会网络化和全球化成为不可抗拒的世界潮流。另一方面，商务活动及整个商业是影响社会经济和人们生活的原动力，商务活动及整个商业要发展，也要寻求新的运作模式。如今，商务活动的范围成为影响其发展的关键。计算机技术及网络技术，特别是Internet的发展，正好为商务活动的范围扩展提供了最方便的手段和更大的空间。二者的结合，将相互促进，互为发展。

如今的网上商务活动有了极大的发展，从单纯的网上发布信息、传递信息到在网上建立商务信息中心，从借助于传统贸易手段的不成熟的电子商务交易，到能够在网上完成供、产、销等全部业务流程的电子商务虚拟市场，从封闭的银行电子金融系统到开放式的网络电子银行。

## 8.3.1　认识电子商务

电子商务是指整个贸易活动实现电子化。从涵盖范围方面来看，电子商务是交易双方以电子交易方式而不是通过当面交换或直接面谈的方式进行的任何形式的商业交易；而从技术方面来看，电子商务是一种多技术的集合体，包括交换数据、获得数据以及自动获取数据等。

电子商务涵盖的业务包括商务信息交换、售前售后服务（提供产品和服务的细节、产品使用技术指南及回答顾客意见）、广告、销售、电子支付（电子资金转账、信用卡、电子支票及电子现金）、运输（包括有形商品的发送管理和运输跟踪，以及可以电子化传送产品的实际发送）和组建虚拟企业等。

电子商务提供企业虚拟的全球性贸易环境，大大提高了商务活动的水平和服务质量。新型的商务通信通道的优越性是显而易见的，其优点如下：

（1）大大提高了通信速度，尤其是国际范围内的通信速度。

（2）节省了潜在的开支，如电子邮件节省了通信邮费，而电子数据交换则大大节省了管理和人员环节的开销。

（3）增加了客户和供货方的联系，如电子商务系统网络站点使得客户和供货方均能了解对方的最新数据。

（4）提高了服务质量，能以一种快捷方便的方式提供企业及其产品的信息及客户所需的服务。

（5）提供了交互式销售渠道，使商家能及时得到市场反馈，改进本身的工作。

（6）提供全天候的服务，即每年 365 天，每天 24 小时的服务。最重要的一点是，电子商务增强了企业的竞争力。

按照参与电子商务交易的涉及对象或者说参与商业过程的主体不同，可以将电子商务的构成分为如下四种类型。

（1）企业与消费者之间的电子商务（business to costomer，即 B2C），如顾客在网上购物。

（2）企业与企业之间的电子商务（business to business，即 B2B），如两个商业实体之间在网上进行交易。

（3）企业内部电子商务，即企业内部通过 Intranet 的方式处理与交换商贸信息。

（4）企业与政府方面的电子商务（Business to Government，即 B2G）。

▶ **1. 电子商务交易的基本过程**

电子商务的交易过程大致可以分为四个阶段。

（1）交易前的准备。

（2）交易谈判以及签订合同。

（3）办理交易进行前的手续。

（4）交易合同的履行和索赔。

不同类型电子商务交易，虽然都包括上述四个阶段，但流程是不同的。对于 Internet 商业来讲，大致可以归纳为两种基本的流程：网络商品直销的流程和网络商品中介交易的流程。

1）网络商品直销

网络商品直销过程可以分为以下六个步骤：

（1）消费者进入互联网，查看在线商店或企业的主页。

（2）消费者通过购物对话框填写姓名、地址、商品品种、规格、数量和价格。

（3）消费者选择支付方式，如信用卡、电子货币或电子支票等。

（4）在线商店或企业的客户服务器检查支付方服务器，确认汇款额是否认可。

（5）在线商店或企业的客户服务器确认消费者付款后，通知销售部门送货上门。

（6）消费者的开户银行将支付款项传递到消费者的信用卡公司，信用卡公司负责发给消费者收费清单。

2）网络商品中介交易

网络商品中介交易是通过网络商品交易中心，即虚拟网络市场进行的商品交易。在这种交易过程中，网络商品交易中心以互联网为基础，利用先进的通信技术和计算机软件技术，将商品供应商、采购商和银行紧密地联系起来，为客户提供市场信息、商品交易、仓储配送、货款结算等全方位的服务。

▶ **2. 网上银行**

网上银行又称网络银行、在线银行，是指银行利用 Internet 技术，通过 Internet 向客户提供开户、销户、查询、对账、行内转账、跨行转账、信贷、网上证券、投资理财等传统服务项目,使客户可以足不出户就能够安全便捷地管理活期和定期存款、支票、信用卡及个人投资等,可以说网上银行是在 Internet 上的虚拟银行柜台。

网上银行又被称为"3A 银行",因为它不受时间、空间限制,能在任何时间(Any time)、任何地点(Anywhere)、以任何方式(Anyway)为客户提供金融服务。网上银行具有以下特点:

(1) 全面实现无纸化交易。

(2) 服务方便、快捷、高效、可靠。

(3) 经营成本低廉。

(4) 操作简单易用。

▶ **3. 手机银行**

作为一种结合了货币电子化与移动通信的崭新服务,手机银行业务不仅可以使人们在任何时间、任何地点处理多种金融业务,而且极大地丰富了银行服务的内涵,使银行能以便利、高效而又较为安全的方式为客户提供传统和创新的服务,而移动终端所独具的贴身特性,使之成为继 ATM、互联网、POS 之后银行开展业务的强有力工具,越来越受到国际银行业者的关注。

目前国内开通手机银行业务的银行有招商银行、中国银行、建设银行、交通银行、广东发展银行、深圳发展银行、中信银行、中国农业银行等,其业务大致可分为三类:

(1) 查缴费业务,包括账户查询、余额查询、账户的明细、活期转账、银行代收的水电费、电话费等。

(2) 购物业务,指客户将手机信息与银行系统绑定后,通过手机银行平台进行购买商品。

(3) 理财业务,具体包括炒股、炒汇等业务。

1) 手机银行的构成

手机银行是由手机、GSM 短信中心和银行系统构成。在操作过程中,用户通过 SIM 卡上的菜单对银行发出指令后,SIM 卡根据用户指令生成规定格式的短信并加密,然后指示手机向 GSM 网络发出短信,GSM 短信系统收到短信后,按相应的应用或地址传给相应的银行系统,银行对短信进行预处理,再把指令转换成主机系统格式,银行主机处理用户的请求,并把结果返回给银行接口系统,接口系统将处理的结果转换成短信格式,短信中心将短信发给用户。

2) 手机银行的特点

手机银行并非电话银行。电话银行是基于语音的银行服务,而手机银行是基于短信的银行服务。目前通过电话银行进行的业务都可以通过手机银行实现,手机银行还可以完成电话银行无法实现的二次交易。例如,银行可以代用户缴付电话、水、电等费用,但在划转前一般要经过用户确认。由于手机银行采用短信息方式,用户随时开机都可以收到银行发送的信息,从而可在任何时间与地点对银行划转进行确认。总的来说,手机银行主要有以下特点:

(1) 服务面广、申请简便。只要您的手机能收发短信,即可轻松享受手机银行的各项服务。

(2) 功能丰富、方便灵活。通过手机发送短信,即可使用账户查询、转账汇款、捐款、缴费、消费支付等 8 大类服务。而且,手机银行提供更多更新的服务功能时,用户也无须更换手机或 SIM 卡,即可自动享受到各种新增服务和功能。手机银行交易代码均取交易名称的汉语拼音首位字母组成,方便记忆,用户还可随时发送短信"?"查询各项功能的使用方法。

(3) 安全可靠、多重保障。银行采用多种方式层层保障您的资金安全。一是手机银行

（短信）的信息传输、处理采用国际认可的加密传输方式，实现移动通信公司与银行之间的数据安全传输和处理，防止数据被窃取或破坏；二是客户通过手机银行（短信）进行对外转账的金额有严格限制；三是将客户指定手机号码与银行账户绑定，并设置专用支付密码。

（4）7×24小时服务、资金实时到账。无论何时、何地，只要可以收发短信，即可立即享受手机银行（短信）7×24小时全天候的服务，转账、汇款资金瞬间到账，缴费、消费支付实时完成。

## 8.3.2　网上购物

网上购物，就是通过互联网检索商品信息，并通过电子订购单发出购物请求，然后填上私人支票账号或信用卡的号码，厂商通过邮购的方式发货，或是通过快递公司送货上门。国内的网上购物常用三种付款方式，一种付款方式是款到发货（直接银行转账，在线汇款），另外一种是担保交易（淘宝支付宝，百度百付宝，腾讯财付通等的担保交易），还有就是货到付款等。

▶ 1. 网购的好处

首先，对消费者来说，可以在家"逛商店"，订货不受时间、地点的限制；可以获得较大量的商品信息，可以买到当地没有的商品；网上支付较传统拿现金支付更加安全，可避免现金丢失或遭到抢劫；从订货、买货到货物上门无须亲临现场，既省时又省力；另外由于网上商品省去租店面、招雇员及储存保管等一系列费用，其价格较一般商场的同类商品更便宜。

其次，对于商家来说，由于网上销售没有库存压力、经营成本低、经营规模不受场地限制等。将来会有更多的企业选择网上销售，通过互联网对市场信息的及时反馈适时调整经营战略，以此提高企业的经济效益和参与国际竞争的能力。

最后，对于整个市场经济来说，这种新型的购物模式可在更大的范围内、更广的层面上以更高的效率实现资源配置。

网上购物突破了传统商务的障碍，无论对消费者、企业还是市场都有着巨大的吸引力和影响力，在新经济时期无疑是达到"多赢"效果的理想模式。

▶ 2. 网购的安全性

网上购物一般都是比较安全的，只要用户按照正确的步骤，谨慎操作是没问题的。最好是在家里自己的电脑上登录，并且注意杀毒软件和防火墙的开启保护及更新，尽量选择第三方担保交易，对于太便宜而且要预支付的货品需要谨慎对待。

另外，网上购物适合书籍、音像、化妆品、服装等物品一致性比较强的物品，对于收藏品、珠宝等则不宜网上购物。网上只是一种购买渠道，也可以利用网络联系到相关卖方，然后约好进行面对面的谈判。

▶ 3. 常用的网购网站

目前的购物网站主要有三种，它们分别是B2B网站、B2C网站和B2C网站。其中B2B（也有写成BTB）是指进行电子商务交易的供需双方都是商家（或企业、公司），他们使用互联网技术或各种商务网络平台，完成商务交易的过程。近年来，B2B的发展势头迅猛，并逐渐趋于成熟。其中的代表网站有阿里巴巴、慧聪网、中国制造网、中国供应商、世界工厂网等。而B2C是Business-to-Customer的缩写，而其中文简称为"商对客"。这种形式的电子商务一般以网络零售业为主，主要借助于互联网开展在线销售活动。B2C企业通过互联网为消费者提供一个新型的购物环境——网上商店，消费者通过网络在网上购物、在网上支付。B2C模式的代表网站有亚马逊、当当网、京东商场、麦包包等；C2C的意思就是个人与个人之间的电子商务。比如一个消费者有一台电脑,通过网络进行交易,把它出售给另外一个消费者,这种交易类型就是 C2C 电子商务。

C2C 的代表网站有淘宝网、易趣网、拍拍网等。

▶ **4. 网络团购**

所谓网络团购,是指一定数量的消费者通过互联网渠道组织成团,以折扣购买同一种商品。这种电子商务模式可以称为 C2B(Consumer to Business),和传统的 B2C、C2C 电子商务模式有所不同,需要将消费者聚合才能形成交易,所以需要有即时通信和社交网络作支持。这种崭新电子商务模式的始创者是美国的 Groupon,其营运模式是每日推出一件商品,如果通过网上认购这件商品的用户达到指定数量,全部人就可以用特定的折扣价格购买这件商品,否则交易就告吹。若交易成功,Groupon 就向出售商品的商户收取佣金。

团购的商品价格更为优惠,尽管团购还不是主流的消费模式,但它所具有的潜力已逐渐显露出来。业内人士表示,网络团购改变了传统消费的游戏规则。团购最核心的优势体现在商品价格更为优惠上。根据团购的人数和订购产品的数量,消费者一般能得到 5%～40% 不等的优惠幅度。目前网络团购形式大致有 3 种:第一种是自发行为的团购;第二种是职业团购行为,目前已经出现了不少不同类型的团购性质的公司、网站和个人;第三种就是销售商自己组织的团购。而 3 种形式的共同点就是参与者能够在保证正品的情况下拿到比市场价格低的产品。

1) 团购的特点

(1) 省钱。凭借网络,将有相同购买意向的会员组织起来,用大订单的方式减少购销环节,厂商将节约的销售成本直接让利,消费者可以享受到让利后的最优惠价格。例如,搬新家者参加全屋家居团购可望省下几千至数万元。

(2) 省时。一般,团购网所提供的团购商家均是其领域中的知名品牌,且所有供货商均为厂家或本地的总代理商,透过本网站指引"一站式"最低价购物,避免自己东奔西跑选购、砍价的麻烦,节省时间、节省精力。

(3) 省心。通过团购,不但省钱和省时,而且消费者在购买和服务过程中占据的是一个相对主动的地位,享受到更好的服务。同时,在出现质量或服务纠纷时,更可以采用集体维权的形式,使问题以更有利于消费者的方式解决。

2) 团购的流程

团购分开团和跟团两种,开团者称为团长,是组织团购的一方,跟团者称为团员,是参加团购的一方。除团长和团员以外,还有提供商品的一方,称为商家。

(1) 团长开团的具体流程如下:

① 团长找到开团的商品,确定团购要求人数、商品品牌、型号及商品团购的价格。

② 召集团员。可以在网上发布信息寻找,也可以找周围的亲戚朋友等。为了更好地确定团员人数,有些团长会向团员要求订金。

③ 团员人数达到团购要求的人数后,团长就会组织向商家进行统一购买。团购结束;如果团员未达到团购要求,则开团失败。

(2) 团员团购。对团员来说,团员不需要和商家接触,不需要讨价还价等。具体流程如下:

① 团员看到了团长的帖子,或者被周围开团的亲戚朋友说动,觉得对开团的商品很感兴趣,参与团购。

② 团员人数达到团购要求的人数后,向团长付款,领商品、索要相关票据、质保书等,团

购结束；如果团员未达到团购要求，则跟团失败。

3）常见的团购网站

拉手网：www.lashou.com

美团网：www.meituan.com

百度糯米：www.nuomi.com

聚划算：ju.taobao.com

58 团：t.58.com

### 8.3.3 网上订票

随着网络的发展，在电话订票之后，出现了网上订票这一新兴的服务。网上订票利用网络方便、快捷的优势，使原本麻烦的买票变得简单而轻松。例如，航空公司的网上订票服务，用户详细填写信息后，系统将通过电话和电子邮件进行确认，当得到确认以后，公司就会将票送到用户手中。

### 8.3.4 网上旅游

网上旅游是指在网络中浏览旅游景地信息，获得旅游消费心理满足的一种浏览方式。随着社会经济的发展，人们的消费观念也在不断地发生变化，当今举家外出旅游甚至出国旅游已不再是一件很稀奇的事了。不过在出游前，打开浏览地当地的网站，了解下景地的景点、历史、美食及文化，以获取旅游方面的知识，有目的地准备我们的旅途。

另外，如果不想在旅途中奔波，通过计算机来一次网上旅游，饱饱眼福，也是一件有意思的事。有的旅游网站有丰富的多媒体应用、悦耳的音乐，让你如亲临其境。

还可以先上网查查各地的名胜和著名小吃，饱饱眼福，等有假期的时候可以根据之前了解的信息给自己安排一个快乐之旅。放松一下心情，也可以顺便了解一下各地的民俗。

## 项目实施

## 任务 1　信息获取

**任务目标：**

（1）认识 Internet Explorer 8.0 浏览器，掌握 Internet Explorer 8.0 的设置和使用方法。

（2）掌握手机浏览器 UC 的使用方法。

（3）使用几种典型的搜索引擎完成专业资料的搜集和整理。

**技能要求：**

（1）掌握 Internet Explorer 8.0 的设置方法。

（2）掌握手机浏览器 UC 的使用方法。

（3）掌握几种不同搜索引擎的使用方法等。

**操作过程：**

本任务需要一台 Windows 7 操作系统环境（自带 IE 8.0 浏览器）的电脑，并从网上下载

UC 浏览器 APP 至智能手机终端。

▶ 1. 设置 Internet Explorer 8.0 浏览器

进行"常规""安全""隐私""内容""连接""程序"和"高级"选项卡的设置。

▶ 2. 使用 Internet Explorer 8.0 浏览器

使用 Internet Explorer 8.0 浏览器打开一个网站,对其中感兴趣的内容进行浏览。使用 Internet Explorer 8.0 浏览器的收藏夹,将自己使用频率较高的网站,保存到收藏夹中。

▶ 3. 下载并使用手机浏览器 UC

将 Android 智能手机通过数据线(或将手机置于免费 Wi-fi 环境,免流量下载)连接到 PC 机,正常驱动以后,通过 PC 机网络下载手机浏览器 UC,并将其安装在手机中。

通过 UC 浏览器打开相应的网站,体验一下 UC 浏览器的界面风格。

▶ 4. 使用搜索引擎查找资料并整理文档

利用 PC 的上网功能,启动 Internet Explorer 8.0 浏览器,在浏览器的地址栏分别输入百度搜索引擎的官网地址,在搜索框内输入自己感兴趣内容的关键词,进行资料的查阅。

任务小结:

本任务涉及 Internet Explorer 8.0 的设置、手机浏览器 UC 的使用方法和几种不同搜索引擎的使用方法等。通过本任务的完成,使同学们基本掌握 Internet Explorer 8.0 的设置方法和使用技巧、掌握 UC 浏览器的使用方法以及搜索的使用方法。

# 任务 2  交流沟通

任务目标:

(1) 学会使用 Web 网页直接收发电子邮件。

(2) 学会使用电子邮件客户端软件收发电子邮件。

(3) 学会使用手机 App 终端收发电子邮件。

技能要求:

(1) 掌握电子邮箱的注册方法和具体步骤。

(2) 使用不同的方法收发电子邮件。

操作过程:

本任务需要一台 Windows 7 操作系统环境(自带 IE 8.0 浏览器)的电脑,并安装第三方的电子邮件客户端 Foxmail、Outlook 等。

▶ 1. 登录网易官网

注册一个属于自己的 163 电子邮箱,要求填写详细的个人信息和设置密码保护。

▶ 2. 收发电子邮件

使用网易免费邮箱收发电子邮件,最好收发带有附件的电子邮件。

▶ 3. 在线收发电子邮件

利用 WWW 浏览器在线收发电子邮件。

▶ 4. 使用软件收发电子邮件

使用第三方 Foxmail 软件收发电子邮件。

▶ 5. 下载 APP 收发电子邮件

使用智能手机下载 APP 收发电子邮件。

**任务小结：**

本任务涉及电子邮箱账号的注册以及使用各种不同方式收发电子邮件。这是处于信息时代的大学生必须掌握的一些基本技能。

# 任务3　通过不同的方式进行人与人之间的沟通

**任务目标：**

（1）学会使用 QQ 等即时通信软件进行交流。

（2）学会使用微信等手机即时通信软件进行交流。

（3）使用微博在网络上发表自己独立的看法。

**技能要求：**

（1）掌握 QQ 等即时聊天工具的使用和设置方法。

（2）掌握微信、微博的使用方法。

（3）使用论坛/BBS 发表自己的观点并参与讨论。

**操作过程：**

本任务需要一台 Windows 7 操作系统环境（且自带 IE 8.0 浏览器），并准备智能手机或平板电脑并具备无线宽带上网条件。

（1）从腾讯官网分别下载 QQ 聊天工具，PC 客户端和手机 QQ 软件最新版，通过腾讯官网注册申请一个 QQ 号码或使用已有的 QQ 号码登录 QQ，体验包括系统设置、查找、加好友、加群、QQ 截图、远程协助、拍拍购物、腾讯新闻、腾讯微博、QQ 空间等在内的所有功能。

（2）从网上下载微信手机客户端最新版，注册微信账号，设置登录密码，登录微信号，体验微信的各种集成功能。

（3）注册腾讯微博或新浪微博，并利用微博发表自己的观点。

（4）利用网络查找自己感兴趣的专业性论坛，并注册一个合法的论坛账号，学会利用论坛分享自己的观点，并参与相关话题的讨论。

**任务小结：**

本任务涉及各种聊天和交流工具的使用，包括 QQ、微信、微博、论坛/BBS 等，这些软件或交流手段利用互联网的便利拉近了人与人之间的距离，扩大了现代大学生与世界的交流。

# 任务4　体验网上购物

**任务目标：**

（1）访问几家典型的电子商务企业网站，了解网站商品信息，比较它们的特点。

（2）注册淘宝网账号和支付宝账号，了解电子商务流程。

（3）利用现有的银行卡开通网上银行，了解网上银行和支付宝两种消费方式的不同。

（4）利用网上银行给支付宝账户和余额宝充值。

**技能要求:**

(1) 掌握网上购物的方法和流程。

(2) 掌握网上银行申请和办理流程,了解网上银行行支付和支付宝支付的不同特点。

(3) 学会利用现有条件完成一次真正的网上购物过程。

**操作过程:**

本任务需要一台 Windows 7 操作系统环境(且自带 IE 8.0 浏览器)的电脑,并准备智能手机或平板电脑并具备无线宽带上网条件。

(1) 利用百度搜索引擎,查找并登录几家知名的电子商务网站,要求涵盖 B2B、B2C、C2C 等电子商务模式,了解这些网站的特点及经营模式。

(2) 启动浏览器,地址栏输入 www.taobao.com,打开淘宝网首页,如图 8-31 所示。

**图 8-31 淘宝网首页**

然后单击左上角的免费注册,按照规定的流程完成新用户的注册,如图 8-32 所示。

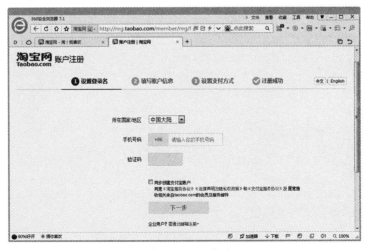

**图 8-32 淘宝网新用户注册页面**

(3) 启动浏览器,地址栏输入 www.alipay.com,打开支付宝首页,如图 8-33 所示。注册一个支付宝账号,为购物作准备。

图 8-33　支付宝首页

（4）利用现有的银行卡，开通网上银行功能，方便在网上购物过程中的网上支付以及从银行到支付宝之间的转账。

（5）利用网上银行分别给支付宝账户和余额宝充值。

（6）登录淘宝网，看看有没有自己感兴趣的商品，真正地完成一次网上购物的体验。

# 项目9
## 计算机网络安全管理

### 项目描述

　　某高校学生社团只有一台办公用电脑,主要用途是处理社团内部资料,让社团骨干成员能够通过校园网获取校内、外最新的一些消息,同时也为社团的日常管理工作提供方便。然而,学生社团毕竟是一个学生聚集的场所,在此,计算机也难免成为部分社团成员工作、上网、聊天和游戏的工具。甚至有的学生在学校上班期间下载电影,严重影响了网络正常访问的速度,部分学生不负责任的行为,也可能导致该计算机感染病毒,木马、恶意软件泛滥,给社团的日常工作带来了严重影响,甚至会危及校园网络的安全。

### 项目分析

　　在感受网络世界精彩的同时,各种网络安全事件频发,让我们感觉在网络世界中风险也无处不在。尤其是近10多年来,网络安全已成为世界关注的话题,我国政府也十分重视网络安全,并已将其上升为国家战略。作为网络管理员,为了防范各种潜在的网络风险,有必要了解网络管理和网络安全相关知识,以提升网络安全管理的能力。

### 项目知识

## 9.1 网络管理概述

　　以下介绍网络管理的概念、网络管理的目的、网络管理的范围、网络管理的功能。

### 9.1.1 网络管理的概念

　　随着计算机技术和 Internet 的发展,企业和政府部门开始大规模地建立网络来推动电子商务和政务的发展。伴随着网络的业务和应用的丰富,对计算机网络的管理与维护也就变得至关重要。网络管理(以及所谓的网络管理系统即"网管系统")就是为了加强和完善网络的性能。人们普遍认为，网络管理是计算机网络的关键技术之一，尤其在大型计算机网络中更是如此。网络管理就是指监督、组织和控制网络通信服务以及信息处理所必需的各种活动的总称，其目标是确保计算机网络的持续正常运行，并在计算机网络运行出现异常时能及时响应和排除故障。

## 9.1.2　网络管理的目的

目前，关于网络管理的定义很多，但都不够权威。一般来说，网络管理就是通过某种方式对网络进行管理，使网络能正常高效地运行，当网络出现故障时能及时报告和处理。这个过程包括了数据采集、数据处理、提交管理者进行数据分析、提出解决方案，甚至自动处理某些状况、产生报告等。其目的很明确，就是使网络中的资源得到更加有效的利用。一台设备所支持的管理程度反映了该设备的可管理性及可操作性。

国际标准化组织(ISO)在 ISO/IEC7498-4 中定义并描述了开放系统互连(OSI)管理的术语和概念，提出了一个 OSI 管理的结构并描述了 OSI 管理应有的行为。它认为：开放系统互连管理是指这样一些功能，它们控制、协调、监视 OSI 环境下的一些资源，这些资源保证 OSI 环境下的通信。

## 9.1.3　网络管理的范围

网络管理的范围涉及两方面，即网络管理的对象范围和内容范围。网络管理的对象范围经历了由窄到宽的发展。以前网络管理主要是对少数常用的网络节点设备进行维护，现在则主要是管理所有支持代理进程(委托代理)处理能力的网络设备，包括从个人数字助理到大型计算机的全部计算机设备。网络管理可以运行在当代各种联网协议上。

另一方面，网络管理的内容范围也在不断扩大。第一代网络管理框架主要负责重要网络设备和核心运行统计数据的监视工作，当时对设备进行控制是非常有限的。现在许多新的功能被加入到管理的范畴，网络管理除了具有强大的监视分析控制能力之外，还能正确快速地诊断或修复网络故障，提供完整的报表处理功能，提供图形化的管理界面和先进的管理工具，并逐步完善加密和保密的安全机制，使网络的运行日益接近正常、经济、可靠、安全的目标。

## 9.1.4　网络管理的功能

根据国际标准化组织的定义，网络管理有五大功能：故障管理、配置管理、计费管理、性能管理、安全管理。这五大功能保证一个网络系统正常的运行，在网管设计和实施中通常都需要考虑实现。与这五大功能相对应的五种管理形式常用首字母缩写词 FCAPS 表示。

F：Fault Management(故障管理)

C：Configuration Management(配置管理)

A：Accounting Management(计费管理)

P：Performance Management(性能管理)

S：Security Management(安全管理)

▶ 1. 网络故障管理

计算机网络服务发生意外中断是常见的，这种意外中断有时可能会对社会或生产带来很大的影响。但是，与单计算机系统不同的是，大型计算机网络发生失效故障时，往往不能轻易、具体地确定故障所在的准确位置,而需要相关技术上的支持。因此,需要有一个故障管理系统来科学地管理网络发生的所有故障,并记录每个故障产生的相关信息,最后确定并排除故障,保证网络能提供连续可靠的服务。

一个故障管理系统所具备的基本条件有如下几种。

(1) 监控和收集网络设备、流量情况以及实时过程方面的统计信息,以避免和预测可能性故障。

(2) 设置极限并对可能发生的网络故障发出警报,以警告网络管理端。

(3) 设置警报,报告网络设备和链路上的性能退化情况。

(4) 设置警报,报告网络资源(诸如硬盘空间)使用和限制情况。

(5) 遥控网络设备的重启、关机等操作。

(6) 集中化的故障管理系统可以实现以上所有功能。

典型的故障管理系统遵循以下几个步骤。

(1) 探测→分析→采取措施→差错检测。

(2) 数据汇集。

(3) 差错处理→诊断。

(4) 事件记录→开始作用。

(5) 服务重启。

(6) 黑名单(Black-Listing)。

一旦出现故障,故障管理系统会产生一个报告并被发送至故障分析器。故障分析器诊断并记录故障问题。最后,系统或个人根据故障分析器上的信息采取适当措施,如隔离差错、黑名单或故障部件,自动重启/修复服务以及更换系统管理员。

▶ 2. 网络配置管理

一个被使用的计算机网络是由多个厂家提供的产品、设备相互连接而成的,因此各设备需要相互了解和适应与其发生关系的其他设备的参数、状态等信息,否则就不能有效甚至正常工作。尤其是网络系统常常是动态变化的,如网络系统本身要随着用户的增减、设备的维修或更新来调整网络的配置。因此需要有足够的技术手段支持这种调整或改变,使网络能更有效地工作。

▶ 3. 网络性能管理

由于网络资源的有限性,因此最理想的是在使用最少的网络资源和具有最小通信费用的前提下,网络提供持续、可靠的通信能力,使网络资源的使用达到最优化的程度。

▶ 4. 网络计费管理

在信息资源有偿使用的情况下,网络计费管理系统必须能够记录和统计哪些用户利用哪条通信线路传输了多少信息,以及做的是什么工作等。在非商业化的网络上,仍然需要统计各条线路工作的繁闲情况和不同资源的利用情况,以供决策参考。

▶ 5. 网络安全管理

计算机网络系统的特点决定了网络本身安全的固有脆弱性,因此要确保网络资源不被非法使用,确保网络管理系统本身不遭受未经授权的访问,以及网络管理信息的机密性和完整性。

## 9.2　简单网络管理协议

以下主要介绍简单网络管理协议 SNMP 的概念、特点、发展情况和简单协议内容。

### 9.2.1　什么是 SNMP

SNMP 是简单网络管理协议 Simple Network Management Protocol 的英文缩写，它是由 Internet 工程任务组织（Internet Engineering Task Force）的研究小组为了解决 Internet 上的路由器管理问题而提出的。SNMP 不但提供了一种从网络上的设备中收集网络管理信息的方法，也为设备向网络管理中心报告问题和错误提供了一种方法。

SNMP 为网络管理系统提供了底层网络管理的框架。SNMP 的应用范围非常广泛，诸多种类的网络设备、软件和系统中都有所采用，主要是因为 SNMP 有如下几个特点：

（1）相对于其他种类的网络管理体系或管理协议而言，SNMP 易于实现。SNMP 的管理协议、管理信息数据库（MIB）及其他相关的体系框架能够在各种不同类型的设备上运行，包括低档的个人电脑到高档的大型主机、服务器、路由器、交换器等网络设备。一个 SNMP 管理代理组件在运行时不需要很大的内存空间，因此也就不需要太强的计算能力。SNMP 一般可以在目标系统中快速开发出来，所以它很容易在面市的新产品或升级的老产品中出现。尽管 SNMP 缺少其他网络管理协议的某些优点，但它设计简单、扩展灵活、易于使用，这些特点大大弥补了 SNMP 应用中的其他不足。

（2）SNMP 是开放的免费产品。只有经过 IETF 的标准议程批准（IETF 是 IAB 下设的一个组织），才可以改动 SNMP；厂商们也可以私下改动 SNMP，但这样做的结果很可能得不偿失，因为他们必须说服其他厂商和用户支持他们对 SNMP 的非标准改进，而这样做却有悖于他们的初衷。

（3）SNMP 有很多详细的文档资料，网络业界对这个协议也有着较深入的理解，这些都是 SNMP 协议进一步发展和改进的基础。

（4）SNMP 可用于控制各种设备，比如电话系统、环境控制设备，以及其他可接入网络且需要控制的设备等，这些非传统装备都可以使用 SNMP 协议。

正是由于有了上述这些特点，SNMP 已经被认为是网络设备厂商、应用软件开发者及终端用户的首选管理协议。

SNMP 是一种无连接协议。其无连接的意思是它不支持像 TELNET 或 FTP 这种专门的连接。通过使用请求报文和返回响应的方式，SNMP 在管理代理和管理员之间传送信息。这种机制减轻了管理代理的负担，它不必要非得支持其他协议及基于连接模式的处理过程。因此，SNMP 提供了一种独有的机制来处理可靠性和故障检测方面的问题。

另外，网络管理系统通常安装在一个比较大的网络环境中，其中包括大量的不同种类的网络和网络设备，因此，为划分管理职责，应该把整个网络分成若干个用户分区。为此，我们可以把满足以下条件的网络设备归为同一个 SNMP 分区：它们可以提供用于实现分区所需要的安全性方面的分界线。SNMP 支持这种基于分区名（Community String）信息的安全模型，可以通过物理方式把它添加到选定的分区内的每个网络设备上。但目前 SNMP 中基于分区的身份验证模型被认为是很不牢靠的，存在一个严重的安全问题。主要原因是 SNMP 协议并不提供加密功能，也不保证在 SNMP 数据包交换过程中不能从网络中直接拷贝分区信息。只需使用一个数据包捕获工具就可把整个 SNMP 数据包解密,这样分区名就暴露无遗。因为这个原因,大多数站点禁止管理代理设备的设置操作。不过这样做有一个副作用,就是只能监控数据对象的值而不能改动它们,从而限制了 SNMP 的可用性。

### 9.2.2　SNMP 的发展

许多人认为 SNMP 在 IP 上运行的原因是 Internet 运行的是 TCP/IP,然而事实并不是这样的。SNMP 被设计成与协议无关,所以它可以在 IP、IPX、AppleTalk、OSI 以及其他用到的传输协议上使用。

IAB 最初制定 Internet 管理的发展策略的时候,是采用简单网关监视协议 SGMP(Simple Gateway Monitor Protocol)作为暂时的管理解决方案的。但是实际推广应用中,由于功能过于复杂,实施难度大,未能获得当时硬件厂商的支持。

最初的 SNMP 协议版本是 SNMP v1,它简单地定义了一个基本的 MIB—MIB2 用于实现设备的基础管理,涵盖了系统/网络/应用/服务等方面的内容,但几乎没有任何有效的验证方式。

后来又发展出了 SNMP v2,最常见到的是 SNMP v2c。SNMP v2c 与 SNMP v1 向后兼容,并且改善了安全模型和访问控制。

最新的 SNMP 版本是 SNMP v3,它不但采用了新的 SNMP 消息格式,在安全方面也有很大加强。最大的变化就是采用了一种基于视图的安全模型,使管理者可以基于组和用户来详细定义每个对象的访问权限。

由于 SNMP 协议一直在发展中,各厂商意见又不统一,因此 SNMP v2c 和 SNMP v3 并未得到广泛的支持,有的设备可能不支持高版本的 SNMP,但总是会支持 SNMP v1 的。

### 9.2.3　SNMP 的内容

SNMP 是一系列协议组和规范,它们提供了一种从网络上的设备中收集网络管理信息的方法。SNMP 定义了数据包的格式和网络管理员与管理代理之间的信息交换的方式,它还控制着管理代理的 MIB 数据对象,因此,可用于处理管理代理定义的各种任务。SNMP 之所以易于使用,是因为它对外提供了三种用于控制 MIB 对象的基本操作命令。它们是 Set、Get 和 Trap。

Set:是一个特权命令,通过它可以改动设备的配置或控制设备的运转状态。

Get:是 SNMP 协议中使用率最高的一个命令,因为该命令是从网络设备中获得管理信息的基本方式。

Trap:它的功能就是在网络管理系统没有明确要求的前提下,由管理代理通知网络管理系统有一些特别的情况或问题发生了。

## 9.3　网络管理系统

### 9.3.1　网管系统的组成和功能

一个典型的网络管理系统包括四个要素:管理员、管理代理、管理信息数据库、代理服务设备。一般来说,前三个要素是必需的,第四个是可选项。

▶ 1. 管理员（Manager）

网络管理软件的重要功能之一，就是协助网络管理员完成整个网络的管理工作。网络管理软件要求管理代理定期收集重要的设备信息，收集到的信息将用于确定独立的网络设备、部分网络或整个网络运行的状态是否正常。管理员应该定期查询管理代理收集到的有关主机运转状态、配置及性能等的信息。

▶ 2. 管理代理（Agent）

网络管理代理是驻留在网络设备中的软件模块，也称为管理代理软件。这里的设备可以是 UNIX 工作站、网络打印机，也可以是其他的网络设备。管理代理软件可以获得本地设备的运转状态、设备特性、系统配置等相关信息。管理代理软件就像是每个被管理设备的信息经纪人，它们完成网络管理员布置的采集信息的任务。管理代理软件所起的作用是，充当管理系统与管理代理软件驻留设备之间的中介，通过控制设备的 MIB 中的信息来管理该设备。管理代理软件可以把网络管理员发出的命令按照标准的网络格式进行转化，收集所需的信息，之后返回正确的响应。在某些情况下，管理员也可以通过设置某个 MIB 对象来命令系统进行某种操作。

路由器、交换机、集线器等许多网络设备的管理代理软件一般是由原网络设备制造商提供的，它可以作为底层系统的一部分，也可以作为可选的升级模块。设备厂商决定他们的管理代理软件可以控制哪些 MIB 对象，哪些对象可以反映管理代理软件开发者感兴趣的问题。

▶ 3. 管理信息数据库（MIB）

管理信息数据库定义了一种数据对象，它可以被网络管理系统控制。MIB 是一个信息存储库，这里包括了数千个数据对象，网络管理员可以通过直接控制这些数据对象去控制、配置或监控网络设备。网络管理系统可以通过网络管理代理软件来控制 MIB 数据对象。不管到底有多少个 MIB 数据对象，管理代理软件都需要维持它们的一致性，这也是管理代理软件的任务之一。现在已经定义的有几种通用的标准管理信息数据库，这些数据库中包括了必须在网络设备中支持的特殊对象，所以这几种 MIB 可以支持简单网络管理协议（SNMP），使用最广泛、最通用的 MIB 是 MIB-II。

▶ 4. 代理设备（Proxy）

代理设备在标准网络管理软件和不直接支持该标准协议的系统之间起桥梁作用。利用代理设备，不需要升级整个网络就可以实现从旧版本到新版本的过渡。

通常对一个网络管理系统需要定义以下内容：

（1）系统的功能。即一个网络管理系统应具有哪些功能。

（2）网络资源的表示。网络管理很大一部分是对网络中资源的管理。网络中的资源就是指网络中的硬件、软件以及所提供的服务等。而一个网络管理系统必须在系统中将它们表示出来，才能对其进行管理。

（3）网络管理信息的表示。网络管理系统对网络的管理主要靠系统中网络管理信息的传递来实现。网络管理信息应如何表示、怎样传递，传送的协议是什么，这都是一个网络管理系统必须考虑的问题。

（4）系统的结构。即网络管理系统的结构是怎样的。

## 9.3.2 网络管理软件的分类

网络管理技术是伴随着计算机、网络和通信技术的发展而发展的。从网络管理范畴来分类,网络管理软件(以下简称网管软件)可分为:对网"路"的管理,即针对交换机、路由器等主干网络进行管理;对接入设备的管理,即对内部 PC、服务器、交换机等进行管理;对行为的管理,即针对用户的使用进行管理;对资产的管理,即统计 IT 软、硬件的信息等。根据网管软件的发展历史,可以将网管软件划分为三代。

第一代网管软件就是最常用的命令行方式,结合一些简单的网络监测工具。它不仅要求使用者精通网络的原理及概念,还要求使用者了解不同厂商的不同网络设备的配置方法。

第二代网管软件有着良好的图形化界面。用户无须过多地了解设备的配置方法,就能图形化地对多台设备同时进行配置和监控。这就大大提高了工作效率,但仍然存在着由于人为因素造成的设备功能使用不全面或不正确的问题。

第三代网管软件相对来说比较智能,它是真正将网络和管理进行有机结合的软件系统,具有"自动配置"和"自动调整"功能。对网管人员来说,只要把用户情况、设备情况以及用户与网络资源之间的分配关系输入网管系统,系统就能自动地建立图形化的人员与网络的配置关系,并自动鉴别用户身份,分配用户所需的资源(如电子邮件、Web 文档服务等)。

## 9.3.3　典型网管系统介绍

根据网络管理软件产品功能的不同,网络管理系统又可细分为五类,即网络故障管理软件、网络配置管理软件、网络性能管理软件、网络服务/安全管理软件、网络计费管理软件。一个完整的网管系统往往同时具备这五种功能,不过功能侧重点有所不同。当然,市面上现在也有许多小的工具软件,能辅助网络管理员实现网络管理的部分功能,它们也可以被称做网络管理系统。

就国外网管厂商而言,主要有三大家:CA Unicenter、HP OpenView 和 IBM Tivoli。这些系统的特点是功能强大,覆盖网络管理的计费、认证、配置、性能和故障的各个方面。缺点是需要专业化的技术团队进行管理,投入大、实施周期长、运营和维护非常麻烦。下面将对一些典型网管软件的特点及适用对象等进行介绍。

▶ 1. CA Unicenter

美国 Computer Associates 公司是全球领先的电子商务软件公司,Unicenter 就是 CA 公司的一套网管产品。Unicenter 的显著特点是功能丰富、界面较友好、功能较细化。Unicenter 提供了各种网络和系统管理功能,可以实现对整个网络架构的每一个细节(从简单的到各种大型主机设备)的控制,并确保企业环境的可用性。从网络和系统管理角度来看,Unicenter 可以运行在大型主机的所有平台上;从自动运行管理方面来看,Unicenter 可以实现日常业务的系统化管理,确保各主要架构组件(Web 服务器和应用服务器、中间件)的正常运转;从数据库管理来看,它还可以对业务逻辑进行管理,确保整个数据库范围的最佳服务。

Unicenter 网络管理主要解决两方面问题:设备管理和性能管理。它不仅可以对支持标准 SNMP(简单网管协议)的设备进行直接管理,还能够对不支持 SNMP 的网络设备进行管理,从而极大地扩展了设备管理的范围。在采集和汇总大量原始数据的基础上,Unicenter 的性能管理能根据客户考核指标的要求自动生成直观、易懂的性能报表,通过 Unicenter,来自各个系统、数据库、应用系统所产生的消息、报警等事件,将自动传送到管理员那里,而无须等待系统轮询。管理员可以方便地对需要报告的事件和程序进行定义和修改,以满足客户的具体需要;根据这些事件,管理员也可以灵活地定义事件发生之后的相应措施。

Unicenter 适用于电信运营商、IT 技术服务商、金融、运输、企业、教育、政府等网管方面有大规模投入、IT 管理机构健全、维护人员水平较高的用户。

▶ 2. HP OpenView NNM

HP 是最早开发网络管理产品的厂商之一，其著名的 HP OpenView 软件已经得到了广泛的应用。OpenView 集成了网络管理和系统管理各自的优点，形成一个单一而完整的管理系统。OpenView 解决方案实现了网络运作从被动无序到主动控制的过渡，使 IT 部门及时了解整个网络当前的真实状况，实现主动控制，而且 OpenView 解决方案的预防式管理工具——临界值设定与趋势分析报表，可以让 IT 部门采取更具预防性的措施，管理网络的健全状态。OpenView 解决方案是从用户网络系统的关键性能入手，帮其迅速地控制网络，然后还可以根据需要增加其他的解决方案。OpenView 系列产品具有统一管理平台、全面的服务和资产管理、网络安全、服务质量保障、故障自动监测和处理、设备搜索、网络存储、智能代理、Internet 环境的开放式服务等丰富的功能特性。

HP OpenView 网管软件 NNM(Network Node Manager)以其强大的功能、先进的技术、多平台适应性在全球网管领域得到了广泛的应用。首先，HP OpenView NNM 具有计费、认证、配置、性能与故障管理功能，功能较为强大，特别适合网管专家使用。其次，HP OpenView NNM 能够可靠运行在 HP-UX10.20/11.X、Sun Solaris 2.5/2.6、Windows 2000 等多种操作系统平台上，能够对局域网或广域网中所涉及的每一个环节中的关键网络设备及主机部件(包括 CPU、内存、主板等)进行实时监控，可发现所有意外情况并发出报警，可测量实际的端到端应用响应时间及事务处理参数。

目前该产品主要应用在金融、电信、交通、政府、公用事业、制造业等领域。

▶ 3. IBM Tivoli NetView

IBM Tivoli NetView 秉承 IBM 风范，关注高端用户，特别是 IBM 整理解决方案的用户。Tivoli NetView 软件中包含一种全新的网络客户程序，这种基于 Java 的控制台比以前的控制台具有更大的灵活性、可扩展性和直观性，可允许网管人员从网络中的任何位置访问 Tivoli NetView 数据。从这个新的网络客户程序可以获得有关节点状况、对象收集与事件方面的信息，也可对 Tivoli NetView 服务器进行实时诊断。

IBM Tivoli NetView 能监测 TCP/IP 网络，显示网络的拓扑结构，管理各种事件，监视系统运行和收集系统性能数据。Tivoli NetView 采用分布式的管理，减少了整体系统的维护费用。Tivoli NetView 兼容多种厂家的设备并拥有全球数百个厂商的支持。

目前在金融领域，借助 IBM 主机在该领域的强大用户群体，IBM Tivoli NetView 占有超过 50% 的市场份额，在其他行业，如电信、食品、医疗、旅游、政府、能源和制造业等也有众多用户。比较适合网管方面有大规模投入、具备网管专家而且 IBM 设备较多的用户。

除了上述三大网管软件外，还有许多优秀的网络管理软件，可满足各种不同的需求。国外的有 Cisco 公司的 CiscoWorks、3com 公司的 Network Supervisor、NetScout 公司的 nGenius Performance Manager 和硬件探针、Micromuse 公司的 NetCool 网管系统、Concord 公司的 Concord eHealth 软件套装等。通过分析企业需求，国内网络管理软件提供商提出了"基于平台级设计思路"和"面向业务"，实现对网络、服务器、应用程序的综合管理。另外，少数国内成熟专业的网管软件提供商已经推出了拥有完全自主知识产权和本土化的网络管理软件，如游龙科技的 SiteView、北大青鸟的 NetSureXpert 网管系统、神州数码的 LinkManager、北邮的 FullView、武汉擎天的 QTNG 等。

# 9.4 网络安全概述

20世纪70年代以来,在应用和普及的基础上,以计算机网络为主体的信息处理系统迅速发展,计算机应用也逐渐向网络发展。网络化的信息系统是集通信、计算机和信息处理于一体的现代社会不可缺少的基础。计算机应用发展到网络阶段后,信息安全技术得到迅速发展,原有的计算机安全问题增加了许多新的内容。

同以前的计算机安全保密问题相比,计算机网络安全技术的问题要多得多,也复杂得多,涉及物理环境、硬件、软件、数据、传输、体系结构等各个方面。除了传统的安全保密理论、技术及单机的安全问题以外,计算机网络安全技术包括了计算机安全、通信安全、访问控制安全,以及安全管理和法律制裁等诸多内容,并逐渐形成独立的学科体系。

换一个角度来讲,当今社会是一个信息化的社会,计算机通信网络在政治、军事、金融、商业、交通、电信、文教等方面的作用日益增大。社会对计算机网络的依赖也日益增强,尤其是计算机技术和通信技术相结合所形成的信息基础设施已经成为反映信息社会特征最重要的基础设施。人们建立了各种各样的信息系统,许多机密和财富已高度集中于计算机中,这些信息系统都是依靠计算机网络实现相互间的联系和对目标的管理、控制的。以网络方式获得信息和交流信息已成为现代信息社会的一个重要特征。

随着网络的开放性、共享性及互连程度的扩大,特别是 Internet 的出现,网络的重要性和对社会的影响也越来越大,网络上各种新业务如电子商务(Electronic Commerce)、电子现金(Electronic Cash)、数字货币(Digital Cash)、网络银行(Network Bank)的兴起,各种专用网如金融网的建设,使得安全问题显得越来越重要,因此对网络安全的研究成了现在计算机和通信界的一个热点。

## 9.4.1 网络安全的概念

国际标准化组织(ISO)将计算机安全定义为"为数据处理系统建立和采取的技术和管理的安全保护,保护计算机硬件、软件数据不因偶然和恶意的原因而遭到破坏、更改和泄露"。我国提出的定义是:"计算机系统的硬件、软件、数据受到保护,不因偶然的或恶意的原因而遭到破坏、更改、显露,系统能连续正常运行。"因此,所谓网络安全就是指基于网络的互连互通和运作而涉及的物理线路和连接的安全、网络系统的安全、操作系统的安全、应用服务的安全和人员管理的安全等几个方面。但总的说来,计算机网络的安全性是由数据的安全性、通信的安全性和管理人员的安全意识三部分组成。

网络安全是一门涉及计算机科学、网络技术、通信技术、密码技术、信息安全技术、应用数学、数论、信息论等多种学科的综合性学科。

网络安全是指网络系统硬件、软件及其系统中的数据受到保护,不受偶然的或者恶意的原因而遭到破坏、更改、泄露,确保系统能连续可靠正常地运行,网络服务不中断。网络安全从其本质上来讲就是网络上的信息安全。从广义来说,凡是涉及网络上信息的保密性、完整性、可用性、真实性和可控性的相关技术和理论都是网络安全的研究领域。网络安全涉及的内容既有技术方面的问题，也有管理方面的问题，两方面相互补充，缺一不可。

技术方面主要侧重于防范外部非法用户的攻击，管理方面则侧重于内部人为因素的管理。如何更有效地保护重要的信息数据、提高计算机网络系统的安全性已经成为所有计算机网络应用必须考虑和必须解决的一个重要问题，网络信息的保密性、完整性、可用性、真实性和可控性等相关技术问题都成为网络安全研究的重要课题。

## 9.4.2 网络安全问题的主要原因

产生网络安全问题的原因有很多，从不同的角度思考会得出不同的结论，但在技术层面上来说，网络安全问题主要是由于网络技术本身设计上的缺陷和现实利益的驱动相结合产生的。众所周知，计算机网络最大特点就是开放和共享，而对于安全来说，这又是它致命的弱点。计算机网络发展的初期，为了让各种不同体的计算机能够互连，网络通信协议的推广采用了开放式的策略，任何人都能很容易地获得通信协议等详细的技术细节，从而对协议存在的缺陷了如指掌，为通过网络进行攻击提供了可能性。

依据网络与信息所面临的威胁可将网络及信息的不安全的因素归结为自然灾害、人为灾害、系统的物理故障、网络软件的缺陷、人为的无意失误、计算机病毒、法规与管理不健全等。具体说明如下：

（1）自然灾害。水灾、火灾、地震、雷击、台风及其他自然现象造成的灾害。

（2）人为灾害。战争、纵火、盗窃设备及其他影响到网络物理设备的犯罪等。

（3）系统的物理故障。硬件故障、软件故障、网络故障和设备环境故障等。几十年来，电子技术的发展使电子设备出故障的概率一降再降，许多设备在它们的使用期内根本不会出错。但是由于计算机和网络的电子设备往往极多，故障还是时有发生。器件老化、电源不稳、设备环境不好等很多问题使计算机或网络的部分设备暂时或者永久失效。这些故障一般都具有突发的特点。

对付电子设备故障的方法是及时更换老化的设备，不要把计算机和网络的安全与稳定维系在某一台或几台设备上。另外还可以采用较为智能的方案，例如现在智能网络的发展，能使网络上出故障的设备及时退出网络，其他设备或备份设备能及时弥补空缺。

（4）网络软件的缺陷。软件故障一般要寻求软件供应商的帮助来解决，如更换、升级等。

（5）人为的无意失误。程序设计错误、误操作、无意中损坏和无意中泄密等。如操作员安全配置不当造成的安全漏洞、用户安全意识不强、用户口令选择不慎、用户将自己的账号随意转借他人或与别人共享等都会对网络安全带来威胁。这些失误有的可以靠加强管理来解决，有的则无法预测，甚至永远无法避免。限制个人对网络和信息的权限，防止权力的滥用，采取适当的监督措施有助于部分解决人为无意失误的问题。出现失误之后及时发现，及时补救也能大大减少损失。

（6）人为的恶意攻击。包括被动攻击、主动攻击和计算机病毒攻击，网络安全面临的最大问题就是人为的恶意攻击。

被动攻击是指攻击者不影响网络和计算机系统的正常工作，从而窃听、截获正常的网络通信和系统服务过程，并对截获的数据信息进行分析，获得有用的数据，以达到其攻击目的。被动攻击的特点是难以发觉。一般来说，在网络和系统没有出现任何异常的情况下，没有人会关心发生过什么被动攻击。

主动攻击是指攻击者主动侵入网络和计算机系统,参与正常的网络通信和系统服务过程,并在其中发挥破坏作用,以达到其攻击目的。主动攻击的种类极多,新的主动攻击手段也在不断涌现。主动攻击手段有:身份假冒攻击是指冒充正常用户、欺骗网络和系统服务的提供者,从而获得非法权限和敏感数据;身份窃取攻击是指取得用户的真正身份,以便为进一步攻击做准备;错误路由攻击是指攻击者修改路由器中的路由表,将数据引到错误的网络或安全性较差的机器上来;重放攻击是指在监听到正常用户的一次有效操作后,将其记录下来,之后对这次操作进行重复,以期获得与正常用户同样的对待。

计算机病毒攻击的手段出现得更早,其种类繁多,影响范围广。不过以前的病毒多是毁坏计算机内部数据,使计算机瘫痪。现在某些病毒已经与黑客程序结合起来,被黑客利用来窃取用户的敏感信息,危害更大。

计算机病毒是一段能够进行自我复制的程序。病毒运行后可能损坏文件,使系统瘫痪,造成各种难以预料的后果。在网络环境下,病毒具有不可估量的威胁和破坏力。

网络软件不可能是百分之百地无缺陷和无漏洞的,然而,漏洞和缺陷恰恰是黑客进行攻击的首选目标。曾经出现过的黑客攻入网络内部的事件大部分就是因为安全措施不完善而导致的。另外,软件的"后门"都是由软件公司的设计编程人员为了自己方便而设置的,一般不为外人所知,但一旦"后门"洞开,其造成的后果将不堪设想。

为了维护网络与信息系统的安全,单纯凭技术力量解决是不够的,还必须依靠政府和立法机构制定出完善的法律法规进行制约,给非法攻击者以威慑。只有全社会行动起来共同努力,才能从根本上治理高科技领域的犯罪行为,确保网络与信息的安全应用和发展。

在网络安全系统的法规和管理方面,我国起步较晚,目前还有很多不完善、不周全的地方,这给了某些不法分子可乘之机。但是政府和立法机构已经注意到了这个问题,立法工作正在进行,而且打击力度是相当大的。各企业、各部门的管理者也逐步关注这个问题。随着安全意识的进一步提高,由法规和管理不健全导致的安全威胁将逐渐减少。

## 9.4.3　我国面临的网络安全问题

目前,我国网络安全问题日益突出的主要标志为如下几种:

▶ 1. 系统遭受病毒感染和破坏的情况相当严重

从国家计算机病毒应急处理中心日常监测结果来看,计算机病毒呈现出异常活跃的态势。据2001年调查,我国约73%的计算机用户曾感染病毒,2003年上半年升至83%。其中,感染3次以上的用户高达59%,而且病毒的破坏性较大,被病毒破坏全部数据的占14%,破坏部分数据的占57%。

▶ 2. 电脑黑客活动已形成重大威胁

网络信息系统具有致命的脆弱性、易受攻击性和开放性,从国内情况来看,目前我国95%与互联网相连的网络管理中心都遭受过境内外黑客的攻击或侵入,其中银行、金融和证券机构是黑客攻击的重点。

▶ 3. 信息基础设施面临网络安全的挑战

面对信息安全的严峻形势,我国的网络安全系统在预测、反应、防范和恢复能力方面存在许多薄弱环节。据英国《简氏战略报告》和其他网络组织对各国信息防护能力的评估,我国被列入防护能力最低的国家之一,排名不仅大大低于美国、俄罗斯和以色列等信息安全强国，而且排在印度、韩国之后。近年来，国内与网络有关的各类违法行为以每年30％的速度递增。据某市信息安全管理部门统计，2003年第一季度内，该市共遭受近37万次黑客攻击、2.1万次以上病毒入侵和57次信息系统瘫痪。该市某公司的镜像网站在10月份1个月内，就遭到从外部100多个IP地址发起的恶意攻击。

▶ 4. 网络政治颠覆活动频繁

近年来，国内外反动势力利用互联网组党结社，进行针对我国党和政府的非法组织和串联活动，猖獗频繁，屡禁不止。尤其是一些非法组织有计划地通过网络渠道，宣传异教邪说，妄图扰乱人心，扰乱社会秩序。

当前，制约我国提高网络安全防御能力的主要因素有以下几方面：

1）缺乏自主的计算机网络和软件核心技术

我国信息化建设过程中缺乏自主技术支撑。计算机安全存在三大黑洞：CPU芯片、操作系统和数据库、网关软件大多依赖进口。信息安全专家、中国科学院高能物理研究所研究员许榕生曾一针见血地点出我国信息系统的要害："我们的网络发展很快，但安全状况如何？现在有很多人投很多钱去建网络，实际上并不清楚它只有一半根基，建的是没有防范的网。有的网络顾问公司建了很多网，市场布好，但建的是裸网，没有保护，就像房产公司盖了很多楼，门窗都不加锁就交付给业主去住。"我国计算机网络所使用的网管设备和软件基本上是舶来品，这些因素使我国计算机网络的安全性能大大降低，被认为是易窥视和易打击的"玻璃网"。由于缺乏自主技术，我国的网络处于被窃听、干扰、监视和欺诈等多种信息安全威胁中，网络安全处于极脆弱的状态。

2）安全意识淡薄是网络安全的瓶颈

目前，在网络安全问题上还存在不少认知盲区和制约因素。网络是新生事物，许多人一接触就忙着用于学习、工作和娱乐等，对网络信息的安全性无暇顾及，安全意识相当淡薄，对网络信息不安全的事实认识不足。与此同时，网络经营者和机构用户注重的是网络效应，对安全领域的投入和管理远远不能满足安全防范的要求。总体上看，网络信息安全处于被动的封堵漏洞状态，从上到下普遍存在侥幸心理，没有形成主动防范、积极应对的全民意识，更无法从根本上提高网络监测、防护、响应、恢复和抗击能力。近年来，国家和各级职能部门在信息安全方面已做了大量努力，但就范围、影响和效果来讲，迄今所采取的信息安全保护措施和有关计划还不能从根本上解决目前的被动局面，整个信息安全系统在迅速反应、快速行动和预警防范等主要方面缺少方向感、敏感度和应对能力。

3）运行管理机制的缺陷和不足制约了安全防范的力度

运行管理是过程管理，是实现全网安全和动态安全的关键。有关信息安全的政策、计划和管理手段等最终都会在运行管理机制上体现出来。就目前的运行管理机制来看，有以下几方面的缺陷和不足：

（1）网络安全管理方面人才匮乏。由于互联网通信成本极低，分布式客户服务器和不同种类配置不断更新。按理，随着技术应用的扩展，技术的管理也应同步扩展，但从事系统管理的人员却往往并不具备安全管理所需的技能、资源和利益导向。信息安全技术管理方面的人才无论是数量还是水平，都无法适应信息安全形势的需要。

（2）安全措施不到位。互联网越来越具有综合性和动态性特点，这同时也是互联网不安全因素的原因所在。然而，网络用户对此缺乏认识，未进入安全就绪状态就急于操作，结果导致敏感数据暴露，使系统遭受风险。配置不当或过时的操作系统、邮件程序和内部网络都存在容易被侵入的缺陷，如果缺乏周密有效的安全措施，就无法发现和及时查堵安全漏洞。当厂商发布补丁或升级软件来解决安全问题时,许多用户的系统不进行同步升级,原因是管理者未充分意识到网络不安全的风险存在,未引起足够的重视。

（3）缺乏综合性的解决方案。面对复杂的不断变化的互联网世界,大多数用户缺乏综合性的安全管理解决方案,稍有安全意识的用户越来越依赖"银弹"方案（如防火墙和加密技术）,但这些用户也就此产生了虚假的安全感,渐渐丧失警惕。实际上,一次性使用一种方案并不能保证系统一劳永逸和高枕无忧,网络安全问题远远不是防毒软件和防火墙能够解决的,也不是大量标准安全产品简单堆砌就能解决的。近年来,国外的一些互联网安全产品厂商及时应变,由防病毒软件供应商转变为企业安全解决方案的提供者,他们相继在我国推出多种全面的企业安全解决方案,包括风险评估和漏洞检测、入侵检测、防火墙和虚拟专用网、防病毒和内容过滤解决方案,以及企业管理解决方案等一整套综合性安全管理解决方案。

（4）缺乏制度化的防范机制。不少单位没有从管理制度上建立相应的安全防范机制,在整个运行过程中,缺乏行之有效的安全检查和应对保护制度。不完善的制度滋长了网络管理者和内部人士自身的违法行为。许多网络犯罪行为都是因为内部联网电脑和系统管理制度疏于管理而得逞的。同时,政策法规难以适应网络发展的需要,信息立法还存在相当多的空白。个人隐私保护法、数据库保护法、数字媒体法、数字签名认证法、计算机犯罪法以及计算机安全监管法等信息空间正常运作所需的配套法规尚不健全。由于网络作案手段新、时间短、不留痕迹等特点,给侦破和审理网上犯罪案件带来了极大困难。

## 9.5　网络安全技术

网络系统的安全涉及平台的各个方面。按照网络 OSI 的 7 层模型,网络安全贯穿于网络的各个层次,在不同的网络层次可以采用不同的技术手段来实现和防范某些网络威胁。在 OSI 七个层次的基础上,将安全体系划分为四个级别:网络级安全、系统级安全、应用级安全及企业级的安全管理,而安全服务渗透到每一个层次,从尽量多的方面考虑问题,有利于减少安全漏洞和缺陷。

针对网络系统受到的威胁,OSI 安全体系结构提出了以下几类安全服务。

▶ 1. 身份认证

这种服务是在两个开放系统同等层中的实体建立连接和数据传送期间,为提供连接实体身份的鉴别而规定的一种服务。这种服务防止冒充或重传以前的连接,也即防止伪造连接初始化这种类型的攻击。这种鉴别服务可以是单向的也可以是双向的。

▶ 2. 访问控制

访问控制服务可以防止未经授权的用户非法使用系统资源。这种服务不仅可以提供给单个用户,也可以提供给封闭的用户组中的所有用户。

▶ 3. 数据保密

数据保密服务的目的是保护网络中各系统之间交换的数据,防止因数据被截获而造成的泄密。

▶ 4. 数据完整性

这种服务用来防止非法实体对用户的主动攻击（对正在交换的数据进行修改、插入、使数据延时以及丢失数据等），以保证数据接收方收到的信息与发送方发送的信息完全一致。

▶ 5. 不可否认性

这种服务有两种形式：第一种形式是源发证明，即某一层向上一层提供的服务，它用来确保数据是由合法实体发出的，它为上一层提供对数据源的对等实体进行鉴别，以防假冒。第二种形式是交付证明，用来防止发送方发送数据后否认自己发送过数据，或接收方接收数据后否认自己收到过数据。

▶ 6. 审计管理

对用户和程序使用资源的情况进行记录和审查，可以及早发现入侵活动，以保证系统安全，并帮助查清事故原因。

▶ 7. 可用性

保证信息使用者都可得到相应授权的全部服务。

目前网络技术研究与发展的方向主要有：密码技术、访问控制技术、入侵检测与审计技术、防火墙技术、灾难恢复技术等。

# 9.6　计算机病毒及其防治

提起计算机病毒，相信很多人并不陌生，有的甚至有过切肤之痛。计算机病毒是一种能够被执行的具有自我复制能力的程序代码。它像生物病毒一样，通过各种存储介质和网络在计算机中传播、蔓延，常常难以根除。计算机病毒除了能自身复制传播外，还常常附着在各种类型的文件上，当文件被复制或从一个用户传送到另一个用户时，它们就随同文件一起蔓延开来。一个被污染的程序或文件可能就是病毒的载体，当你发现病毒（如发现某些莫名其妙的文字或图像）时，它们可能也已经毁坏了文件或程序，甚至你的计算机已经不能正常运行了。

什么是计算机病毒？《中华人民共和国计算机信息系统安全保护条例》第二十八条对计算机病毒下的定义是：计算机病毒是指编制或者在计算机程序中插入的破坏计算机功能或者毁坏数据，影响计算机使用，并能自我复制的一组计算机指令或者程序代码。

## 9.6.1　计算机病毒起源

关于计算机病毒的起源现在有几种说法，但还没有一个被人们确认，也没有实质性的论述予以证明。

▶ 1. 科学幻想起源说

1977年，美国科普作家托马斯·丁·雷恩推出轰动一时的 *Adolescence of* P-1（P-1 的青春）一书。作者构思了一种能够自我复制，利用信息通道传播的计算机程序，并称之为计算机病毒。这是世界上第一个幻想出来的计算机病毒。人类社会有许多现行的科学技术，都是在先有幻想之后才成为现实的。因此，我们不能否认这本书的问世对计算机病毒的产生所起的作用。

▶ 2. 恶作剧起源说

恶作剧者大多是那些对计算机知识和技术均有兴趣的人，并且特别热衷于做那些别人认为是不可能做成的事情，因为他们认为世上没有做不成的事。这些人有的是想显示一下自己的聪明才智,有的是想报复一下别人。无恶意的恶作剧者所编写的病毒大多只是和对方开一个玩笑,想显示一下自己的才能以达到炫耀的目的而已。虽然计算机病毒的起源是否归结于恶作剧者还不能够确定,但可以肯定,世界上流行的许多计算机病毒都是恶作剧者的产物。

▶ 3. 游戏程序起源说

20世纪70年代,计算机在社会上还没有得到广泛的普及应用,美国贝尔实验室的计算机程序员为了娱乐,在自己实验室的计算机上编制吃掉对方程序的程序,看谁先把对方的程序吃光。有人认为这是世界上第一个计算机病毒,但这只是一个猜测。

▶ 4. 软件商保护软件起源说

计算机软件往往是一种知识密集型的高科技产品,这些产品耗费了人们不少的精力。由于计算机软件常常被非法复制,使软件制造商的利益受到了严重的侵害。因此,一些软件制造商为了处罚那些非法拷贝者,在软件产品中加入了某种特殊作用的控制程序。这种控制程序可能就是一种病毒。例如,Pakistani Brain(巴基斯坦雨点)病毒在一定程度上就证实了这种说法。该病毒是巴基斯坦的两兄弟为了追踪非法复制其软件的用户而编制的。该病毒的作用是修改磁盘卷标,把卷标改为Brain以便识别。也正因为如此,当计算机病毒出现之后,有人认为这是软件制造商为了保护自己的软件不致被非法复制而导致的结果。

总的来说,计算机病毒的发展历史可以划分为如下四个阶段:

第一代病毒(1986—1989年):这一期间出现的病毒可以称之为传统的病毒,是计算机病毒的萌芽和滋生时期。

第二代病毒(1989—1991年):第二代病毒又称为混合型病毒,这一阶段是计算机病毒由简单发展到复杂,由单纯走向成熟的阶段。

第三代病毒(1992—1995年):第三代病毒称为"多态性"病毒或"自我变形"病毒。这个时期是病毒的成熟发展阶段。

第四代病毒(1996年至今):第四代病毒是20世纪90年代中后期产生的病毒。随着互联网的盛行,病毒流行面更加广泛,病毒的流行迅速突破了地域限制。

## 9.6.2　计算机病毒的特征及分类

1983年计算机病毒首次被确认,但当时并没有引起人们的重视,直到1987年才开始受到世界范围内的普遍关注。我国是在1989年发现计算机病毒的。从计算机病毒出现至今,全世界已发现至数万种,并且这个数量还在高速度地增加。

前面有过介绍,计算机病毒本质上也是一段程序代码。在区分正常程序与病毒的时候,一般按照以下特征判断:

(1) 非授权可执行性。用户调用执行一个程序时,把系统控制交给这个程序,并分配给它相应系统资源(如内存),从而使之能够运行,并完成用户的需求。因此程序执行的过程对用户是透明的。而计算机病毒是非法程序,正常用户是不会明知是病毒程序而故意调用执行的。计算机病毒具有正常程序的很多特性(如可存储性、可执行性),它总是隐藏在合法的程序或数据中,当用户运行正常程序时,病毒程序伺机窃取到系统的控制权抢先运行。这就是病毒的非授权可执行性。

(2) 隐蔽性。计算机病毒是一种具有很高编程技巧、短小精悍的可执行程序。它通常粘附在正常程序之中或磁盘引导扇区中,或者磁盘上标为坏簇的扇区中,以及一些空闲概率较大的扇区中，这是它的非法可存储性。病毒想方设法隐藏自身，就是为了防止用户察觉。

（3）传染性。传染性是计算机病毒最重要的特征，是判断一段程序代码是否为计算机病毒的依据。病毒程序一旦侵入计算机系统就开始搜索可以传染的程序或者介质，然后通过自我复制迅速传播。由于目前计算机网络日益发达，计算机病毒可以在极短的时间内通过互联网传遍世界。

（4）潜伏性。计算机病毒具有依附于其他媒体而寄生的能力，这种媒体我们称之为计算机病毒的宿主。依靠寄生能力，病毒传染合法的程序和系统后，一般不立即发作，而是悄悄地隐藏起来，悄悄地进行传染。病毒的潜伏性越好，它在系统中存在的时间就可能越长，病毒传染的范围就可能越广，其危害就可能越大。

（5）表现性或破坏性。无论何种病毒，它们一旦侵入系统就会对操作系统的运行造成不同程度的影响或破坏。有的病毒虽然不做实质性的破坏活动，但它占用系统资源（如占用内存空间，占用磁盘存储空间以及系统运行时间等）同样会影响计算机的正常运行。显示恐吓性的文字或图像是病毒的一种常见表现。删除数据或文件，将磁盘数据加密，甚至摧毁整个操作系统，这是病毒真正的破坏性所在。病毒对计算机的破坏，轻者降低系统工作效率，重者导致数据丢失，系统崩溃。病毒程序的表现性或破坏性体现了病毒设计者的真正意图。

（6）可触发性。计算机病毒一般都有一个或者多个触发条件。一旦满足其触发条件或者激活病毒的传染机制，病毒就开始起破坏作用。触发的实质是一种条件的控制，病毒程序可以依据设计者的要求，在一定条件下实施攻击。这个条件可以是敲入特定字符，使用特定文件，某个特定日期或特定时刻，或者是病毒内置的计数器达到一定次数等。

计算机病毒若按破坏性划分可分为良性病毒与恶性病毒。若按传染方式划分可分为以下几种类型：

（1）引导型病毒。这类病毒攻击的对象就是磁盘的引导扇区，这样就能使系统在启动时获得优先的执行权，从而达到控制整个系统的目的，这类病毒因为感染的是引导扇区，所以造成的损失也就比较大，一般来说会造成系统无法正常启动，但查杀这类病毒也比较容易，大多数杀毒软件都能查杀这类病毒。

（2）文件型病毒。早期的这类病毒一般是感染扩展名为 exe、com 的可执行文件，当用户执行某个可执行文件时病毒程序就被激活。近期也有一些病毒感染扩展名为 dll、ovl、sys 等的文件。因为这些文件通常是某程序的配置、链接文件，所以执行某程序时病毒也就自动被加载了。其加载的方法是通过插入病毒代码整段落或分散插入到这些文件的空白字节中，如 CIH 病毒就是把自己拆分成 9 段嵌入到 PE 结构的可执行文件中，计算机感染 CIH 后通常文件的字节数并不见增加，这就是它的隐蔽性的一面。

（3）网络型病毒。这种病毒是近几年来网络高速发展的产物，感染的对象不再局限于单一的模式和单一的可执行文件，而是更加综合、更加隐蔽。现在一些网络型病毒几乎可以对所有的 Office 文件进行感染，如 Word、Excel、电子邮件等。其攻击方式也有转变，从原始的删除、修改文件到现在进行文件加密、窃取用户有用信息（如黑客程序）等，传播的途径也发生了质的飞跃，不再局限于磁盘，而是通过更加隐蔽的网络进行，如电子邮件、电子广告等。

（4）新型病毒。部分新型病毒由于其独特性而暂时无法按照前面的类型进行分类，如网页脚本病毒、蠕虫病毒、多性型病毒、病毒生成工具等。

## 9.6.3 计算机病毒的防治

计算机病毒的防治要从防毒、查毒、杀毒三个方面来进行。对病毒的防范主要从病毒的传播途径着手。以往我们总是认为软盘交换是计算机病毒传播的主要途径,20世纪90年代初期,由于受计算机技术及其应用水平的限制,病毒传染表现出很强的本地化特色:传播的主要途径是磁盘。那时候病毒的传播和大规模扩散可能需要几个月的时间,但20世纪90年代中后期,Internet网络的迅猛发展,尤其是邮件的广泛应用造成了病毒传染途径增多、传染速度加快。通过网络,病毒传播的网络化发展趋势更加明显,电子邮件在1999年已经成为现在流行病毒的重要传播途径,因此防病毒工作也由本地化走向网络化。

网络一旦感染了病毒,即使病毒已被清除,其潜在的危险性也是巨大的。据统计,病毒在网络上被清除后,85%的网络在30天内会被再次感染。例如,"尼姆达"病毒会搜索本地网络的文件共享,无论是文件服务器还是终端客户机,一旦找到,便安装一个名为Riched20.dll的隐藏文件到每一个包含"doc"和"eml"文件的目录中,当用户通过Word、写字板、Outlook打开"doc"和"eml"文档时,这些应用程序将执行Riched20.dll文件,从而使机器被感染,同时该病毒还可以感染远程服务器被启动的文件。带有尼姆达病毒的电子邮件,不需你打开附件,只要阅读或预览了带毒的邮件,就会继续发送带毒邮件给通迅录里的朋友。

以尼姆达病毒为例,个人用户感染该病毒后,使用单机版杀毒软件即可清除;然而企业的网络中,一台机器一旦感染尼姆达,病毒便会自动复制、发送并采用各种手段不停交叉感染局域网内的其他用户。

计算机病毒形式及传播途径日趋多样化,因此,大型企业网络系统的防病毒工作已不再像单台计算机病毒的检测及清除那样简单,而需要建立多层次的、立体的病毒防护体系,而且要具备完善的管理系统来设置和维护对病毒的防护策略。

一个企业网的防病毒体系是建立在每个局域网的防病毒系统上的,应该根据每个局域网的防病毒要求,建立局域网防病毒控制系统,分别设置有针对性的防病毒策略。

▶ 1. 增加安全意识

杜绝病毒,主观能动性起到很重要的作用。病毒的蔓延,经常是由于企业内部员工对病毒的传播方式不够了解。病毒传播的渠道有很多种,如网络、物理介质等。查杀病毒,首先要知道病毒到底是什么,它的危害是怎样的,知道了病毒危害性,提高了安全意识,杜绝病毒的战役就已经成功了一半。平时,企业要从加强安全意识着手,对日常工作中隐藏的病毒危害增加警觉性,如安装一种大众认可的网络版杀毒软件,定时更新病毒定义,对来历不明的文件运行前进行查杀,每周查杀一次病毒,减少共享文件夹的数量,文件共享的时候尽量控制权限和增加密码等。这些都可以很好地防止病毒在网络中传播。

▶ 2. 小心邮件

随着网络的普及,电子信箱成了人们工作中不可缺少的一种媒介。电子邮件使人们的工作效率提高的同时,无意中也成了病毒的帮凶。有数据显示,如今有超过90%的病毒通过邮件进行传播。

尽管这些病毒的传播原理很简单,但这绝非仅仅是技术问题,无论是单个用户还是企业用户,都应该在思想意识上提高认识,在行动上采取适当的有效措施。例如,如果所有的Windows用户都关闭了VB脚本功能,像"库尔尼科娃"这样的病毒就不可能传播。只要用户随时小心警惕,不要打开值得怀疑的邮件,就可把病毒拒绝在外。

▶ 3. 挑选合适的防病毒软件

病毒层出不穷，市场上的杀毒软件也琳琅满目。如何选择一个功力高深的病毒"杀手"至关重要。一般而言，查杀是否彻底，界面是否友好方便，占用系统资源的比例是否合适，这三点是决定一个个人版防病毒软件的三大要素。而对于网络版防病毒软件来说，还需要考虑这种防病毒软件是否具有远程控制、集中管理等功能。防病毒软件的选择主要依据具体的工作环境，个人版防病毒软件在防治网络病毒的时候往往不能达到彻底清除的目的。

目前国内比较知名的防病毒软件有北京瑞星电脑科技公司的瑞星、金山公司的金山毒霸、冠群金辰软件有限公司的 KILL 和北京江民公司的 KV 系列。国外品牌主要有：诺顿、Kaspersky（卡巴斯基）、PC-cillin、McAfee 等。

需要注意的是，安装了一套好的防病毒软件并不意味着万事大吉，高枕无忧。养成正确良好的计算机操作习惯和良好的定期升级习惯是有效避免病毒安全威胁的重要举措。

## 项目实施

## 任务 1　防火墙软件的安装与配置

**任务目标：**

（1）了解软件防火墙的工作原理。

（2）掌握软件防火墙的安装方法。

**技能要求：**

（1）能够独立安装天网个人防火墙。

（2）能够个性化配置防火墙的规则。

**操作过程：**

▶ 1. 安装天网防火墙个人版

1）启动防火墙安装程序

将天网防火墙个人版安装文件夹复制到硬盘相应位置，找到天网个人防火墙安装程序 Setup. exe，双击该文件执行安装操作，弹出安装程序的欢迎对话框，如图 9-1 所示。

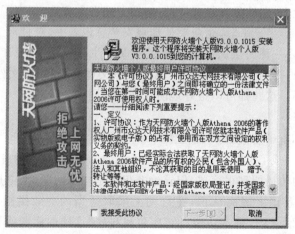

**图 9-1　安装程序的欢迎对话框**

2）选择软件安装的路径

在图 9-1 中，选择接受软件许可协议，并确认软件的安装路径。然后选择"下一步"。

3）开始软件安装的过程（如图 9-2 所示）

图 9-2 软件安装过程

4）设置安全级别

在天网防火墙设置向导的安全级别设置对话框中，我们可以选择使用由天网防火墙预先配置好的 3 个安全方案：低、中、高。一般情况下，我们使用安全级别"中"就可满足需要了，如图 9-3 所示。

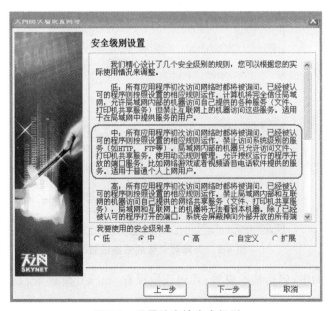

图 9-3 设置防火墙安全级别

▶ 2. 配置安全策略

1）设置安全级别

对于天网防火墙的使用，可以不修改默认配置而直接使用。但是，IT 服务与创业联盟社团的计算机在校园网内部，需要做一些特定的配置来适应校园网的环境。

天网防火墙的管理界面如图9-4所示，在管理界面，我们可以设置应用程序规则、IP规则、系统设置，也可以查看当前应用程序网络使用情况、日志，还可以做在线升级。

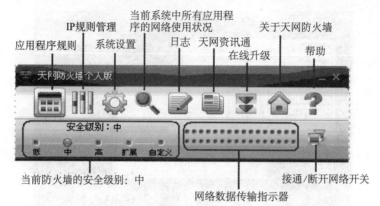

图 9-4　天网防火墙的管理界面

2）系统设置

在天网防火墙的控制面板中单击"系统设置"按钮，即可展开防火墙系统的设置面板，如图9-5所示。

图 9-5　天网防火墙的系统设置

在系统设置界面中，包括基本设置、管理权限设置、在线升级设置、日志管理和入侵检测设置等。

第一，在基本设置页面中，选中"开机后自动启动防火墙"，让防火墙开机自动运行，以保证系统始终处于监视状态。其次，"刷新"或输入局域网地址，使配置的局域网地址确保是本机地址。

第二，在管理权限设置中，设置管理员密码，以保护天网防火墙本身，并且不选中，以防止除管理员外其他人员随意添加应用程序访问网络权限。

第三,在在线升级设置中,选中"有新的升级包就提示"选项,以保证能够即时升级到最新的天网防火墙版本。

第四,在入侵检测设置中,选中"启动入侵检测功能",用来检测并阻止非法入侵和破坏。设置完成后,单击"确定"按钮,保存并退出系统设置,返回到管理主界面。

3)应用程序规则

天网防火墙可以对应用程序数据传输封包进行底层分析拦截。通过天网防火墙可以控制应用程序发送和接收数据传输包的类型、通信端口,并且决定拦截还是通过。

基于应用程序规则,我们可以随意控制应用程序访问网络的权限,比如允许一般应用程序正常访问网络,而禁止网络游戏、BT 下载工具、QQ 即时聊天工具等访问网络。

首先,在天网防火墙运行的情况下,任何应用程序只要有通信传输数据包发送和接收动作,都会被天网防火墙先截获分析,并弹出窗口,询问是"允许"还是"禁止",让用户可以根据需要来决定是否允许应用程序访问网络。如图 9-6 所示,Kingsoft PowerWord(金山词霸)在安装完天网防火墙后第一次启动时,被天网防火墙拦截并询问是否允许 PowerWord 访问网络。

图 9-6　天网防火墙拦截窗口

如果执行"允许",Kingsoft PowerWord 将可以访问网络,但必须提供管理员密码,否则禁止该应用程序访问网络。在执行"允许"或"禁止"操作时,如果不选中"该程序以后按照这次的操作运行",那么天网防火墙个人版在以后会继续截获该应用程序的数据传输数据包,并且弹出警告窗口;如果选中"该程序以后按照这次的操作运行"选项,该应用程序将自动加入到"应用程序访问网络权限设置"表中。

管理员也可以通过"应用程序规则"来管理更为详尽的数据传输封包过滤方式,如图 9-7 所示。

对每一个请求访问网络的应用程序来说,都可以设置非常具体的网络访问细则。PowerWord在被允许访问网络后,在该列表中显示"√",即"允许访问网络"。

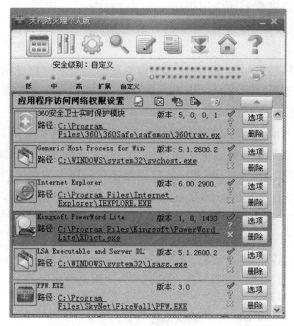

图 9-7　应用程序规则

单击 PowerWord 应用程序的"选项"按钮，可以对 PowerWord 访问网络进行更为详细的设置。管理员可以设置更为详细的包括协议、端口等访问网络访问参数，如图 9-8 所示。

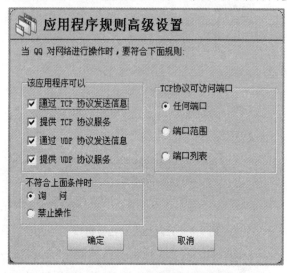

图 9-8　应用程序规则高级设置

4）IP 规则管理

IP 规则是针对整个系统的网络层数据包监控而设置的。利用自定义 IP 规则，管理员可针对具体的网络状态，设置自己的 IP 安全规则，使防御手段更周到、更实用。单击"IP 规则管理"工具栏按钮或者在"安全级别"中单击"自定义"安全级别进入 IP 规则设置界面，如图 9-9 所示。

天网防火墙在安装完成后已经默认设置了相当好的缺省规则，一般不需要做 IP 规则修

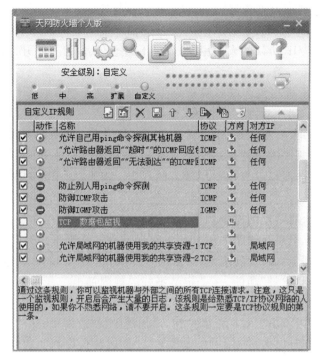

**图 9-9  IP 规则设置界面**

改,就可以直接使用。

对于缺省的规则各项的具体意义,这里只介绍其中比较重要的几项。

防御 ICMP 攻击:选择时,即别人无法用 Ping 的方法来确定您的存在。但不影响您去 Ping 别人。因为 ICMP 协议现在也被用来作为蓝屏攻击的一种方法,而且该协议对于普通用户来说,是很少使用到的。

防御 IGMP 攻击:IGMP 是用于组播的一种协议,对于 Windows 的用户是没有什么用途的,但现在也被用来作为蓝屏攻击的一种方法,建议选择此设置,不会对用户造成影响。

TCP 数据包监视:通过这条规则,可以监视机器与外部之间的所有 TCP 连接请求。注意,这只是一个监视规则,开启后会产生大量的日志,该规则是给熟悉 TCP/IP 协议网络的人使用的,如果不熟悉网络,请不要开启。这条规则一定要是 TCP 协议规则的第一条。

禁止互联网上的机器使用我的共享资源:开启该规则后,别人就不能访问该计算机的共享资源,包括获取该计算机的机器名称。

禁止所有人连接低端端口:防止所有的机器和自己的低端端口连接。由于低端端口是 TCP/IP 协议的各种标准端口,几乎所有的 Internet 服务都是在这些端口上工作的,所以这是一条非常严厉的规则,有可能会影响使用某些软件。如果需要向外面公开特定的端口,请在本规则之前添加使该特定端口数据包可通行的规则。

允许已经授权程序打开的端口:某些程序,如 ICQ、视频电话等软件,都会开放一些端口,这样,你的同伴才可以连接到你的机器上。本规则可以保证这些软件可以正常工作。

禁止所有人连接:防止所有的机器和自己连接。这是一条非常严厉的规则,有可能会影响某些软件的使用。如果需要向外面公开的特定端口,请在本规则之前添加使该特定端口数据包可通行的规则。该规则通常放在最后。

UDP 数据包监视：通过这条规则，可以监视机器与外部之间的所有 UDP 包的发送和接收过程。注意，这只是一个监视规则，开启后可能会产生大量的日志，平时请不要打开。这条规则是给熟悉 TCP/IP 协议的人使用的，如果不熟悉网络，请不要开启。这条规则一定要是 UDP 协议规则的第一条。

允许 DNS(域名解析)：允许域名解析。注意，如果要拒绝接收 UDP 包，就一定要开启该规则，否则会无法访问互联网上的资源。

此外，还设置了多条安全规则，主要针对现时一些用户对网络服务端口的开放和木马端口的拦截。其实安全规则的设置是系统最重要、也是最复杂的地方。如果用户不太熟悉 IP 规则，最好不要调整它，而可以直接使用缺省的规则。但是，如果用户非常熟悉 IP 规则，就可以非常灵活地设计适合自己使用的规则。

建立规则时，防火墙的规则检查顺序与列表顺序是一致的；在局域网中，只想对局域网开放某些端口或协议(但对互联网关闭)时，可对局域网的规则采用允许"局域网网络地址"的某端口、协议的数据包"通行"的规则，然后用"任何地址"的某端口、协议的规则"拦截"，就可达到目的；不要滥用"记录"功能，一个定义不好的规则加上记录功能，会产生大量没有任何意义的日志，并耗费大量的内存。

对于 IP 规则，可以单击工具栏上的按钮，增加规则、修改规则、删除规则，由于规则判断是由上而下执行的，还可以通过单击"上移""下移"按钮调整规则的顺序(注意：只有同一协议的规则才可以调整相互顺序)，还可以"导出"和"导入"已预设和保存的规则。当调整好顺序后，可单击"保存"按钮保存所做的修改。如需要删除全部 IP 规则，可单击"清空所有规则"按钮删除全部 IP 规则。

5) 网络访问监控

使用天网防火墙，用户不但可以控制应用程序访问权限，还可以监视该应用程序访问网络所使用的数据传输通信协议、端口等。通过使用"当前系统中所有应用程序的网络使用状况"功能，用户能够监视到所有开放端口连结的应用程序及它们使用的数据传输通信协议，任何不明程序的数据传输通信协议端口，如特洛伊木马等，都可以在应用程序网络状态下一览无余。如图 9-10 所示。

天网防火墙对访问网络的应用程序进程监控还实现了协议过滤功能，对于普通用户而言，由于通常的危险进程都是采用 TCP 传输层协议，所以基本上只要对使用 TCP 协议的应用程序进程监控就可以了。一旦发现有非法进程在访问网络，就可以用应用程序网络访问监控的结束进程功能来禁止它们，阻止它们的执行。

6) 日志

天网防火墙会把所有不符合规则的数据传输封包拦截并且记录下来。一旦选择了监视 TCP 和 UDP 数据传输封包，发送和接受的每个数据传输封包就会被记录下来。如图 9-11 所示。

有一点需要强调，即不是所有被拦截的数据传输封包都意味着有人在攻击，有些是正常的数据传输封包。但可能由于设置的防火墙的 IP 规则的问题，也会被天网防火墙拦截下来并且报警。如果设置了禁止别人 Ping 你的主机，当有人向你的主机发送 Ping 命令，天网防火墙也会把这些发来的 ICMP 数据拦截下来记录在日志上并且报警。

天网防火墙个人版把日志进行了详细的分类，包括：系统日志、内网日志、外网日志、全部日志，可以通过点击日志旁边的下拉菜单选择需要查看的日志信息。

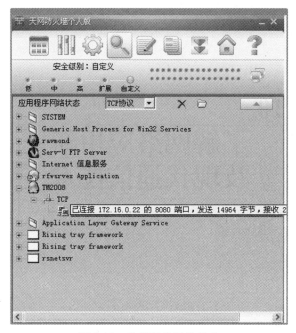

**图 9-10　应用程序网络状态**

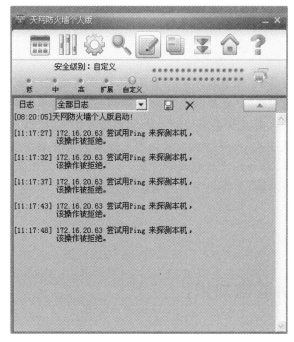

**图 9-11　天网防火墙的日志**

**任务小结：**

到此为止，天网防火墙已经安装完成并能够发挥作用，保护学生会计算机的安全免受外来攻击和内部信息的泄露。

# 项目10
## 了解网络应用新模式及现代通信技术

### 项目描述

　　网络中心主管出于对员工职业发展的考虑,最近向你下达一项不同以往的新的任务,那就是派你参加一个由权威培训机构组织在职员工技能提升计划,学习最新的物联网和现代通信新技术,要求你珍惜此次培训机会,并作好提前预习工作。

### 项目分析

　　随着电子、通信、计算机、传感技术的迅猛发展,一个新的事物悄然出现,并迅速地被人们广泛关注,它就是"物联网"。物联网是物理世界的联网需求和信息世界的扩展需求催生出的新型网络。物联网被看做信息领域的一次重大变革机遇,据权威机构预测,未来10年内物联网就可能大规模普及,为解决现代社会问题带来极大贡献。作为一名从互联网时代成长起来的网络工程师,参加此次技能提升计划,了解物联网和现代通信新技术,有助于你在职业领域里进行横向拓展,掌握更多的与网络相关的知识。

### 项目知识

## 10.1　物联网基础知识

　　提到物联网,可能还会有不少人感到陌生,事实上它已经走入了我们的生活,在我们的身边有许多物联网应用的案例。比如,ETC收费系统、智能家居、乘车用的公交卡、小区门禁、校园一卡通等,这些都是典型的物联网应用的案例。

### 10.1.1 物联网概述

▶ 1. 什么是物联网

物联网是当今互联网的高频度热词,对于物联网的概念,不同领域研究者所给出的定义侧重点不同,短期内还没有达成共识,比较有代表性有以下几种:

(1) 通过百度搜索引擎查找物联网的定义,结果为:通过射频识别、红外感应器、全球定位系统、激光扫描器等信息传感设备,按约定的协议,把任何物品与互联网连接起来,进行信息交换和通信,以实现智能识别、定位、跟踪、监控和管理的一种网络。

(2) 维基百科又给出这样的定义:把所有物品通过射频识别等信息传感设备和互联网连接起来,实现智能化识别和管理;物联网就是把感应器装备嵌入各种物体中,然后将"物联网"与现有的互联网连接起来,实现人类社会与物理系统的整合。

(3) 国际电信联盟(ITU)2005 年的一份报告曾这样描绘物联网时代的图景:司机出现操作失误时汽车会自动报警;公文包会提醒主人忘记带了什么东西;衣服会告诉洗衣机对颜色和水温的要求等。在物联网的世界中,物品能够彼此"交流"而无须人的干预。物联网时代的到来将会使我们的生活发生翻天覆地的变化。

此外,关于物联网还有一个广义的解释,也就是实现全社会生态系统的智能化,实现所有物品的智能化识别和管理。我们可以在任何时间、任何地点实现与任何物的连接。

物联网被认为是继"个人计算机"和"网络通讯"之后的第三次信息化浪潮,如图 10-1 所示。物联网的发展必将对世界各国的政治、经济、社会、文化、军事产生更加深刻的影响,在未来 10~20 年将有可能改变国家之间竞争力量的对比态势。

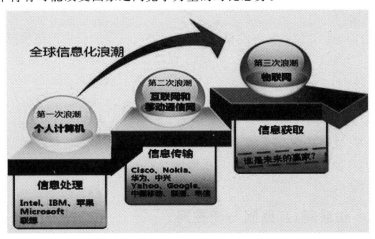

图 10-1 物联网是全球信息化的第三次浪潮

▶ 2. 物联网的主要特点

如图 10-2 所示,全面感知、可靠传输与智能处理是物联网的三个显著特点。物联网与互联网、通信网相比有所不同,虽然都是能够按照特定的协议建立连接的应用网络,但物联网在应用范围、网络传输以及功能实现等方面都比现有的网络要明显增强,其中最显著的特点是感知范围扩大以及应用的智能化。

(1) 全面感知

物联网连接的是物,需要能够感知物,并赋予物智能,从而实现对物的感知。物联网利

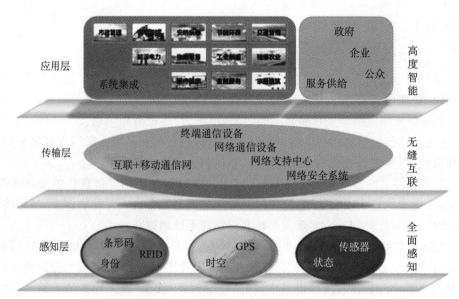

**图 10-2　物联网三层体系与典型特征**

用射频识别、二维码、传感器等感知、捕获、测量技术随时随地对物体进行信息采集和获取，每个数据采集设备都是一个信息源，因此信息源是多样化的。另外，不同设备采集到的物品信息的内容和数据格式也是多样化的，如传感器可能是温度传感器、湿度传感器或浓度传感器，不同传感器传递的信息内容和格式会存在差异。

物联网的感知层能够全面感知语音、图像、温度、湿度等信息并向上层传送。

（2）可靠传输

物联网通过前端感知层收集各类信息，还需要通过可靠的传输网络将感知的各种信息进行实时传输。当然，在信息传输过程中，为了保障数据的正确性和及时性，必须适应各种异构网络和协议。

（3）智能处理

对于收集的信息，互联网等网络在这个过程中仍然扮演重要的角色，利用各种智能计算技术，如机器学习、数据挖掘、云计算、专家系统等，结合无线移动通信技术，构成虚拟网络，及时地对海量的数据进行分析和处理，真正地达到了人与物、物与物的沟通，实现智能化管理和控制的目的。

## 10.1.2　物联网、互联网与泛在网

美国权威咨询机构 Forrester Research 预测，到 2020 年，世界上物物互联的业务，跟人与人通信的业务相比，将达到 30∶1，社会将进入全面的物联网时代。实际上，物联网并不是凭空出现的事物，它的神经末梢是传感器，它的信息通信网络则可以依靠传统的互联网和通信网等，对于海量信息的运算处理则主要依靠云计算、网格计算等计算方式。

物联网与现有的互联网、通信网和未来的泛在网有着十分微妙的关系，下面就物联网和互联网、物联网和泛在网、未来网络的融合分别进行描述。

▶ 1. 互联网是物联网的传输通信保障

物联网在"智慧地球"提出之后，引起了强烈的反响。其实，在这个概念提出之初，很多

人就将它与互联网相提并论,甚至有很多人预言,物联网不仅将重现互联网的辉煌,它的成就甚至会超过互联网。不少专家预测,物联网产业将是下一个万亿元级规模的产业,甚至超过互联网的30倍。对于两者之间的关系,我们可以从表10-1中得到结论。

表 10-1    物联网与互联网的比较

| 比较项目 | 互 联 网 | 物 联 网 |
|---|---|---|
| 起源 | 计算机技术的出现和信息的快速传播 | 传感技术的出现与发展 |
| 面向对象 | 人 | 人和物 |
| 核心技术及所有者 | 网络协议技术<br>核心技术主要掌握在主流操作系统及语言开发商手中 | 数据自动采集、传输技术、后台存储计算、软件开发<br>核心技术掌握在芯片技术开发商及标准制定者手中 |
| 创新 | 主要体现在内容的创新及形式的创新,如腾讯、网易等 | 面向客户的个性化需求,体现技术与生活的紧密联系,给予开发者充分想象的空间,让所有物品智能化 |

物联网的发展与互联网的发展是并行的,且相互影响。在重视物联网发展的同时,也同样不能轻视互联网的发展。必须加速互联网应用,培育新兴产业,积极研究发展下一代互联网;同时,我们也要重视移动互联网,推进互联网和传统产业进行有机结合。

▶ 2. 泛在网是物联网发展的方向

物联网与传感网关系密切,两者可以说互相影响。在 2011 年国家科技重大专项中,泛在网和物联网并列排在项目五,有着特殊的含义。

物联网的重要作用主要体现在传感网的发展和完备上,那么泛在网的重要性又体现在哪里呢?泛在网络不是一个全新的网络技术,而是一个大通信概念,是在现有技术基础上的一种应用创新,是不断融合新的网络,不断向泛在网络注入新的业务和应用,直至"无所不在、无所不包、无所不能",体现在多网络、多行业、多应用、异构多技术的融合与协同。

如果说通信网、互联网发展到今天,解决的是人与人之间的通信,物联网则要实现的是物与物之间的通信,泛在网将实现人与人、人与物、物与物的通信,涵盖传感器网络、物联网和发展中的电信网、互联网和移动互联网等。

泛在网是从人与人通信为主的电信网向人与物、物与物的通信广泛延伸的信息通信网络的发展趋势,是面向经济、社会、企业和家庭全面信息化的概括。当前,三网融合、两化融合、调整产业结构、转变经济增长方式、加快电信转型、建设资源节约型和环境友好型两型社会等都为泛在网的发展提供了极为良好的发展机遇。

▶ 3. 网络融合是未来的发展趋势

随着我国物联网战略的实施,物联网与互联网、移动互联网的融合应用为中国后金融时代经济快速复苏提供了前所未有的机会,未来业务的发展和新布局将会在物联网和互联网的融合应用上。随着融合的不断深入,创新的商业模式将出现更多的新机遇、新挑战。

在未来,网络融合将成为一种趋势,这不仅对业务的整合、降低成本、提高行业的整体竞争力等方面有很大益处,而且为未来信息产业的发展做了准备。

## 10.1.3    物联网体系结构与关键技术

▶ 1. 物联网的体系结构

关于物联网的体系结构,目前业界普遍可以接受的是三层体系结构,从下到上依次是感知层、网络层和应用层，如图 10-3 所示。这也体现了物联网的三个基本特征，即全面感知、可靠传输和智能处理。

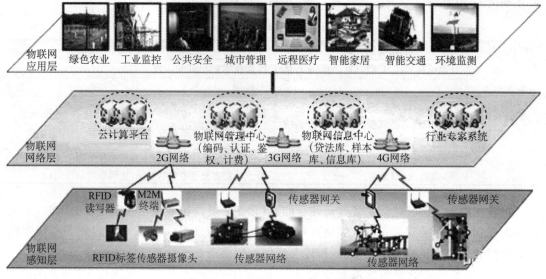

图 10-3　物联网的三层体系结构

（1）感知层：全面感知，无处不在

感知层是物联网体系结构中最基础的一层，主要完成对物体的识别和对数据的采集工作。在信息系统发展早期，大多数的物体识别或数据采集都是采用手工录入方式，这种方式不仅数据量和劳动量十分庞大，错误率也非常高。自动识别技术的出现并在全球范围内得到迅速的发展，解决了键盘输入带来的缺陷，相继出现了条码识别技术、光学字符识别技术、卡识别技术、生物识别技术和射频识别技术。

现以大型超市收银系统使用的条码识别技术为例进行说明。收银员通过扫描枪扫一下商品外包装上的条码，系统就能准确地知道顾客所购物品是什么。结合传感技术发展，我们不仅可以知道物品是什么，还能知道它处在什么环境下，如温度、湿度等。如今，许多科学家在研究将自动识别技术与传感技术相结合，让物体具备自主发言能力，通过识别设备，物体就会自动告诉人们，它是什么，在哪个位置，当前温度是多少，压力是多少等一系列数据。

具体来看，感知层涉及的信息采集技术主要包括传感器、RFID、多媒体信息采集、MEMS、条码和实时定位等技术。

感知层的组网通信技术主要实现传感器、RFID 等数据采集技术所获取数据的短距离传输、自组织组网。

感知层传输技术包括有线和无线方式，有线方式包括现场总线、M-BUS 总线、开关量、PSTN 等传输技术；无线方式包括射频识别技术（Radio Frequency Identification，RFID）、红外感应、Wi-Fi、GMS 短信、ZigBee、超宽频（Ultra WideBand）、近场通信（NFC）、WiMedia、GPS、DECT、无线 IEEE 1394 和专用无线系统等传输技术。

（2）网络层：智慧连接，无所不容

网络层利用各种接入及传输设备将感到的信息进行传送。这些信息可以在现有的电网、有线电视网、互联网、移动通信网及其他专用网中传送。因此，这些已建成及在建的通信网络即是物联网的网络层。

网络层涉及不同的网络传输协议的互通、自组织通信等多种网络技术,此外还涉及资源和存储管理技术。现阶段的网络层技术基本能够满足物联网数据传输的需要,未来要针对物联网新的需求进行网络层技术优化。

(3) 应用层:广泛应用,无所不能

应用层好比是人的大脑,它将收集的信息进行处理,并做出"反应"。应用层通过处理感知数据,为用户提供丰富的服务。应用层主要包括物联网应用支撑子层和物联网应用子层,其中物联网应用支撑子层技术包括支撑跨行业、跨应用、跨系统之间的信息协同、共享、互通,包括基于 SOA(面向服务的架构)的中间件技术,信息开发平台技术,云计算平台技术和服务支撑技术等。物联网应用子层包括智能交通、智能医疗、智能家居、智能物流、智能电子和工业控制等应用技术。

由于应用层与实际的行业需求相结合,这就要求物联网与很多行业专业技术相融合。因此,要学好物联网,需要我们广泛阅读,打开视野,同时认真学好每门基础学科。

▶ 2. 物联网自主体系结构

为适应与异购的物联网无线通信环境需要,GuyPujolle 提出了一种采用自主通信技术的物联网自主体系结构。

物联网研究人员建议,物联网体系结构在设计时应该遵循以下六条原则:

(1) 多样性原则。物联网体系结构必须根据物联网结点类型的不同,分成多种类型的体系结构,建立唯一的标准体系结构是没有必要的。

(2) 时空性原则。物联网正在发展之中,其体系结构必须能够满足物联网的时间、空间和能源方面的需求。

(3) 互联性原则。物联网体系结构必须能够平滑地与互联网连接。

(4) 安全性原则。物物互连之后,物联网的安全性将比计算机互联网的安全性更为重要,物联网体系结构必须能够防御大范围内的网络攻击。

(5) 扩展性原则。对于物联网体系结构的架构,应该具有一定的扩展性,以便最大限度地利用现有网络通信基础设施,保护已投资利益。

(6) 健壮性原则。物联网体系结构必须具备健壮性和可靠性。

▶ 3. 物联网关键技术

物联网各个层面相互关联,每个层面都有很多技术支撑,并且随着科技发展将不断涌现出新技术。每个层面都有其相对的关键技术,掌握这些关键技术及相互关系,会更好地促进物联网的发展。

1) 感知层——感知与识别技术

感知和识别技术是物联网的基础,是联系物理世界和信息世界的桥梁。在我们生活中已有一些成熟的自动识别技术,如条形码技术、IC 卡技术、语音识别技术、虹膜识别技术、指纹识别技术和人脸识别技术等。

(1) 射频识别(RFID)技术在上述自动识别技术给我们的生产、生活带来方便的同时,另一项更具优势的识别技术逐步成熟并很快席卷全球,该技术就是非接触射频识别技术,正是因为 RFID 与互联网的结合使得物联网的诞生成为了可能。

在感知层的四大感知技术中,RFID 居于首位,是物联网的核心技术之一。它是由电子标签和读写器组成的,如图 10-4 所示。当带有电子标签的物品通过读卡器时,标签被读写器激活并通过无线电波将标签中携带的信息传送到读写器中,读写器接收信息,完成信息的采集工作,然后将采集到的信息通过管理设备和应用程序传送至中心计算机进行集中处理。

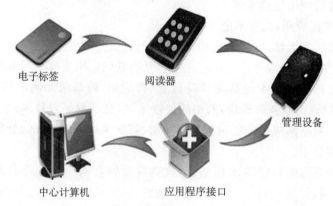

电子标签　　阅读器　　管理设备

中心计算机　　应用程序接口

**图 10-4　RFID 系统组成的一种物联网架构**

(2) 传感技术。如果将 RFID 比喻成物联网的"眼睛",那么传感器就好比是物联网的"皮肤"。利用 RFID 实现对物体的标识,而利用传感器则可以实现对物体状态的把握。具体来说,传感器就是能够感知采集外界信息,如温度、湿度、照度等,并将其转化成电信号传送给物联网的"大脑"。

目前,市场上的传感器的种类很多,它们主要用于满足不同的应用需求。例如,温度传感器、压力传感器、位移传感器、速度传感器、加速度传感器等,如图 10-5 所示。

**图 10-5　常见的传感器**

(3) 激光扫描技术。除了 RFID 及传感器以外,激光扫描技术也很常见。目前应用最广泛的是条码技术,分为一维码和二维码,如图 10-6 和图 10-7 所示。

图 10-6　一维码

图 10-7　二维码

（4）定位技术。GPS 定位技术也是重要的感知技术之一。利用 GPS 定位卫星，在全球范围内实时定位、导航的系统，称为全球卫星定位系统（Global Positioning System），简称 GPS。GPS 起始于 1958 年美国军方的一个项目，1964 年投入使用。20 世纪 70 年代，美国陆海空三军联合研制了新一代卫星定位系统 GPS，主要目的是为陆海空三大领域提供实时、全天候和全球性的导航服务，并用于情报收集、核爆监测和应急通信等军事目的，经过 20 余年的研究实验，耗资 300 亿美元，到 1994 年，全球覆盖率高达 98% 的 24 颗 GPS 卫星星座已布设完成。

2）网络层——通信与网络技术

网络层位于物联网三层结构中的第二层，其功能为"传送"，即通过通信网络进行信息传输。网络层作为纽带连接着感知层和应用层，它由各种私有网络、互联网、有线和无线通信网等组成，相当于人的神经中枢系统，负责将感知层获取的信息，安全可靠地传输到应用层，然后根据不同的应用需求进行信息处理。

物联网网络层包含接入网和传输网，分别实现接入功能和传输功能。传输网由公网与专网组成，典型传输网络包括电信网（固网、移动通信网）、广电网、互联网、电力通信网、专用网（数字集群）。接入网包括光纤接入、无线接入、以太网接入、卫星接入等各类接入方式，实现底层的传感器网络、RFID 网络最后一公里的接入。

物联网的网络层基本上综合了已有的全部网络形式，来构建更加广泛的"互联"。每种网络都有自己的特点和应用场景，互相组合才能发挥出最大的作用，因此在实际应用中，信息往往经由任何一种网络或几种网络组合的形式进行传输。

而由于物联网的网络层承担着巨大的数据量，并且面临更高的服务质量要求，物联网需要对现有网络进行融合和扩展，利用新技术以实现更加广泛和高效的互联功能。物联网的网络层，自然也成为了各种新技术的舞台，如 3G/4G 通信网络、IPv6、Wi-Fi 和 WiMAX、蓝牙、ZigBee 等等。

物联网网络层建立在现在的通信网、互联网、广播电视网基础上，从信息传输的方式上看，可以分为有线通信技术和无线通信技术。

（1）有线通信技术。有线通信技术是指利用有线介质传输信号的技术。其物理特性和相继推出的有线技术不仅使数据传输率得到进一步提高，而且使其信息传输过程更加安全可靠。

有线通信技术可分为短距离的现场总线（Field Bus，也包括 PLC、电力线载波等技术）和中、长距离的广域网络（PSTN、ADSL 和 HFC 数字电视 Cable 等）两大类。

（2）无线通信技术。无线通信技术是指利用无线电磁介质传输信号的技术，是计算机技术与无线通信技术相结合的产物，它提供了使用无线多址信道的一种有效方法来支持计算机之间的通信，为通信的移动化、个性化和多媒体化应用提供了潜在的手段。由于无线通信没有有线网络在连接空间上的局限性，将成为物联网的另一重要网络接入方式。

常用的无线网络技术有以下几种：

①Wi-Fi。Wi-Fi 原为无线保真 Wireless Fidelity 的缩写，是一种可以将个人计算机、手持设备（如 PDA、手机）等终端以无线方式互相连接的技术。在无线局域网范畴 Wi-Fi 指"无线相容性认证"，是无线局域网联盟（Wireless Local Area Network Alliance，WLANA）所持有的一个商标，目的是改善基于 IEEE 802.11 标准的无线网路产品之间的互通性。现在 Wi-Fi 已成为 IEEE 802.11 标准的统称，也是无线局域网的代名词。

Wi-Fi 为无线局域网设备提供了一个世界范围内可用的，费用极低且带宽极高的无线空中接口，该技术必将成为物联网实现无线高速网络互联的重要手段。

②蓝牙。蓝牙是一种目前广泛应用的短距离通信（一般 10m 内）的无线电技术。能在包括移动电话、PDA、无线耳机、GPS 设备、游戏平台 PS3、笔记本电脑、无线外围设备（如蓝牙鼠标、蓝牙键盘等）等众多设备之间进行无线信息交换。

蓝牙技术于 1994 年由瑞典爱立信公司研发。1997 年，爱立信与其他设备生产商联系，并激发了他们对该项技术的浓厚兴趣。1998 年 2 月，5 个跨国大公司，包括爱立信、诺基亚、IBM、东芝及 Intel 组成了一个特殊兴趣小组，它们共同的目标是建立一个全球性的小范围无线通信技术，即现在的蓝牙。

蓝牙采用调频技术，工作频段为全球通用的 2.4GHz，该波段是一种无须申请许可证的工业、科技、医学无线电波段，因此，使用蓝牙技术不需要支付任何费用。蓝牙的数据速率为 1Mbit/s，采用时分双工传输方案被用来实现全双工传输。蓝牙可以支持异步数据信道、多达 3 个同时进行的同步语音信道，还可以用一个信道同时传送异步数据和同步语音。每个语音信道支持 64kb/s 同步语音链路。异步信道可以支持一端最大速率为 721kb/s 而另一端速率为 57.6kb/s 的不对称连接，也可以支持 43.2kb/s 的对称连接。

截至 2010 年 7 月，蓝牙共有 6 个版本，即 V1.1/1.2/2.0/2.1/3.0/4.0。随着版本的提升，数据传输率、抗干扰性能和通信距离不断增加。V1.1 为最早期版本，传输率为 748kb/s～810kb/s，容易受到同频率产品的干扰；蓝牙 V3.0 的数据传输率提高到了大约 24Mb/s，是蓝牙 V2.0 的 8 倍，传输距离为 10m 以内，可以轻松用于录像机到高清电视、PC 至 PMP（Portable Media Player，便携式媒体播放器）、UMPC（Ultra-mobile Personal Computer，超级移动个人计算机）至打印机之间的资料传输；蓝牙 V4.0 的数据传输率可达 25Mb/s，有效传输距离可达到 100m。

通过使用蓝牙技术产品，人们可以免除居家、办公等室内环境电缆缠绕的苦恼，鼠标、键盘、打印机、膝上型计算机、耳机、扬声器等均可以在 PC 环境中无线使用。目前，蓝牙广泛应用于人们工作、娱乐、旅游等各种生活场景中,在物流业也有成功应用,未来几年,蓝牙技术在移动设备和汽车中的实施将不断增长。蓝牙因其频段全球通用,设备小巧、功耗低、成本低、易于使用等优势将会成为未来物联网低速率信息传输的重要手段。

③红外。红外是一种利用红外线传输数据的无线通信方式,采用红外波段内的近红外线,波长为 $0.75\mu m \sim 25\mu m$。红外自 1974 年发明以来得到很普遍的应用,如红外线鼠标、红外线打印机、红外线键盘等。红外线传输采用点对点方式,传输距离一般为 1m 左右,由于红外线的波长较短,对障碍物的衍射能力差,适合于短距离、方向性强的无线通信场合。红外设备一般具有体积小、成本低、功耗低、无须平路申请等优势。

由于后来出现的蓝牙技术从通信距离、传输速度、安全性等方面均优于红外,因此其市场逐渐被 USB 连线和蓝牙所取代。但是目前仍有很多设备,如手机、笔记本电脑灯,保留了对红外的兼容性。

物联网中对红外技术的应用不仅仅局限于通信,红外传感系统就是利用红外线为介质进行测量的系统。利用红外技术可以实现对红外目标的搜索和跟踪,可产生整个目标红外辐射分布图像即热成像,还可以用于辐射和光谱测量、红外测距等。

④紫蜂(ZigBee)。紫蜂(ZigBee)是一种新兴的短距离无线通信技术,是 IEEE802.15.4 协议的代名词。可以说紫蜂是因蓝牙在工业、家庭自动化控制以及工业遥测控领域存在功耗大、组网规模小、通信距离有限等缺陷而诞生的。IEEE802.15.4 协议于 2003 年正式问世,该协议使用 3 个频段:2.4GHz ~ 2.483GHz(全球通用)、902MHz ~ 928MHz(美国)和 868.0MHz ~ 868.6MHz(欧洲)。

ZigBee 具有低功耗、数据传输速率比较低的特性。因此 ZibBee 适用于数据传输速率要求低的传感和控制领域。

另外,ZigBee 组网的可靠性有保障。ZigBee 物理层加入了扩频技术,能够在一定程度上抵抗干扰,MAC 层采用 CSMA(载波侦听多路访问)方式使节点发送前先监听信道,可以起到避开干扰的作用。当 ZigBee 网络受到外界干扰,无法正常工作时,整个网络可以动态地切换到另一个工作信道上。

ZigBee 传输范围一般为 10 ~ 100m,如果增加射频发射功率,传输距离可增加到 1km ~ 3km,这是相邻节点间的传输距离。如果通过路由和节点间通信的接力,传输距离将可以更远。

ZigBee 采用星型、簇状型和网状型网络拓扑结构,由一个主节点管理若干子节点,最多一个主节点可管理 254 个子节点,同时主节点还可由上一层网络节点管理,最多可组成 65 000 个节点的大网。而蓝牙每个网络只能容纳 8 个节点,ZigBee 网络拓扑如图 10-8 所示。

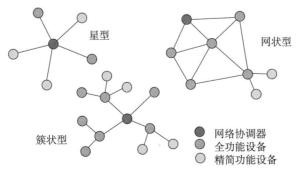

**图 10-8 ZigBee 网络拓扑结构**

⑤移动通信技术。物联网的一大特点是全面感知，为实现无所不在的感知识别，物联网需要一个无处不在的通信网络。移动通信网具有覆盖广、建设成本低、部署方便、具备移动性等特点，使得无线网络将成为物联网主要的接入方式，而固定通信作为融合的基础承载网络将长期服务于物联网。物联网的终端都需要以某种方式连接起来，发送或者接收数据，考虑到方便性，信息基础设施的可用性以及一些应用场景本身需要随时监控的目标就是在活动状态下，因此移动网络将是物联网最主要的接入手段。

移动通信网是实现未来物联网应用的重要基础设施，它赋予物联网强大通信能力，物联网的概念也为移动通信发展注入了强大推动力。移动通信的发展经历了 1G、2G、2.5G 到现在的 3G、4G，很多消费者还没有全面了解 3G 就已经面对 4G 的召唤了，可见移动通信发展之迅速。2009 年 10 月，中国向国际电信联盟提交 TD-LTE-Advanced（LTE-A）技术方案，并被正式确定为 4G 国际标准技术。

4G 是第四代移动通信及其技术的简称，是集 3G 与 WLAN 于一体并能够传输高质量视频图像以及图像传输质量与高清晰度电视不相上下的技术产品。4G 系统能够以 100Mb/s 的速度下载，比拨号上网快 2 000 倍，上传的速度也能达到 20Mb/s，并能够满足几乎所有用户对于无线服务的要求。而在用户最为关注的价格方面，4G 与固定宽带网络在价格方面不相上下，而且计费方面更加灵活机动，用户完全可以根据自身的需求确定所需的服务。此外，4G 可以在 DSL 和有线电视调制解调器没有覆盖的地方部署，然后再扩展到整个地区。4G 与传统的通信技术相比，在通话质量及数据通信速度方面有着不可比拟的优越性。

可以预见，在 4G 时代，任何物品都将可以成为网络的一部分，它们之间可以实现高速的可靠通信，这正是物联网所需要的，4G 将会为物联网的网络层提供重要技术支撑，成为物联网重要的网络接入方式。

3）应用层——数据存储与处理

应用层是物联网技术与相关行业的深度融合，与行业实际需求相结合，从而实现广泛智能化。物联网应用层利用经过处理的感知数据，为用户提供丰富的特定服务，以实现智能化的识别、定位、跟踪、监控和管理。这些智能化的应用涵盖了智能家居、智能交通、车辆管理、远程测量、电子医疗、销售支付、维护服务、环境监控等领域，如图 10-9 所示。

物联网应用层又可以分为应用支撑平台子层和应用服务子层，所涉及的技术非常广泛，例如，云计算、中间件、物联网应用、信息处理等。

## 10.1.4　物联网的应用

物联网技术是在互联网技术基础上的延伸和扩展，其用户终端延伸到了任何物品，可以实现任何物品之间的信息交换和通信，因此其应用以"物品"为中心，可遍及交通、物流、教学、医疗、卫生、安防、家居、旅游及农业等领域，在未来 3 年内中国物联网产业将在智能电网、智能家居、数字城市、智能医疗、车用传感器等领域率先普及。

▶ 1. 智能物流

智能物流是在物联网技术的支持下诞生的，它是利用集成智能化技术，使物流系统能模仿人的智能，具有思维、感知、学习、推理判断和自行解决物流中某些问题的能力。利用智能物流技术，结合有效的管理方式，物流公司在整个物流过程中，能够对货物状态实时掌控，对物流资源有效配置，从而提供高效而准确的物流服务，提升物流行业的科技化水平，促进物

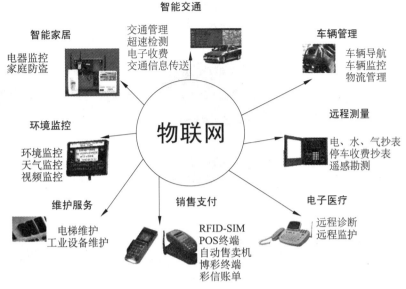

图 10-9　物联网应用层示意图

流行业的有序发展。

　　物联网技术将带来物流配送网络的智能化,带来敏捷智能的供应链变革,带来物流系统中物品的透明化与实时化管理,实现重要物品的物流可追踪管理。随着物联网的发展,一个智慧物流的美好前景将很快在物流行业实现。

　　中国物流技术协会副理事长王继祥认为物联网将把物流业带入智慧的时代,在物流业中物联网主要应用于以下四大领域:

　　(1) 基于 RFID 等技术建立的产品智能可追溯网络系统。例如,食品的可追溯系统、药品的可追溯系统等。这些产品可追溯系统为保障食品安全、药品安全提供了坚实的物流保障。产品智能可追溯网络系统如图 10-10 所示。

图 10-10　产品智能可追溯网络系统

（2）智能配送的可视化管理网络。如图 10-11 所示，该管理网络通过 GPS 卫星导航定位，对物流车辆配送进行实时、可视化在线高度与管理。

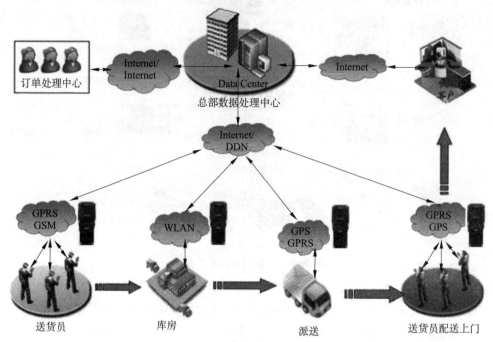

**图 10-11　智能配送的可视化管理网络**

（3）基于声、光、机、电、移动计算等各项先进技术，建立全自动化的物流配送中心，实现局域网内的物流作业的智能控制、自动化操作的网络。例如，货物拆卸与码垛是码垛机器人，搬运车是激光或电磁到人的无人搬运小车，分拣与输送是自动化的输送分拣线作业、入库与出库作业是自动货的堆垛机自动化的操作，整个物流作业系统与环境完全实现了全自动与智能化，是各项基础集成应用的专业网络系统。

（4）基于智能配货的航渡网络化公共信息平台。在全新的物流体系之下，把智能可追溯网络系统、智能配送的可视化管理网络、全自动化的物流配送中心连为一体，就产生了一个智慧的物流信息平台。该平台利用现代信息传输融合技术如互联网、电信网、广电网等形式互联互通、高速安全的信息网络，积极开发应用 RFID 系统、全球卫星定位系统（GPS）、地理信息系统（GIS）、无线视频以及各种物流技术软件，建立面向企业和社会服务的"车货他三方位监管""制造业物流业跨行业联动""食品质量溯源追踪监控""集装箱运输箱货跟踪""危险化学品全方位监管""国际国内双向采购交易"等物联网技术应用平台。该平台可实现异构系统间的数据交换及信息共享，实现整个物流作业链中众多业主主体相互间的协同作业、设计架构出配套的机制及规范，以保证体系有序、安全、稳定地运行，具有重大的社会和经济效益。

目前，物联网在物流业的应用中有不少成功案例，如挪威最大的禽肉产品生产商及供应商的 IT 子公司 Matiq，利用可跟踪技术来追踪家禽和肉产品从农场、供应链直至超市货架的物流情况。Matiq 公司在每个产品包装上都附上 RFID 芯片，用来确保产品在供应链中处于最佳状态，以提高产品质量控制和食品安全，确保产品严格遵守政府食品行业要求。该公司在整个价值链上捕获和分析数据，提高了效率，降低了成本，并能及时响应不断变化的客户购买模式，实现了供应链优化。

国际快递巨人联邦快递为包裹推出了一种跟踪装置和网络服务,可以实时显示包裹温度、地点以及其他重要信息,如是否被打开过,目前该公司已经与50家保健公司和生命科学公司展开试点合作,用于跟踪手术工具包、器官、医疗设备等。

▶ **2. 智能家居**

智能家居,又称智能住宅,它是一个居住环境,是以住宅为平台安装有智能家居系统的居住环境。通俗地说,它是融合了自动化控制系统、计算机网络系统和网络通信技术于一体的网络化智能化的家居控制系统。智能家居将让用户有更方便的手段来管理家庭设备,实现各种设备相互间通信,不需要用户指挥也能根据不同的状态互动运行,从而给用户带来最大程度的高效、便利、舒适与安全。

智能家居的起源可以追溯到20世纪80年代,当时大量的电子技术被应用到家用电器上,最初被称为住宅电子化(Home Electronics, HE);80年代中期,将家用电器、通信设备与防灾设备各自独立的功能综合为一体后,形成了住宅自动化(Home Electronics, HE);80年代末,由于通信与信息技术的发展,出现了对住宅中各种通信、家电、安保设备通过总线技术进行监视、控制与管理的商用系统,这在美国称为Smart Home,也就是现在智能家居的原型。物联网的发展成为智能家居发展的催化剂,智能家居系统逐步朝着网络化、信息化、智能化方向发展,智能终端设备的产品也将逐步走向成熟,由于应用RFID无线射频识别设备,产品逐渐向着无线的方向发展,也从一定程度上降低了产品的成本,更容易推广。

智能家居会给我们的生活带来哪些变化呢?现在让我们假设一下,在下班之前,通过计算机或手机给家里的家电发条指令,空调、热水器或电饭煲就会工作起来。当主人一回到家中,室内已温暖如春,热水器里面的水也刚好可以洗澡了,而电饭煲里飘出阵阵米香,等待着主人享用。这种看起来像科幻小说里的的生活场景就是应用物联网技术实现的智能家居所能提供的生活。智能家居系统如图10-12所示。

**图10-12　智能家居全宅控制系统**

智能家居系统目前能实现的主要功能包括:智能灯光控制、智能电器控制、安防监控系统、智能背景音乐、智能视频共享、可视对讲系统、家庭影院系统等。

智能家居对提高现代人类生活质量,创造舒适、安全、便利、高效的生活有非常重要的作用。智能家居的安全、高效、快捷、方便、智能化等优势使其具有广阔市场前景,相信不久的将来就会在普通家庭普及。

▶ 3. 智能交通

随着经济发展，城市规模不断扩大，人口持续增长，城市交通压力也与日俱增，交通拥堵已经越来越严重，大城市的街道俨然成了一个巨大的"停车场"。在这个大"停车场"里，每辆汽车的发动机一刻不停地在转动，不仅无休止地消耗着宝贵的汽油，而且会产生大量的废气，对环境造成严重的污染。100万辆普通汽车发动机停车空转10min，就会消耗14万升汽油。我们急需一个智能化的交通控制系统，有效地解决这一系列问题。

智能交通，是未来交通系统的发展方向，它是将先进的信息技术、数据通信传输技术、电子传感技术、控制技术及计算机技术等有效地集成运用于整个地面交通管理系统而建立的一种在大范围内、全方位发挥作用的，实时、准确、高效的综合交通运输管理系统。

关于智能交通系统的研究工作最早可追溯到美国1960—1970年开发的电子道路诱导系统（Electronic Route Guidance System，ERGS）、日本外贸工业部1973年开发的汽车交通综合控制系统（Comprehensive Automobile Traffic Control System，CATCS），以及德国在20世纪70年代开发的公路信息系统（Autofahrer Leit und Information System，ALI）。但智能交通概念的正式提出以及智能交通研究及实施的大力开展应从1991年美国智能交通学会的成立算起。

目前的智能交通系统主要包括以下几方面：交通管理系统、交通信息服务系统、公共交通系统、车辆控制与安全系统、不停车电子收费系统等。

交通管理系统（如图10-13所示）主要用于动态交通响应，可以收集实时交通数据、实时响应交通流量变化、预测交通堵塞、监测交通事故、控制交通信号或给出交通诱导信息，系统可以进行大范围的交通监测与检测，包括交通信息、交通查询、收费闸门、自动收费、干线信号控制等，以促进交通管理，改善交通状况。

**图 10-13　智能交通管理系统**

交通信息服务系统（如图10-14所示）主要完成交通信息的采集、分析、交换和表达，协助道路使用者从出发点顺利到达目的地，使出行更加安全、高效、舒适。典型的交通信息服务系统有路径引导及路径规划、动态交通信息、陆路车辆导航、交通数字通信、停车信息、天气及路面状况预报、汽车电脑及各种预报提示系统。

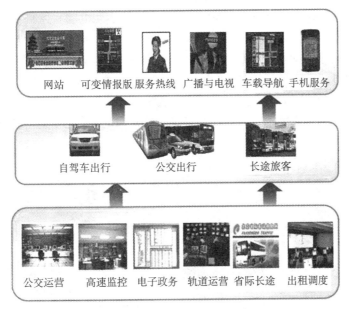

图 10-14　交通信息服务系统

　　公共交通系统(如图 10-15 所示)应用先进的电子技术优化公交系统的操作,确定合理的上车率、提供车辆共享服务,为乘客提供实时信息,自动响应行程中的变化等,如多模式公交系统、卡通计费、实时车辆转乘信息、车辆搭乘信息、实时上车率信息、公交车辆调度实时优化、公交车辆定位与监控系统等。

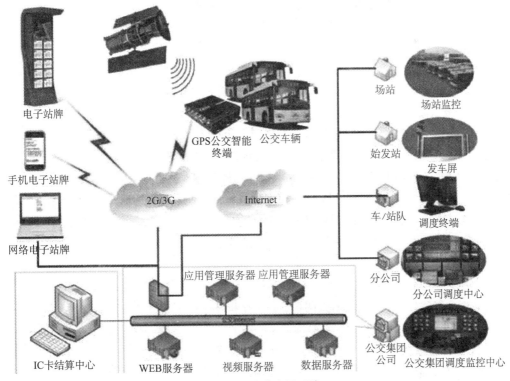

图 10-15　公共交通系统

车辆控制与安全系统（如图 10-16 所示）利用车载感应器、电脑和控制系统等对司机的驾驶行为进行警告、协助和干预，以提高安全性和减少道路堵塞。该系统功能有驾驶警告和协调、车辆全自动控制、自动方向盘控制、自动刹车、自动加速、超速警告、撞车警告、司机疲劳检测、车道检测、磁片导航等。采用该系统，当汽车发生事故时，车载设备会及时向交管中心发出信息，以便及时应对、减少道路拥堵；如果在汽车和汽车点火钥匙上植入微型感应器，当喝了酒的司机掏出汽车钥匙时，钥匙能通过气味感应器察觉到酒气，并通过无线信号立即通知汽车"不要发动"，汽车会自动罢工，并"命令"司机的手机给其亲友发短信，通知他们司机所在的位置，请亲友前来处理。汽车、钥匙、手机互相联络，保证了司机和路上行人的安全。

图 10-16　车辆控制与安全系统

不停车电子收费系统（如图 10-17 所示）通过路边车道设备控制系统的信号发射与接收装置，识别车辆上设备内特有编码，判断车型，计算通行费用，并自动从车辆用户的专用账户中扣除通行费。对使用不停车电子收费车道的未安装车载器或车载器无效的车辆，则视作违章车辆，实施图像抓拍和识别，会同交警部门事后处理。

与传统人工收费方式不同，不停车电子收费系统带的好处有：无须收费广场，节省收费站的占地面积；节省能源消耗，减少停车时的废气排放和对城市环境的污染；降低车辆部件损耗；减少收费人员，降低收费管理单位的管理成本；实现计算机管理，提高收费管理单位的管理水平；对因缺乏收费广场而无条件实施停车收费的场合，有实施收费的可能；无须排队停车，可节省出行人的时间等；避免因停车收费而造成收费口堵塞，形成新的瓶颈等。

▶ 4. 智能医疗

物联网技术应用于医疗卫生领域，将会彻底颠覆我们现在的就医模式和医疗行业的管理模式。智能医疗能够帮助医院实现对人的智能化医疗和对物的智能化管理工作，支持医院内部医疗信息、设备信息、药品信息、人员信息、管理信息的数字化采集、处理、存储、传输、共享等，实现物资管理可视化、医疗信息数字化、医疗过程数字化、医疗流程科学化、服务沟通人性化，能够满足医疗健康信息、医疗设备与用品、公共卫生安全的智能化管理与监控等方面的需求。

应用物联网技术可以促进健康管理信息化与智能化，远程急救，医疗设备及药房、药品

**图 10-17 ETC 收费系统的实际应用**

的智能化管理等,使得病人就医更便捷,医生工作更高效,医院管理更安全。

智能医疗将使得人们被动治疗转变为主动健康管理,用户可以建立完备的、标准化的个人电子健康档案,与医院直接对话,实现健康维护和疾病及早治疗。运用物联网技术,通过使用生命体征检测设备、数字化医疗设备等传感器,采用用户的体征数据,如血压、血糖、血氧、心电等。通过有线或无线网络将这些数据传递到远端的服务平台,由平台上的服务医师根据数据指标,为远端用户提供集保健、预防、监测、呼救于一体的远程医疗与健康管理服务体系,如图 10-18 所示。

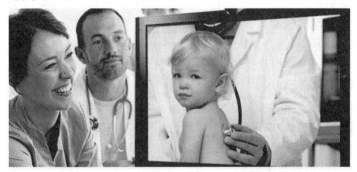

**图 10-18 21 世纪期待智能医疗技术的快速发展**

远程急救系统可以利用 GPS 定位技术查找最近的急救车进行调派,并对移动急救车车辆的行进轨迹进行监控。救护车内的监护设备采集急救病人的生命体征信息,该信息与急救车内的摄像视频信号通过无线网络实时上传至急救指挥中心和进行抢救的医院急诊中心,从而实现在最短时间内对病人采取最快的救护措施,挽救生命。

利用 RFID 技术则可以实现医疗设备及药房、药品的智能化管理。将医疗设备的 RFID 中存入生产商和供应商的信息、设备的维修保养信息、医疗设备不良记录跟踪信息等,简化以设备巡检、维护。设备维护巡检后的信息在现场可以录入手持机,同时存储于设备上的芯片,回到科室后将手持机内的信息上传到中央处理器内,进行相应的数据存储及处理。利用各类传感器管理病房和药房温度、湿度、气压,监测病房的空气质量和污染情况。医院的工作人员倒贴戴 RFID 胸卡,防止未经许可的医护、工作人员和病人进出医院,监视、追踪未经许可进入高危区域的人员。将药品名称、品种、产地、批次及生产、加工、运输、存储、销售等环节的信息都存于 RFID 标签中,当出现问题时,可以追溯全过程。把信息加入到药品的 RFID 标签的同时,可以把信息传送到公共数据库中,患者或医院可以将标签的内容和数据库中的记录进行对比,从而有效地识别假冒药品。患者也能利用 RFID 标签,确认购买的药品是否存在问题。利用 RFID 技术在用药的过程中加入防误机制,过程包括处方开立、调剂、护理给药、药效追踪、药品库存管理、药品供应商进货、保存期限及保存环境条件以及用药成本之控制与分析。

### ▶ 5. 校园物联网

物联网在校园中的应用主要是通过利用物联网技术改变师生和校园资源相互交互的方式,以便提高交互的明确性、灵活性和响应速度,从而实现智慧化服务和管理的校园模式。具体来说,就是把感应器装到食堂、教室、供水系统、图书馆、实验室等各种物体中,并被普遍连接,形成"物联网",然后与现有互联网整合,实现教学、生活、管理与校园资源的整合。物联网在教育中的应用大概可以分成下面几个领域。

#### 1）信息化教学

利用物联网建立泛在学习环境。可以利用智能标签识别需要学习的对象,并且根据学生的学习行为记录,调整学习内容。这是对传统课堂和虚拟实验的拓展,在空间上和交互环节上,通过实地考察和实践,增强学生的体验。例如,生物课的实践性教学中需要学生识别校园内的各种植物,可以为每类植物粘贴带有二维码的标签,学生在室外寻找到这些植物后,除了可以知道植物的名字,还可以用手机识别二维码从教学平台上获得相关植物的扩展内容。

#### 2）教育管理

物联网在教育管理中可以用于人员考勤、图书管理、设备管理等方面。例如,带有 RFID 标签的学生证可以监控学生进出各个教学设施的情况,以及行动路线。又如,将 RFID 用于图书管理,可通过 RFID 标签方便地找到图书,并且可以在借阅图书的时候方便地获取图书信息而不用把书一本一本拿出来扫描。将物联网技术用于实验设备管理可以方便地跟踪设备的位置和使用状态,方便管理。

#### 3）智慧校园

智能化教学环境,控制物联网在校园内还可用于校内交通管理、车辆管理、校园安全、师生健康、智能建筑、学生生活服务等领域。例如,在教室里安装光线传感器和控制器,根据光线强度和学生的位置,调整教室内的光照度。控制器也可以和投影仪和窗帘导轨等设备整合,根据投影工作状态决定是否关上窗帘,降低灯光亮度。又如,对校内有安全隐患的地区安装摄像头和红外传感器,实现安全监控和自动报警等。在学生安全方面,可以通过为学生佩戴存储了学生年级、班级、入学时间、家庭住址、父母电话等信息的多功能学生卡,实现刷卡考勤、遇险呼救、GPS 定位、银行储蓄等功能,这样既方便了学校对学生的管理,保障学生安全,也方便父母随时通过手机查看孩子的位置,与孩子对话,了解情况。

物联网在校园中应用可谓前景广阔,但也面临一些问题,如成本问题、师生隐私、维护管理等都是目前存在的亟待解决的问题。虽然这些应用尚处于摸索阶段,但我们期盼的"网络学习无处不在、网络科研融合创新、校务治理透明高效、校园文化丰富多彩、校园生活方便周到"的"智慧校园"一定会实现。

除以上应用之外,智能医疗还可以通过智能药瓶来自动提示病人服药时间,医生远程监控病人服药量,减少误服机会;将微型检测机器人口服进入人体,配合外接无线通信设备实现远程诊疗,减少病人痛苦,提高诊疗精准率;利用手术辅助机器人进行手术操作,帮助外科医生更加精确地进行外科手术,避免医疗事故的发生等。

目前我国智能医疗已有一些成功案例,如上海闵行区中心医院与中国电信合作,通过使用 Wi-Fi 扫描仪、Wi-Fi 心电图、Wi-Fi 护士 PDA 等无线 Wi-Fi 技术,利用 3G 手机实现医生移动工作站、医院移动信息查询、危急值提示等功能实现了无线医疗,有效利用有限医院资源,提高社会整体医疗效率。

## 10.2 现代通信新技术

以计算机网络技术为基础的现代通信新技术都带有许多时代的特征,是我们应该关注的焦点。在此,我们来简单了解一下这些新技术的特点、所使用的关键技术和发展应用情况。

### 10.2.1 4G 移动通信技术

第四代移动通信技术,简称 4G,该技术包括 TD-LTE 和 FDD-LTE 两种制式(严格意义上来讲,LTE 只是 3.9G,尽管被宣传为 4G 无线标准,但它其实并未被 3GPP 认可为国际电信联盟所描述的下一代无线通信标准 IMT-Advanced,因此在严格意义上其还未达到 4G 的标准。只有升级版的 LTE Advanced 才满足国际电信联盟对 4G 的要求)。

4G 集 3G 与 WLAN 于一体,具有上网速度快、延迟时间短、流量价格更低等特点,能够快速传输数据、高质量、音频、视频和图像等。

4G 能够以 100Mbps 以上的速度下载,比目前的家用宽带 ADSL(4MB/s)快 25 倍,并能够满足几乎所有用户对于无线服务的要求。此外,4G 可以在 DSL 和有线电视调制解调器没有覆盖的地方部署,然后再扩展到整个地区。很明显,4G 有着不可比拟的优越性。

作为国际主流 4G 标准之一,TD-LTE 制式具有灵活的带宽配比,适合 4G 时代用户的上网浏览等非对称业务带来的数据井喷,能充分提高频谱的利用效率。

同时,4G 比 3G 具有更多的功能。它可以在不同的固定、无线平台和跨越不同的频带的网络中提供无线服务,可以在任何地方用宽带接入互联网(包括卫星通信和平流层通信),能够提供定位定时、数据采集、远程控制等综合功能。此外,4G 是集成多功能的宽带移动通信系统,是宽带接入 IP 系统。

工信部 2013 年 12 月 4 日向中国移动、中国电信和中国联通三家运营商颁发"LTE/第四代数字蜂窝移动通信业务(TD-LTE)"经营许可,标志着我国通信行业迈进 4G 时代,如图 10-19 所示。

4G 网络商业化对中国通信及互联网产业产生了较大的影响,如图 10-20 所示。

▶ 1.4G 通信技术的主要指标

(1) 数据速率从 2Mb/s 提高到 100Mb/s,移动速率从步行到车速以上。

(2) 支持高速数据和高分辨率多媒体服务的需要。宽带局域网应能与 B-ISDN 和 ATM 兼容,实现宽带多媒体通信,形成综合宽带通信网。

图 10-19　工信部正式向三家运营商颁发经营许可

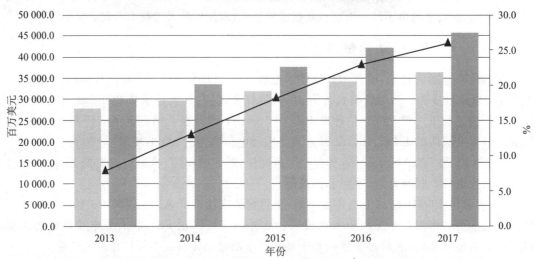

图 10-20　4G 网络商业化对中国通信及互联网产业产生的影响

（3）对全速移动用户能够提供 150Mb/s 的高质量影像等多媒体业务。

▶ 2.4G 通信技术的特点

（1）具有很高的传输速率和传输质量。未来的移动通信系统应该能够承载大量的多媒体信息，因此要具备 50Mb/s～100Mb/s 的最大传输速率、非对称的上下行链路速率、地区的连续覆盖、QoS 机制、很低的比特开销等功能。

（2）灵活多样的业务功能。未来的移动通信网络应能使各类媒体、通信主机及网络之间进行"无缝"连接，使得用户能够自由地在各种网络环境间无缝漫游，并觉察不到业务质量上的变化，因此新的通信系统要具备媒体转换、网间移动管理及鉴权、Adhoc 网络（自组网）、代理等功能。

（3）开放的平台。未来的移动通信系统应在移动终端、业务节点及移动网络机制上具有"开放性"，使得用户能够自由地选择协议、应用和网络。

（4）高度智能化的网络。未来的移动通信网将是一个高度自治、自适应的网络，具有很好的重构性、可变性、自组织性等,以便于满足不同用户在不同环境下的通信需求。

▶ 3.4G 通信技术的应用

结合移动通信市场发展和用户需求,4G 移动网络的根本任务是能够接收、获取到终端的呼叫,在多个运行网络(平台)之间或者多个无线接口之间,建立其最有效的通信路径,并对其进行实时的定位和跟踪。在移动通信过程中,移动网络还要保持良好的无缝连接能力,保证数据传输的高质量、高速率。4G 移动网络将基于多层蜂窝结构,通过多个无线接口,由多个业务提供者和众多网络运营者提供多媒体业务。因此,4G 移动通信技术应具备以下几个基本特征。

1) 多种业务的完整融合

个人通信、信息系统、广播、娱乐等业务无缝连接为一个整体,满足用户的各种需求。4G 应能集成不同模式的无线通信——从无线局域网和蓝牙等室内网络、蜂窝信号、广播电视到卫星通信,移动用户可以自由地从一个标准漫游到另一个标准。各种业务应用、各种系统平台间的互连更便捷、安全,面向不同用户要求,更富有个性化。

2) 高速移动中不同系统间的无缝连接

也就是说,用户在高速移动中,能够按需接入系统,并在不同系统间无缝切换,传送高速多媒体业务数据。

3) 各种用户设备便捷地入网

各种价格低廉的设备应能方便地接入通信网络中。这些设备体积小巧、甚至无须接入电源网即可工作。用户与设备间不再局限于听、说、读、写的简单交流方式,为满足用户的特殊需要和特殊用户(如残疾人)的需要,更多新的人机交互方式将出现。

4) 高度智能化的网络

4G 的网络系统是一个高度自治、自适应的网络,它具有良好的重构性、可伸缩性、自组织性等,用以满足不同环境、不同用户的通信需求。

5) 独立的软件平台

同时,技术的发展和市场的需求,将加快并实现计算机网、电信网、广播电视网和卫星通信网等网络融为一体,宽带 IP 技术和光网络将成为多网融合的支撑和结合点。

## 10.2.2　三网融合技术

三网融合是指电信网、广播电视网、互联网在向宽带通信网、数字电视网、下一代互联网演进过程中,三大网络通过技术改造,其技术功能趋于一致,业务范围趋于相同,网络互联互通、资源共享,能为用户提供语音、数据和广播电视等多种服务。如图 10-21 所示。

三网融合并不意味着三大网络的物理合一,而主要是指高层业务应用的融合。三网融合应用广泛,遍及智能交通、环境保护、政府工作、公共安全、平安家居等多个领域。以后的手机可以看电视、上网,电视可以打电话、上网,电脑也可以打电话、看电视。三者之间相互交叉,形成你中有我、我中有你的格局。

我国国民经济和社会发展第十二个五年规划纲要明确将"三网融合"定位为全面提高信息化水准的重要手段,并强制性地要求在十二五结束后,要真正地实现三网融合。根据拓墣产业研究所预估,2010—2015 年三网融合市场规模将超过 3 万亿元人民币,网络设备和终端产品制造将是最大受益方。

根据规划,我国三网融合工作将分两个阶段进行。其中,2010 年至 2012 年重点开展广

图 10-21 "三网融合"新业态

电和电信业务双向进入试点；2013 年至 2015 年全面实现三网融合发展。显然，试点地区（城市）在全国各地广泛铺开，将为今后三网融合全面开展打下良好的基础。

在首批三网融合的 12 个试点城市之中，若从区域政策、产业链实力、区域成长可能性和大厂投入等方面比较，拓墣认为深圳、武汉、杭州、上海在三网融合试点阶段发展速度较快，且对其他试点城市或随后的三网融合推广将产生引导作用。而深圳、武汉更成为三网融合的双核心，在发展速度与规模上皆为翘楚。

第二批三网融合试点城市的公布，为 2012 年三网融合产业的发展注入了强大的动力。可以预见，2012 年在试点应用浪潮的推动下，广电和电信企业在技术合作、业务开拓和运营模式创新上将有较大的突破，将带动相关技术研发和配套产业的极大发展。同时在保障网络信息安全的前提下，将推动有线数据服务、IPTV、手机电视等融合型业务的长足发展。

三网融合的发展利于国家"宽带战略"的推进。在中央关于推进三网融合的重点工作中，包括加强网络建设改造以及推动移动多媒体广播电视、手机电视、数字电视宽带上网等业务的应用等内容，而 IPTV、手机电视等融合型业务发展需要高带宽的支撑，如图 10-22 所示。

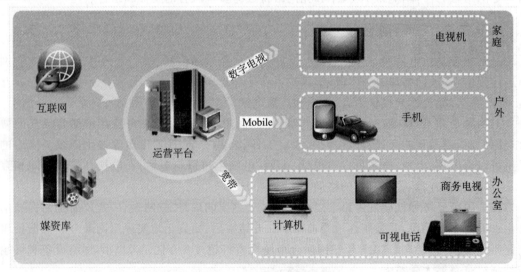

图 10-22 "三网融合"新业态

### 10.2.3 智能光网络技术

随着 IP 业务的持续快速增长,对网络带宽的需求变得越来越大,同时由于 IP 业务流量和流向的不确定性,对网络带宽的动态分配要求也越来越迫切。为了适应 IP 业务的特点,光传输网络开始向支持带宽动态灵活分配的智能光网络方向发展。在这种趋势下,自动交换光网络(ASON)应运而生。ASON 网络是由信令控制实现光传输网内链路的连接/拆线、交换、传送等一系列功能的新一代光网络。ASON 使得光网络具有了智能性,代表了下一代光网络的发展方向。

ASON 的主要优点有:动态地分配网络资源,实现网络资源的有效利用;快速地在光层直接提供用户需求的各种业务;降低了运营维护费用;高效的网络管理和保护技术;便于引入新业务。

▶ 1. ASON 的总体结构及关键技术

在 ASON 得分层体系结构中,ASON 由传送平面(TP)、控制平面(CP)、管理平面(MP)组成。三个平面分别完成不同的功能。传送平面负责在管理平面和控制平面的作用下传送业务;控制平面根据业务层提出的带宽需求,控制传送平面提供动态自动的路由;管理平面负责对传送平面和控制平面进行管理。

ASON 的最大特色是引入了控制平面。控制平面是 ASON 的核心,主要包括信令协议、路由协议和链路资源管理等。其中信令协议用于分布式连接的建立、维护和拆除等管理;路由协议为连接的建立提供选路服务;链路资源管理用于链路管理,包括控制信道和传送链路的验证和维护。

信令、路由和资源发现是实现 ASON 的三大关键技术,而这三个方面的研究工作可以说是实现光网络智能化的重点和难点之所在,一旦这些问题得到解决,光网络智能化的进程将向前迈出关键的一步。

▶ 2. 业务连接拓扑类型

为了支持增强型业务(如带宽按需分配、多样性电路指配和捆绑连接等),ASON 应支持呼叫和连接控制的分离。呼叫和连接控制的分离可以减少中间连接控制节点过多的呼叫控制信息,去掉解码和解释消息的沉重负担。ASON 支持的连接拓扑类型包括:双向点到点连接、单向点到点连接、单向点到多点连接。

智能光网络的关键技术如图 10-23 所示。

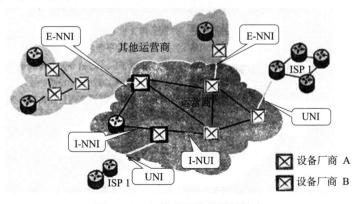

**图 10-23 智能光网络的关键技术**

▶ 3. 业务连接类型

ASON 网络支持 3 种业务网络连接类型：永久连接（PC）、交换连接（SC）、软永久连接（SPC）。其中，PC 和 SPC 连接都是由管理平面发起的对连接的管理。PC 和 SPC 的区别在于光网络内建立连接是利用网管命令还是实时信令，这两种方式都是由运营商发起建立的业务连接；SC 连接通过 UNI 信令接口发起，用户的业务请求通过控制平面（包括信令代理）的 UNI 发送给运营商，即由用户直接发起建立业务连接。

▶ 4. 业务接入方法

为了将业务接入 ASON 网络，用户首先需要在传送平面上与运营商网络建立物理连接。按照运营商网络与客户的位置，业务接入可以采取局内接入（光网络网元与客户端网元在一地）、直接远端接入（具有专用链路连接到用户端）、经由接入子网的远端接入以及双归接入。

ASON 必须支持双归接入方式。对于相同的客户设备采用双归接入时不应需要多个地址，双归接入是接入的一种特殊情况。采用双归接入的主要目的是增强网络的生存性，当一个接入失败时，客户的业务能够依靠另一个接入而不会中断。客户设备可以以双归的方式（两条不同的路径）接入到核心网/运营商。

从安全角度，网络资源应该避免没有授权的接入，业务接入控制就是限制和控制实体企图接入到网络资源的机制，特别是通过 UNI 和外部网络节点接口（E-NNI）。连接接纳控制（CAC）功能应支持以下安全特征。

（1）CAC 适用于所有通过 UNI（或者 E-NNI）接入到网络资源的实体。CAC 包括实体认证功能，以防止冒充者通过假装另一个实体欺骗性地使用网络资源。已经认证了的实体将根据可配置的策略管理被赋予一个业务接入等级。

（2）UNI 和网络节点接口（NNI）上应提供机制来保证客户认证和链路信息完整性，如链路建立、拆除和信令信息，以用来连接管理和防止业务入侵。UNI 和 E-NNI 还应包括基于 CAC 的应用计费信息，防止连接管理信息的伪造。

（3）每个实体可以通过运营者管理策略的授权利用网络资源。

## 项目实施

## 任务 1　网络调研：身边的物联网

**任务目标：**

（1）以"我身边的物联网"为主题进行网络调研。

（2）关注物联网技术给我们生活带来的变化。例如，智能家居、智能医疗、智能社区等。

**技能要求：**

（1）能够进行物联网生活场景及功能展示，采用图片匹配文字形式展现。

（2）能够分析不同应用场景下分别用到哪些技术，并通过三层结构分析技术所属的层面。

**操作过程：**

（1）了解物联网的体系结构及关键技术。

（2）利用搜索引擎搜索物联网相关视频。

（3）观察物联网给我们生活带来的变化。

（4）整理材料，制作 PPT 演示文稿，然后根据教师的安排作汇报交流。

**任务小结：**

从对物联网感到陌生，到深入了解物联网关键技术及其典型应用实例，同学们一定会感到收获颇丰。通过完成本任务应该让我们更加主动地接近物联网，它正在逐渐改变我们传统的工作和生活方式，是当今信息时代的特征之一。

# 任务 2　畅想未来的物联网生活

**任务目标：**

（1）了解未来物联网生活会有哪些特点，采用图片匹配文字的形式展现给大家。

（2）能够发挥个人想象，分析物联网未来可以拓展的领域。

**技能要求：**

（1）能够以"未来物联网生活"为主题，想象一下物联网将给我们的生活带来哪些便利。

（2）能够构思各种生活的场景，采用图文并茂的形式制作成 PPT 进行展现。

**操作过程：**

（1）了解物联网体系结构及关键技术。

（2）调查物联网的应用领域及在各行业中的应用现状，挖掘物联网的应用空间。

（3）分析物联网技术给我们的生活带来的便利以及其在"互联网＋"时代的商业价值。

（4）利用搜索引擎找到一些有代表性的图片或视频，充分证明自己对未来的畅想。

**任务小结：**

本任务的完成将让我们对物联网有更多的了解，探究物联网的发展趋势和良好前景。让我们投入更多的精力参与对未来世界的改造，让物联网彻底地改变我们的工作和生活。

# 附 录

## 附录1　ASCII 码字符表

ASCII 码大致可以分成三部分：第一部分是 ASCII 非打印控制字符；第二部分是 ASCII 打印字符；第三部分是扩展 ASCII 打印字符。

▶ 1. ASCII 非打印控制字符表

如附录表1所示，ASCII 表上编号 0～31 对应的字符分配给了控制字符，用于控制像打印机等一些外围设备。例如，12 代表换页/新页功能，此命令指示打印机跳到下一页的开头。

▶ 2. ASCII 打印字符

ASCII 表上编号 32～126（如附录表1所示）对应的字符分配给了能在键盘上找到的字符，当查看或打印文档时就会出现。数字 127 代表 Delete 命令。

附录表 1　ASCII 码字符表（一）

| Bin | Dec | Hex | 缩写/字符 | 解　释 |
|-----|-----|-----|-----------|--------|
| 0 | 0 | 0 | NUL(null) | 空字符 |
| 1 | 1 | 1 | SOH(start of headling) | 标题开始 |
| 10 | 2 | 2 | STX(start of text) | 正文开始 |
| 11 | 3 | 3 | ETX(end of text) | 正文结束 |
| 100 | 4 | 4 | EOT(end of transmission) | 传输结束 |
| 101 | 5 | 5 | ENQ(enquiry) | 请求 |
| 110 | 6 | 6 | ACK(acknowledge) | 收到通知 |
| 111 | 7 | 7 | BEL(bell) | 响铃 |
| 1000 | 8 | 8 | BS(backspace) | 退格 |
| 1001 | 9 | 9 | HT(horizontal tab) | 水平制表符 |

续表

| Bin | Dec | Hex | 缩写/字符 | 解　释 |
|---|---|---|---|---|
| 1010 | 10 | 0A | LF(NL line feed,new line) | 换行键 |
| 1011 | 11 | 0B | VT(vertical tab) | 垂直制表符 |
| 1100 | 12 | 0C | FF(NP form feed,new page) | 换页键 |
| 1101 | 13 | 0D | CR(carriage return) | 回车键 |
| 1110 | 14 | 0E | SO(shift out) | 不用切换 |
| 1111 | 15 | 0F | SI(shift in) | 启用切换 |
| 10000 | 16 | 10 | DLE(data link escape) | 数据链路转义 |
| 10001 | 17 | 11 | DC1(device control 1) | 设备控制1 |
| 10010 | 18 | 12 | DC2(device control 2) | 设备控制2 |
| 10011 | 19 | 13 | DC3(device control 3) | 设备控制3 |
| 10100 | 20 | 14 | DC4(device control 4) | 设备控制4 |
| 10101 | 21 | 15 | NAK(negative acknowledge) | 拒绝接收 |
| 10110 | 22 | 16 | SYN(synchronous idle) | 同步空闲 |
| 10111 | 23 | 17 | ETB(end of trans. block) | 传输块结束 |
| 11000 | 24 | 18 | CAN(cancel) | 取消 |
| 11001 | 25 | 19 | EM(end of medium) | 介质中断 |
| 11010 | 26 | 1A | SUB(substitute) | 替补 |
| 11011 | 27 | 1B | ESC(escape) | 溢出 |
| 11100 | 28 | 1C | FS(file separator) | 文件分割符 |
| 11101 | 29 | 1D | GS(group separator) | 分组符 |
| 11110 | 30 | 1E | RS(record separator) | 记录分离符 |
| 11111 | 31 | 1F | US(unit separator) | 单元分隔符 |
| 100000 | 32 | 20 | (space) | 空格 |
| 100001 | 33 | 21 | ! | |
| 100010 | 34 | 22 | " | |
| 100011 | 35 | 23 | # | |
| 100100 | 36 | 24 | $ | |
| 100101 | 37 | 25 | % | |
| 100110 | 38 | 26 | & | |
| 100111 | 39 | 27 | ′ | |
| 101000 | 40 | 28 | ( | |
| 101001 | 41 | 29 | ) | |
| 101010 | 42 | 2A | * | |
| 101011 | 43 | 2B | + | |
| 101100 | 44 | 2C | , | |
| 101101 | 45 | 2D | — | |
| 101110 | 46 | 2E | . | |

| Bin | Dec | Hex | 缩写/字符 | 解　释 |
|---|---|---|---|---|
| 101111 | 47 | 2F | / | |
| 110000 | 48 | 30 | 0 | |
| 110001 | 49 | 31 | 1 | |
| 110010 | 50 | 32 | 2 | |
| 110011 | 51 | 33 | 3 | |
| 110100 | 52 | 34 | 4 | |
| 110101 | 53 | 35 | 5 | |
| 110110 | 54 | 36 | 6 | |
| 110111 | 55 | 37 | 7 | |
| 111000 | 56 | 38 | 8 | |
| 111001 | 57 | 39 | 9 | |
| 111010 | 58 | 3A | : | |
| 111011 | 59 | 3B | ; | |
| 111100 | 60 | 3C | < | |
| 111101 | 61 | 3D | = | |
| 111110 | 62 | 3E | > | |
| 111111 | 63 | 3F | ? | |
| 1000000 | 64 | 40 | @ | |
| 1000001 | 65 | 41 | A | |
| 1000010 | 66 | 42 | B | |
| 1000011 | 67 | 43 | C | |
| 1000100 | 68 | 44 | D | |
| 1000101 | 69 | 45 | E | |
| 1000110 | 70 | 46 | F | |
| 1000111 | 71 | 47 | G | |
| 1001000 | 72 | 48 | H | |
| 1001001 | 73 | 49 | I | |
| 1001010 | 74 | 4A | J | |
| 1001011 | 75 | 4B | K | |
| 1001100 | 76 | 4C | L | |
| 1001101 | 77 | 4D | M | |
| 1001110 | 78 | 4E | N | |
| 1001111 | 79 | 4F | O | |
| 1010000 | 80 | 50 | P | |
| 1010001 | 81 | 51 | Q | |
| 1010010 | 82 | 52 | R | |
| 1010011 | 83 | 53 | S | |
| 1010100 | 84 | 54 | T | |

| Bin | Dec | Hex | 缩写/字符 | 解　释 |
|---|---|---|---|---|
| 1010101 | 85 | 55 | U | |
| 1010110 | 86 | 56 | V | |
| 1010111 | 87 | 57 | W | |
| 1011000 | 88 | 58 | X | |
| 1011001 | 89 | 59 | Y | |
| 1011010 | 90 | 5A | Z | |
| 1011011 | 91 | 5B | [ | |
| 1011100 | 92 | 5C | \ | |
| 1011101 | 93 | 5D | ] | |
| 1011110 | 94 | 5E | ^ | |
| 1011111 | 95 | 5F | _ | |
| 1100000 | 96 | 60 | ` | |
| 1100001 | 97 | 61 | a | |
| 1100010 | 98 | 62 | b | |
| 1100011 | 99 | 63 | c | |
| 1100100 | 100 | 64 | d | |
| 1100101 | 101 | 65 | e | |
| 1100110 | 102 | 66 | f | |
| 1100111 | 103 | 67 | g | |
| 1101000 | 104 | 68 | h | |
| 1101001 | 105 | 69 | i | |
| 1101010 | 106 | 6A | j | |
| 1101011 | 107 | 6B | k | |
| 1101100 | 108 | 6C | l | |
| 1101101 | 109 | 6D | m | |
| 1101110 | 110 | 6E | n | |
| 1101111 | 111 | 6F | o | |
| 1110000 | 112 | 70 | p | |
| 1110001 | 113 | 71 | q | |
| 1110010 | 114 | 72 | r | |
| 1110011 | 115 | 73 | s | |
| 1110100 | 116 | 74 | t | |
| 1110101 | 117 | 75 | u | |
| 1110110 | 118 | 76 | v | |
| 1110111 | 119 | 77 | w | |
| 1111000 | 120 | 78 | x | |
| 1111001 | 121 | 79 | y | |
| 1111010 | 122 | 7A | z | |

续表

| Bin | Dec | Hex | 缩写/字符 | 解　释 |
|---|---|---|---|---|
| 1111011 | 123 | 7B | { | |
| 1111100 | 124 | 7C | \| | |
| 1111101 | 125 | 7D | } | |
| 1111110 | 126 | 7E | ~ | |
| 1111111 | 127 | 7F | DEL(delete) | 删除 |

▶ **3. 扩展 ASCII 打印字符**

扩展的 ASCII 字符满足了对更多字符的需求。扩展的 ASCII 包含 ASCII 中已有的 128 个字符（数字 0～32 显示在附录表 2 中），又增加了 128 个字符,总共是 256 个。即使有了这些更多的字符,许多语言还是包含无法压缩到 256 个字符中的符号。因此,出现了一些 ASCII 的变体来囊括地区性字符和符号。例如,许多软件程序把 ASCII 表（又称作 ISO8859-1）用于北美、西欧、澳大利亚和非洲的语言。

**附录表 2　ASCII 码字符表（二）**

| 高四位 | | 扩充 ASCII 码字符集 | | | | | | | | | | | | | | | |
|---|---|---|---|---|---|---|---|---|---|---|---|---|---|---|---|---|---|
| | | 1000 | | 1001 | | 1010 | | 1011 | | 1100 | | 1101 | | 1110 | | 1111 | |
| | | 8 | | 9 | | A/10 | | B/16 | | C/32 | | D/48 | | E/64 | | F/80 | |
| 低四位 | | 十进制 | 字符 | 十进制 | 字符 | 十进制 | 字符 | 十进制 | 字符 | 十进制 | 字符 | 十进制 | 字符 | 十进制 | 字符 | 十进制 | 字符 |
| 0000 | 0 | 128 | Ç | 144 | É | 160 | á | 176 | ▓ | 192 | └ | 208 | ┴ | 224 | α | 240 | ≡ |
| 0001 | 1 | 129 | ü | 145 | æ | 161 | í | 177 | ▒ | 193 | ┴ | 209 | ┬ | 225 | β | 241 | ± |
| 0010 | 2 | 130 | é | 146 | Æ | 162 | ó | 178 | ▓ | 194 | ┬ | 210 | ┬ | 226 | Γ | 242 | ≥ |
| 0011 | 3 | 131 | â | 147 | ô | 163 | ú | 179 | │ | 195 | ├ | 211 | └ | 227 | Π | 243 | ≤ |
| 0100 | 4 | 132 | ä | 148 | ö | 164 | ñ | 180 | ┤ | 196 | ─ | 212 | Ô | 228 | Σ | 244 | ⌠ |
| 0101 | 5 | 133 | à | 149 | ò | 165 | Ñ | 181 | ┤ | 197 | ┼ | 213 | ┌ | 229 | σ | 245 | ⌡ |
| 0110 | 6 | 134 | å | 150 | û | 166 | ª | 182 | ┤ | 198 | ├ | 214 | ┌ | 230 | μ | 246 | ÷ |
| 0111 | 7 | 135 | ç | 151 | ù | 167 | º | 183 | ┐ | 199 | ├ | 215 | ┼ | 231 | τ | 247 | ≈ |
| 1000 | 8 | 136 | ê | 152 | ÿ | 168 | ¿ | 184 | ┐ | 200 | └ | 216 | ┼ | 232 | Φ | 248 | ° |
| 1001 | 9 | 137 | ë | 153 | Ö | 169 | ┌ | 185 | ┤ | 201 | ┌ | 217 | ┘ | 233 | ⊙ | 249 | • |
| 1010 | A | 138 | è | 154 | Ü | 170 | ┐ | 186 | ║ | 202 | ┴ | 218 | ┌ | 234 | Ω | 250 | · |
| 1011 | B | 139 | ï | 155 | ¢ | 171 | ½ | 187 | ┐ | 203 | ┬ | 219 | █ | 235 | δ | 251 | √ |
| 1100 | C | 140 | î | 156 | £ | 172 | ¼ | 188 | ┘ | 204 | ├ | 220 | ▄ | 236 | ∞ | 252 | n |
| 1101 | D | 141 | ì | 157 | ¥ | 173 | ¡ | 189 | ┘ | 205 | ─ | 221 | ▌ | 237 | φ | 253 | 2 |
| 1110 | E | 142 | Ä | 158 | P₁ | 174 | ( | 190 | ┘ | 206 | ┼ | 222 | ▐ | 238 | ε | 254 | ■ |
| 1111 | F | 143 | Å | 159 | ƒ | 175 | ) | 191 | ┐ | 207 | ┴ | 223 | ▀ | 239 | ∩ | 255 | BLANK FF |

注:表中的 ASCII 字符可以用 ALT＋"小键盘上的数字键"输入。

## 附录 2　计算机网络术语中英文释义

| | |
|---|---|
| Adapter | 网络适配器 |
| ADSL(Asymmetric Digital Subscriber Line) | 非对称数字用户专线 |
| Analog Signal | 模拟信号 |
| anchor | 锚点 |
| APNIC(Asia-Pacific Network Information Centre) | 亚太互联网络信息中心 |
| Application Protocol | 应用程序协议 |
| ARP(Address Resolution Protocol) | 地址解析协议 |
| ARQ(Automatic Repeat-reQuest) | 自动重传请求 |
| ATM(Asynchronous Transfer Mode) | 异步传输模式 |
| Banner | 横幅广告 |
| Baud | 波特 |
| BBS(Bulletin Board System) | 电子公告板系统 |
| bit | 比特 |
| BNC | 基本网络连接头 |
| Bridge | 网桥 |
| CATV | 有线电视 |
| CCP(Communication Control Processing) | 通信控制处理器 |
| CDM(Code Division Multiplexing) | 码分复用 |
| CDMA(Code Division Multiple Access) | 码分多址 |
| Cell | 单元格 |
| CERnet | 中国教育科研网 |
| CGI(Common Gwteway Interface) | 公共网关接口 |
| CGWnet | 中国长城网 |
| channel | 信道 |
| ChinaGBN | 中国金桥网 |
| Chinanet | 中国互联网 |
| CIDR(Classless Inter-Domain Routing) | 无分类编址 |
| CIEnet | 中国国际经济贸易互联网 |
| CM(Cable Modem) | 电缆调制解调器 |
| CMnet | 中国移动互联网 |
| CNNIC | 中国互联网中心 |
| CNNIC(China Internet Network Information Center) | 中国互联网络信息中心 |
| Coaxial Cable | 同轴电缆 |
| CRC(Cyclic Redundancy Check) | 循环冗余校验 |
| CRC(Cyclic Redundancy Code) | 循环冗余码 |

CSMA/CD(Carrier Sense Multiple Access/Collision Detect)

载波监听多路访问/冲突检测方法

CSTnet      中国科技网

date      数据

DHCP(Dynamic Host Configuration Protocol)      动态主机设置协议

Differential Manchester      差分曼彻斯特码

Digital Signal      数字信号

Digital Signature      数字签名

Digital Watermark      数字水印

DNS(Domain Name System)      域名系统

Domain Name      域名

download      下载

DWDM(Dense Wavelength Division Multiplexing)      密集波分复用

E-mail      电子邮件

Ethernet      以太网

FDDI(Fiberia Distributed Data Interface)      光纤分布式数据接口

FDM (Frequency-Division Multiplexing)      频分多路复用

FEC (Forward Error Correction)      前向纠错

frame      帧

FTP(File Transfer Protocol)      文件传输协议

Gateway      网关

GPL(General Public License)      通用公共授权

GSM(Global System of Mobile communication)      全球移动通信系统

HEC(Hybrid Error Correction)      混合纠错

HFC(Hybrid Fiber Coaxial)      光纤和同轴电缆相结合的混合网络

Home Page      主页

HTML(Hypertext Markup Language)      超文本标记语言

HTTP(Hypertext Transfer Protocol)      超文本传输协议

Hub      集线器

Hz      赫兹

ICANN(The Internet Corporation for Assigned Names and Numbers)

互联网名称与数字地址分配机构

IE(Internet Explorer)      IE 浏览器

IETF(Internet Engineering Task Force)      Internet 工程任务组

IIS(Internet Information Service)      因特网信息服务

IMAP(Internet Mail Access Protocol)      交互式邮件存取协议

information      信息

Internet      互联网

Intranet      企业内部网

IP(Internet Protocol)      网际协议

ISDN(Integrated Services Digital Network)　　综合业务数字网

ISO(International Standard Organized)　　国际标准化组织

LAN(Local Area Network)　　局域网

LED(Light Emitting Diode)　　发光二极管

LEO(Low Earth orbit)　　近地轨道

Logo　　标识

MAC　　网卡的硬件地址

MAN(Metropolitan Area Network)　　城域网

Manchester Encoding　　曼彻斯特编码

modem　　调制解调器

Network Architecture　　计算机网络体系结构

Network Protocol　　网络协议

Network-Prefix　　网络前缀

NIC(Network Interface Card)　　网络接口卡

NOS(Network Operating System)　　网络操作系统

NRZ(Non Return to Zero Code)　　非归零编码

NRZI(No Return Zero-Inverse)　　非归零反相编码

NVT(Network Virtual Terminal)　　网络虚拟终端

OSI(Open System Interconnection)　　开放系统互联模型

P2P(Peer to Peer)　　对等(点对点)

package　　包

Parity Checking　　奇偶校验

PC(Personal Computer)　　个人计算机

PDA(Personal Digital Assistant)　　掌上电脑(个人数字助理)

PDU(Protocol Data Unit)　　协议数据单元

POP(Post Office Protocol)　　邮局协议

port　　端口

PPP(Point to Point Protocol)　　点对点协议

Private Network　　专用网

Public Network　　公共网

RARP(Reverse Address Resolution Protocol)　　反向地址转换协议

Remote Login　　远程登录

repeater　　中继器

Reset　　重新设置

ROM　　只读存储器

Router　　路由器

Routing Table　　路由表

Row　　行

segment　　段

SEO　　搜索引擎优化

| | |
|---|---|
| server | 服务器 |
| signal | 信号 |
| SLIP(Serial Line Internet Protocol) | 串行线路网际协议 |
| SMTP(Simple Mail Transfer Protocol) | 简单邮件传输协议 |
| Socket Address | 套接地址 |
| Source Route | 源路由 |
| STB(Set Top Box) | 机顶盒 |
| STDM(Statistical Time Division Multiplexing) | 统计时分复用 |
| STP(Shielded Twisted Pair) | 屏蔽双绞线 |
| Switch | 交换机 |
| Table | 表格 |
| Tag | 标记 |
| TCP(Transmission Control Protocol) | 传输控制协议 |
| TDM(Time-Division Multiplexing) | 时分复用 |
| Telnet | 远程登录协议 |
| Token Bus | 令牌总线 |
| Token-Ring | 令牌环 |
| Topology | 拓扑 |
| Transport Protocol | 传输协议 |
| TTRT(Target Token Rotation Time) | 目标令牌循环时间 |
| Twist-Pair | 双绞线 |
| UDP(User Datagram Protocol) | 用户数据包协议 |
| UNInet | 中国联通互联网 |
| upload | 上传 |
| URL(Uniform/Universal Resource Locator) | 统一资源定位符 |
| UTP(Unshielded Twisted Pair) | 非屏蔽双绞线 |
| UWB(Ultra-Wideband) | 超宽带 |
| VLAN(Virtual Local Area Network) | 虚拟局域网 |
| VPN(Virtual Private Network) | 虚拟专用网 |
| WAN(Wide Area Network) | 广域网 |
| WAP(Wireless Application Protocol) | 无线应用协议 |
| WDM(Wavelength Division Multiplexing) | 波分复用 |
| WLAN(wireless LAN/wireless Local Area Network) | 无线局域网 |
| WML(Wireless Markup Language) | 无线标记语言 |
| workstation | 工程工作站 |
| WWW(World Wide Web/Web) | 环球信息网/万维网 |
| xDSL | 各种类型 DSL(Digital Subscribe Line)数字用户线路的总称 |

# 参 考 文 献

[1] 黄林国，娄淑敏，谢杰，等. 计算机网络技术项目化教程[M]. 北京:清华大学出版社，2011.

[2] 周鸿旋，李剑勇. 计算机网络技术项目化教程[M]. 2版. 大连:大连理工大学出版社，2014.

[3] 朱迅，杨丽波，徐建军. 计算机网络基础——基于案例与实训[M]. 北京:机械工业出版社，2018.

[4] 杜辉，赵娜. 计算机网络基础与局域网组建[M]. 北京:北京邮电大学出版社，2013.

[5] 龚娟. 计算机网络基础[M]. 2版. 北京:人民邮电出版社，2013.

[6] 柳青. 计算机网络技术基础任务驱动式教程[M]. 2版，北京:人民邮电出版社，2014.

[7] 伍技祥，张庚. 交互机/路由器配置与管理实验教程[M]. 北京:中国水利水电出版社，2013.

[8] 李观金. 基于工作过程的计算机网络基础[M]. 北京:机械工业出版社，2018.

[9] 杨云，张亦辉，王凤云. 计算机网络技术与实训[M]. 2版. 北京:中国铁道出版社，2009.

# 教学支持说明

▶▶ 课件申请

尊敬的老师：

您好！感谢您选用清华大学出版社的教材！为更好地服务教学，我们为采用本书作为教材的老师提供教学辅助资源。鉴于部分资源仅提供给任课教师使用，请您直接用手机扫描下方二维码实时申请教学资源。

任课教师扫描二维码
可获取教学辅助资源

▶▶ 样书申请

为方便教师选用教材，我们为您提供免费赠送样书服务。任课教师扫描下方二维码即可获取清华大学出版社教材电子书目。在线填写个人信息，经审核认证后即可获取所选教材。我们会第一时间为您寄送样书。

任课教师扫描二维码
可获取教材电子书目

 清华大学出版社

| | |
|---|---|
| E-mail: tupfuwu@163.com | 网址：http://www.tup.com.cn/ |
| 电话：8610-62770175-4506/4340 | 传真：8610-62775511 |
| 地址：北京市海淀区双清路学研大厦B座509室 | 邮编：100084 |

普通高等职业教育"十三五"规划教材 ■ ·········

# 计算机网络基础

### 第二版

清华社官方微信号

扫我有惊喜

ISBN 978-7-302-53916-2

定价: 49.00元